计算机类专业基础课
"金课"系列

MySQL
数据库技术
（第2版）

主　编　黄　翔　刘　艳
副主编　李辉熠　江　文

MySQL
SHUJUKU JISHU

中国教育出版传媒集团
高等教育出版社·北京

内容简介

本书是"十四五"职业教育国家规划教材。

本书以培养"数据库安装、设计、应用、管理、开发"能力为主线，工学结合、项目引导，"教学做"一体化编写，讲述数据库基础知识和 MySQL 数据库管理系统的应用技术。全书以真实项目"家电商城系统数据库"为示范案例贯穿始终，共分为部署数据库开发环境、设计数据库模型、创建数据库系统、访问数据库内容、管理维护数据库、开发数据库应用系统 6 个模块。每个模块由若干任务组成，每个任务由工作情境导入，分析任务目标达成所需的技能，围绕技能点，学习相关知识，进而操作实施，最终在完成工作任务的基础上进一步拓展知识技能。

本书配有微课视频、课程标准、授课教案、授课用 PPT、源程序代码、项目案例、习题答案等丰富的数字化教学资源。与本书配套的数字课程"MySQL 数据库"在"智慧职教"平台（www.icve.com.cn）上线，学习者可登录平台进行在线学习，授课教师可调用本课程构建符合自身教学特色的 SPOC 课程，详见"智慧职教"服务指南。教师也可发邮件至编辑邮箱 1548103297@qq.com 获取相关资源。

本书为高等职业院校计算机类专业数据库技术类课程的教学用书，也可作为各类培训、计算机从业人员和数据库爱好者的参考用书。

图书在版编目（CIP）数据

MySQL 数据库技术 / 黄翔，刘艳主编．--2 版．--北京：高等教育出版社，2024.3

ISBN 978-7-04-060685-0

Ⅰ．①M… Ⅱ．①黄… ②刘… Ⅲ．①SQL 语言-数据库管理系统-高等职业教育-教材 Ⅳ．①TP311.132.3

中国国家版本馆 CIP 数据核字（2023）第 110691 号

MySQL Shujuku Jishu

策划编辑	许兴瑜	责任编辑	许兴瑜	封面设计	赵 阳	版式设计	于 婕
责任绘图	裴一丹	责任校对	张 薇	责任印制	刘思涵		

出版发行	高等教育出版社	网 址	http://www.hep.edu.cn
社 址	北京市西城区德外大街 4 号		http://www.hep.com.cn
邮政编码	100120	网上订购	http://www.hepmall.com.cn
印 刷	高教社（天津）印务有限公司		http://www.hepmall.com
开 本	787 mm×1092 mm 1/16		http://www.hepmall.cn
印 张	22	版 次	2019 年 9 月第 1 版
字 数	730 千字		2024 年 3 月第 2 版
购书热线	010-58581118	印 次	2024 年 3 月第 1 次印刷
咨询电话	400-810-0598	定 价	59.50 元

本书如有缺页、倒页、脱页等质量问题，请到所购图书销售部门联系调换
版权所有　侵权必究
物 料 号　60685-00

"智慧职教"服务指南

"智慧职教"（www.icve.com.cn）是由高等教育出版社建设和运营的职业教育数字教学资源共建共享平台和在线课程教学服务平台，与教材配套课程相关的部分包括资源库平台、职教云平台和 App 等。用户通过平台注册，登录即可使用该平台。

- 资源库平台：为学习者提供本教材配套课程及资源的浏览服务。

登录"智慧职教"平台，在首页搜索框中搜索"MySQL 数据库"，找到对应作者主持的课程，加入课程参加学习，即可浏览课程资源。

- 职教云平台：帮助任课教师对本教材配套课程进行引用、修改，再发布为个性化课程（SPOC）。

1. 登录职教云平台，在首页单击"新增课程"按钮，根据提示设置要构建的个性化课程的基本信息。
2. 进入课程编辑页面设置教学班级后，在"教学管理"的"教学设计"中"导入"教材配套课程，可根据教学需要进行修改，再发布为个性化课程。

- App：帮助任课教师和学生基于新构建的个性化课程开展线上线下混合式、智能化教与学。

1. 在应用市场搜索"智慧职教 icve" App，下载安装。
2. 登录 App，任课教师指导学生加入个性化课程，并利用 App 提供的各类功能，开展课前、课中、课后的教学互动，构建智慧课堂。

"智慧职教"使用帮助及常见问题解答请访问 help.icve.com.cn。

前言

本书以数据库管理员、数据库系统开发人员所需的岗位职业能力为标准,以培养"数据库安装、设计、应用、管理、开发"能力为主线,项目引导、"教学做"一体化设计,以实际应用的典型真实项目——家电商城系统数据库的开发为全书教学案例,突出技能、贴近实践、学以致用,构建"真实项目、真实环境、真实应用"相结合的全新教学体系。

全书按照家电商城系统数据库的设计与开发过程组织教学内容,将相关知识、技能、应用解构,基于工作过程和能力形成规律,按照由浅入深、循序渐进的原则重构学习情境,设计了"安装"→"设计"→"实施"→"应用"→"管理"→"开发"6个学习情境。

全书以项目贯穿始终,构建立体的技能训练体系。课上以"家电商城系统数据库的设计与开发"教学示范,课中以"学生成绩管理系统数据库的设计与开发"实战演练,课后以"员工信息管理系统数据库的设计与开发"为拓展提升,并在已有项目基础上引入企业案例"智慧酒店管理系统数据库的设计与开发"。教学过程采用"情境导入任务"→"任务分析"(分析所需掌握的技能)→"知识储备"(学习相关知识)→"任务实施"(应用所学技能完成任务)→"任务拓展"(进一步提升)→"课堂实训"(巩固技能)的方式循序渐进,形成完整的课程技能训练体系,便于教师按照"项目导向、任务驱动"的教学模式,实施"在做中学、在学中做、教学练于一体"的理论实践一体化教学。

为适应数据库技术更新要求,本书将 MySQL 数据库的教学版本升级为 8.0.32,对应 Navicat 版本为 16.0.6,新增大数据时代的数据库、JSON 类型数据操作、窗口函数、角色管理、SQL 查询优化等内容,采用 Spring Boot+Vue 框架技术重新开发家电商城系统,以满足产业变化新需求。

本次再版,为加快推进党的二十大精神进教材、进课堂、进头脑,将课程教学改革最新成果和广大师生教学应用反馈相结合,进一步优化、更新教学内容,紧贴职业需求,创设素养小课堂,将"优秀的数据工匠人"应具备的职业素养、职业规范和职业精神与典型工作任务有机融合,全面落实习近平新时代中国特色社会主义思想铸魂育人,贯彻高质量新发展理念。

本书由湖南大众传媒职业技术学院黄翔、李辉熠、李志勇、邝月娟、李灿辉、李勇,湖南科技职业学院刘艳、江文、刘敏、康美林以及相关企业人员共同编写。黄翔、刘艳担任主编,李辉熠、江文担任副主编,其中任务 1、任务 4、任务 6 由黄翔编写,任务 2、任务 9、任务 13 由刘艳编写,任务 5 由李辉熠编写,任务 3 由江文编写,任务 7 由刘敏编写,任务 8 由李灿辉编写,任务 10 由邝月娟编写,任务 11 由李志勇编写,任务 12 由李勇编写,任务 14 由康美林编写,任务 15 由湖南天成新宇网络科技有限公司技术人员编写。湖南华杰智通电子科技有限公司和湖南天成新宇网络科技有限公司的技术人员对本书编写提出了许多宝贵的意见,并提供了相关企业案例,在此表示感谢。

由于编者水平有限,书中难免存在疏漏和不足之处,敬请广大读者批评指正。如果有任何意见和建议,欢迎与我们联系,联系邮箱:xiangyu_2004@qq.com。

编 者

2023 年 12 月

目录

模块 1　部署数据库开发环境　1

　任务 1　部署 MySQL 环境　2
　　任务 1.1　安装和配置 MySQL　3
　　任务 1.2　连接 MySQL 服务器　17
　　任务 1.3　MySQL 初体验　22
　　任务小结　29
　　课堂实训　29
　　思考与探索　33

模块 2　设计数据库模型　35

　任务 2　分析与设计数据库　36
　　任务 2.1　分析数据库　37
　　任务 2.2　设计数据库　45
　　任务 2.3　规范化数据　60
　　任务小结　66
　　课堂实训　66
　　思考与探索　67

模块 3　创建数据库系统　71

　任务 3　创建和管理数据库　72
　　任务 3.1　创建数据库　73
　　任务 3.2　管理数据库　77
　　任务小结　79
　　课堂实训　80
　　思考与探索　81

　任务 4　创建和管理数据表　82
　　任务 4.1　创建数据表　83
　　任务 4.2　管理数据表　98
　　任务小结　105

　　课堂实训　105
　　思考与探索　107

模块 4　访问数据库内容　109

　任务 5　管理数据表中的数据　110
　　任务 5.1　插入数据　111
　　任务 5.2　修改数据　115
　　任务 5.3　删除数据　118
　　任务小结　119
　　课堂实训　119
　　思考与探索　122

　任务 6　查询与统计数据　124
　　任务 6.1　单表查询　125
　　任务 6.2　多表查询　144
　　任务 6.3　分类汇总与排序　155
　　任务小结　163
　　课堂实训　163
　　思考与探索　166

　任务 7　创建和管理索引　168
　　任务 7.1　创建索引　169
　　任务 7.2　管理索引　173
　　任务小结　175
　　课堂实训　176
　　思考与探索　177

　任务 8　创建和管理视图　178
　　任务 8.1　创建视图　179
　　任务 8.2　使用视图　182
　　任务 8.3　管理视图　185
　　任务小结　188
　　课堂实训　188

目录

思考与探索	190
任务 9　创建函数和存储过程	**192**
任务 9.1　创建和管理自定义函数	193
任务 9.2　创建和管理存储过程	206
任务小结	213
课堂实训	213
思考与探索	216
任务 10　创建和管理触发器	**218**
任务 10.1　创建触发器	219
任务 10.2　管理触发器	224
任务小结	226
课堂实训	226
思考与探索	228
任务 11　创建管理事务和锁	**230**
任务 11.1　创建管理事务	231
任务 11.2　创建管理锁	238
任务小结	245
课堂实训	245
思考与探索	247
模块 5　管理维护数据库	**249**
任务 12　数据库的安全管理	**250**
任务 12.1　用户管理	251
任务 12.2　权限管理	255
任务 12.3　角色管理	264
任务小结	267
课堂实训	267
思考与探索	268
任务 13　备份和恢复数据库	**270**
任务 13.1　使用 MySQL 命令备份和恢复数据	271
任务 13.2　使用二进制日志备份和恢复数据	286
任务小结	294
课堂实训	295
思考与探索	296
任务 14　SQL 查询性能优化	**298**
任务 14.1　定位 SQL 查询问题	299
任务 14.2　优化 SQL 查询问题	307
任务小结	310
课堂实训	310
思考与探索	311
模块 6　开发数据库应用系统	**313**
任务 15　基于 SpringBoot 的网上商城管理系统	**314**
任务 15.1　管理员登录实现	315
任务 15.2　商品管理实现	325
任务小结	339
课堂实训	339
思考与探索	341
参考文献	**343**

模块 1
部署数据库开发环境

任务 1
部署 MySQL 环境

🔍 工作能力

作为软件开发人员，使用 MySQL 开发数据库应用系统，应具备以下工作能力。
- 能安装和配置 MySQL。
- 能登录 MySQL 服务器。
- 能使用 MySQL 客户端工具实现简单查询。

🔍 工作素养

- 具有良好的信息检索和自主学习能力。
- 具有发现安装配置 MySQL 过程中的问题并积极寻求解决方法的能力。

🔍 工作情境

随着移动互联网技术的发展，网上购物越来越普及，集美家电销售公司（虚构公司名称）为拓宽业务，计划开发家电商城系统来进行网上销售，数据库管理软件选择 MySQL。开发团队要进行系统开发，首先要搭建好工作环境——安装配置 MySQL，登录 MySQL 服务器，熟悉 MySQL 界面工具的使用，具体可以分为以下任务来完成。
- 安装和配置 MySQL。
- 连接 MySQL 服务器。
- MySQL 初体验。

任务 1.1　安装和配置 MySQL

 任务分析

设计人员在进行数据库应用系统开发前，首先要了解 MySQL 数据库管理系统，熟悉工作环境，进而安装和配置 MySQL。

 知识储备

1. 数据

数据（Data）是用来记录信息的可识别符号。它描述现实世界的事物，有明确语义，经过数字化后可存储到计算机中。具体表现形式多样，包括数字、图片、音频、视频等。

2. 数据库

数据库（DataBase，DB），顾名思义就是存放数据的仓库，只不过这个仓库是在计算机存储设备上，而且数据是按一定的格式组织、存储和管理的。规范的定义：数据库是指长期存储在计算机内的，有组织的、可共享的数据集合。

微课 1-1
认识数据库

3. 数据库管理系统

数据库管理系统（DataBase Management System，DBMS）是位于用户与操作系统之间的一层数据管理软件。它对数据库进行统一的管理和控制，以保证数据库的安全性和完整性。用户通过 DBMS 访问数据，数据库管理员通过 DBMS 进行数据库的维护工作。它可以支持多个应用程序和用户用不同的方法在同时或不同时刻去建立、修改和访问数据库。大部分 DBMS 提供数据定义语言、数据操作语言，供用户定义数据库的模式结构与权限约束，实现对数据的追加、修改、删除等操作。

知识链接 1-1
数据库技术发展史

4. 数据库系统

数据库系统（DataBase System，DBS）由数据库、数据库用户、软件和硬件组成。图 1.1.1 所示为数据库系统的部分组成示意图。

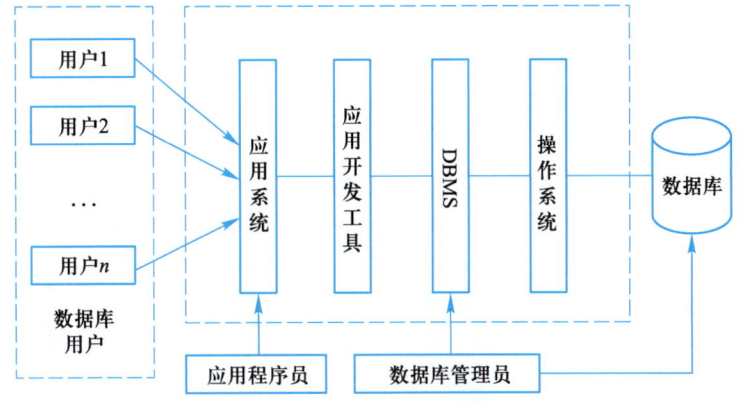

图 1.1.1
数据库系统的部分组成示意图

数据存储在数据库中，数据库由 DBMS 统一管理，数据库管理系统是整个数据库系统的核心软件，在操作系统的支持下工作，数据库应用系统是由应用程序员根据最终用户的需求开发的应用程序。

数据库用户包括最终用户、应用程序员、数据库管理员等。最终用户利用编写好的应用程序接口访问和使用数据库；应用程序员负责设计、开发、安装应用程序；数据库管理员设计、建立、管理和维护数据库。

5. 关系型数据库

关系型数据库将数据存储在以行和列组成的二维表中，与 Excel 中的表格类似。一张二维表即为一个关系，关系数据库即为若干张二维表的集合。它建立在关系模型的基础上，借助集合、代数等数学概念和方法来处理数据库中的数据。从出现至今，一直是主要的数据库解决方案。它使用统一标准的 SQL（Structured Query Language，结构化查询语言），支持事务，遵循 ACID（原子性 Atomicity、一致性 Consistency、隔离性 Isolation、持久性 Durability）原则，最大限度保证了数据的正确性和完整性。常见的关系型数据库产品有 Oracle、MySQL、SQL Server 等。

微课 1-2
大数据时代的数据库

6. 大数据时代的数据库

数据库是计算机系统的三大核心基础软件之一，在企业架构中不可缺少。尤其在大数据时代，数据已然成为当下及未来最重要的生产资料，数据库作为数据存储的重要载体，企业 90%的业务应用系统都是围绕其开发的。而随着信息技术的快速发展和应用场景的变化，企业对海量数据的存储、并发访问和业务扩展都提出了更高的要求，传统关系型数据库已经无法满足，如社交网络服务每天收集万亿比特无固定模式数据的处理。在此背景下，基于 NoSQL 和 NewSQL 的数据库应运而生。

（1）NoSQL

NoSQL（Not Only SQL）泛指非关系型数据库。它的产生是为了解决大规模数据集合和多重数据种类带来的挑战。它去掉了关系数据模型的特性，数据之间没有关系，容易扩展，支持海量数据存储和高并发读写。主要包括键值数据库、列模式数据库、图数据库、时序数据库、文档数据库等。常见的有 MongoDB、Redis、HBase 等。

（2）NewSQL

NewSQL 是对各种新的可扩展、高性能数据库的简称，将传统关系型数据库和 NoSQL 数据库的优点相结合，既具有海量数据管理能力，又支持事务 ACID 特性和 SQL 机制。常用的 NewSQL 数据库有 TiDB、VoltDB、MemSQL 等。

7. MySQL 简介

知识链接 1-2
细数国产数据库

MySQL 是一个关系型数据库管理系统，因容量小、速度快、源代码开放、总体拥有成本低，被许多企业作为其网站数据库首选，目前广泛应用在 Internet 上的中小型企业网站中。

MySQL 数据库特点如下：

① 使用 C 和 C++语言编写，并使用了多种编译器进行测试，保证了源代码的可移植性。
② 支持跨平台：MySQL 支持 20 种以上的开发平台，包括 AIX、FreeBSD、Linux、macOS、

Novell Netware、OS/2 Wrap、Windows 等，使得在多个平台下编写的程序都可以移植，而不需要对程序做任何修改。

③ 为多种编程语言提供了 API。这些编程语言包括 C、C++、Python、Java、Perl、PHP、Eiffel、Ruby 和 Tcl 等。

④ 核心程序采用完全多线程服务，可高效利用多 CPU 资源。

⑤ 优化的 SQL 查询算法，有效提高查询速度。

⑥ 既能够作为一个单独的应用程序应用在客户端/服务器网络环境中，也能够作为一个库而嵌入到其他软件中，提供多语言支持。

⑦ 提供 TCP/IP、ODBC 和 JDBC 等多种数据库连接途径。

⑧ 提供用于管理、检查、优化数据库操作的管理工具。

⑨ 可以处理拥有上千万条记录的大型数据库。

8. MySQL 版本

根据应用场景，MySQL 官网中提供了不同的 MySQL 下载版本，具体如下。

- MySQL HeatWave：面向事务处理、分析和机器学习的 MySQL 云数据库服务。
- MySQL Enterprise Edition（企业版）：付费使用，提供完善的技术支持。
- MySQL Cluster CGE（企业版）：付费使用，MySQL 集群服务运营商版本，是具有线性可伸缩性和高可用性的分布式数据库，提供跨分区、分布式数据集的内存实时访问。
- MySQL Community Edition（社区版）：源代码开放，免费使用，但不提供官方的技术支持。其中包含了 MySQL Community Server（MySQL 社区服务器，目前世界上最流行的开源数据库）、MySQL Cluster（实时、开源的事务型数据库）、MySQL Router（MySQL 路由器，轻量级中间件，为应用程序和后端 MySQL 服务器之间提供透明路由）、MySQL Shell（MySQL 服务器的高级客户端和代码编辑器）、MySQL Workbench（专为 MySQL 设计的可视化数据库建模工具）等。

知识链接 1-3
关系数据库管理系统现行的国家标准

通常使用的是 MySQL Community Server（MySQL 社区版数据库服务器）。按照操作系统的不同，MySQL 数据库服务器又分为 Windows 版、Linux 版、macOS 版等。用户根据所使用的操作系统，选择相应的版本下载。

小知识 »»»»»

MySQL 的版本号由 3 个数字构成，如 MySQL-8.0.32。

- 第 1 个数字（8）：主版本号，文件格式改动时，将作为新的版本发布。
- 第 2 个数字（0）：发行版本号，新增特征或者改动不兼容时，发行版本号需要更改。
- 第 3 个数字（32）：发行序列号，主要是小的改动，如漏洞（bug）的修复、函数添加或更改、配置参数的更改等，数字随着版本的更新递增。

 任务实施

1. 下载 MySQL

MySQL 安装包可从官方网站上免费下载，这里选择的是 Community（社区版），下载得到的安装包为 mysql-installer-community-8.0.32.0.msi，如图 1.1.2 所示。

微课 1-3
安装配置 MySQL

2. 安装 MySQL

① 双击下载的安装包，打开安装向导进入安装类型选择界面，如图 1.1.3 所示。

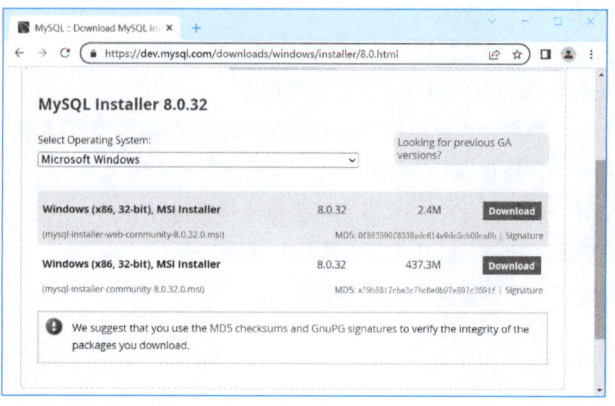

图 1.1.2
MySQL 下载页面

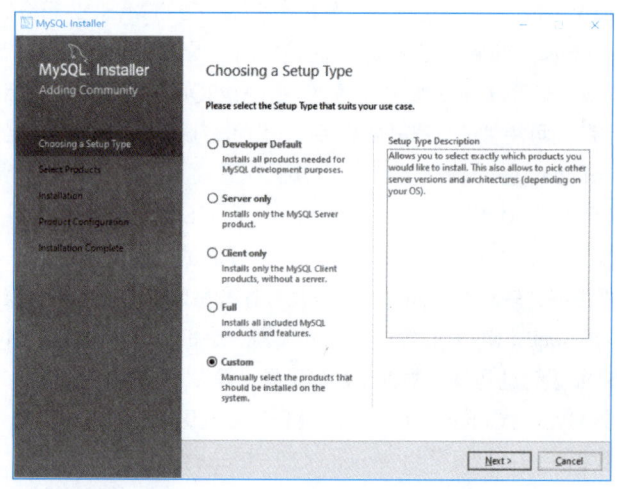

图 1.1.3
安装类型选择界面

可以选择安装的类型如下。

- Developer Default：默认安装类型，将安装 MySQL 服务器和进行应用程序开发所必需的组件，包括 MySQL Server、MySQL Shell、MySQL Router（MySQL 路由器）、MySQL Workbench、MySQL for Visual Studio、MySQL Connectors、Examples and tutorials（实例和教程）、Documentation（帮助文档）。
- Server only：只安装服务器。
- Client only：只安装客户端，不安装服务器。
- Full（完全安装）：即安装所有可用的产品，包括 MySQL 服务器、MySQL Workbench、MySQL 连接器、帮助文档、实例和教程等。
- Custom（自定义安装）：用户可以自由选择需要安装的组件。

② 这里选择 Custom 单选按钮，其余保持默认值，然后单击 Next 按钮，弹出产品选择界面，如图 1.1.4 所示。展开左侧 Available Products 列表框中的目录树，默认出现所有产品，选择需要的产品，单击 ➡ 图标，将其添加到右侧 Products To Be Installed 列表框中，此处选择安装的产品为 MySQL Servers 目录下的 MySQL Server 8.0.32-X64，如图 1.1.5 所示。单击 Next

按钮，进入产品安装界面，如图 1.1.6 所示。

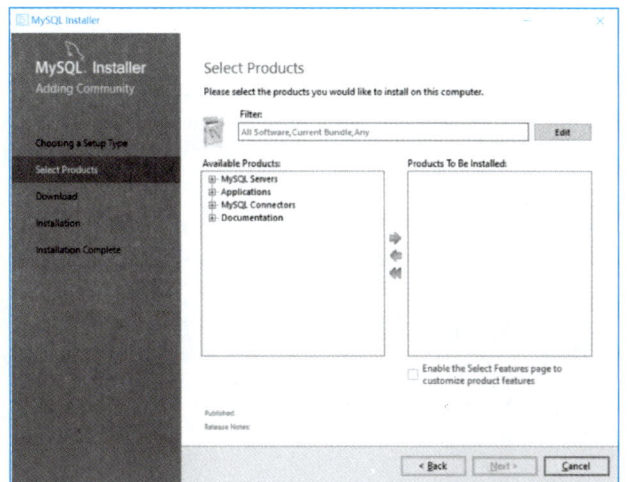

图 1.1.4
产品选择界面

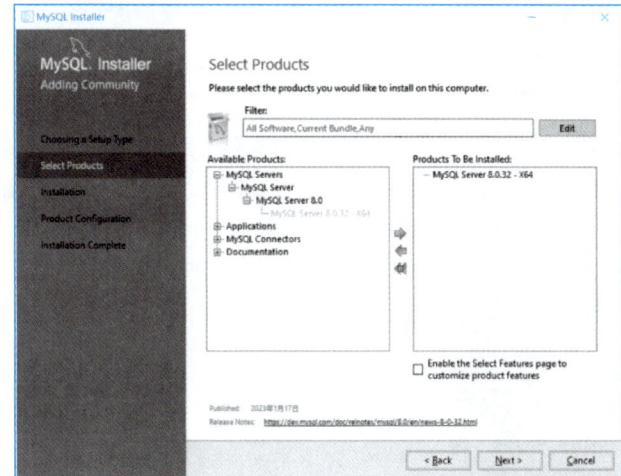

图 1.1.5
选择被安装的产品

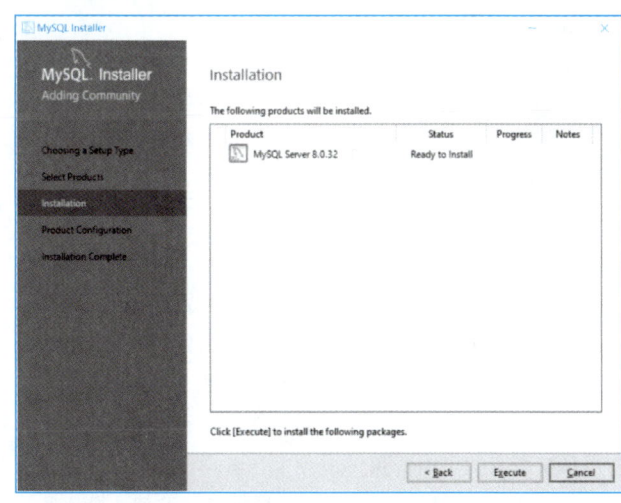

图 1.1.6
产品安装界面

③ 单击 Execute 按钮，将进行产品的安装。安装成功后，产品的状态(Status)将由 Ready

to Install 变为 Complete。

3. 配置 MySQL

① 在安装成功的界面上，单击 Next 按钮进入产品配置界面，如图 1.1.7 所示。接下来将分别配置所安装的产品，此处需要配置的是 MySQL 服务器。

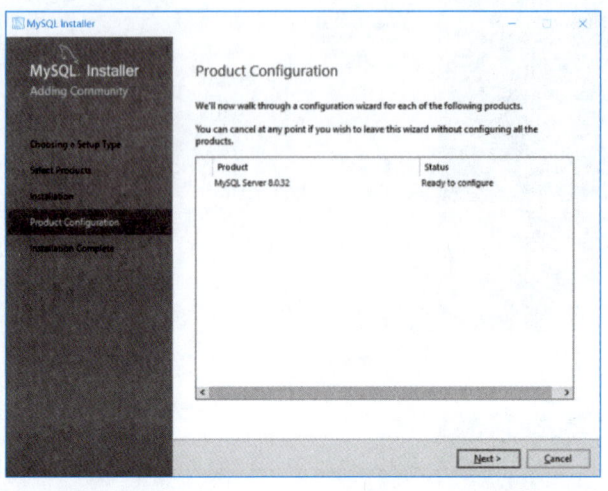

图 1.1.7
产品配置界面

② 单击 Next 按钮，进入服务器类型和网络配置界面，如图 1.1.8 所示。在 Config Type 下拉列表框中根据服务器的用途选择服务器类型。该选择将决定 MySQL 对内存、硬盘等系统资源的使用策略。这里提供 4 种类型的服务器，分别如下。

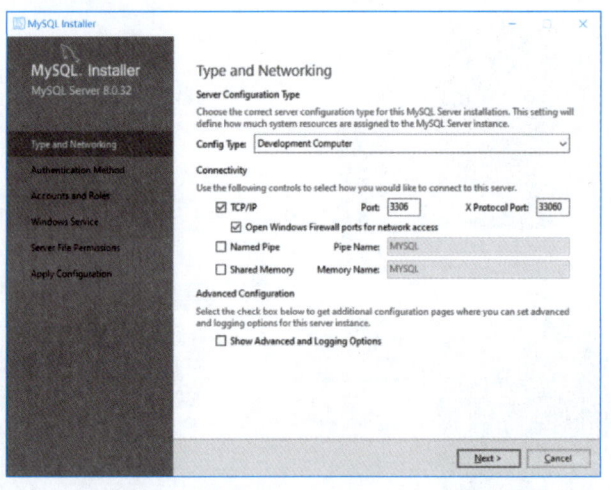

图 1.1.8
服务器类型和网络配置界面

- Development Computer（开发计算机）：默认选项，选择该类型，MySQL 服务器将占用最少的系统资源，适合个人桌面用户。初学者建议选择该类型。
- Server Computer（服务器计算机）：选择该类型，将作为服务器使用，将占用更多的系统资源。当然，也可和其他应用程序一起运行，如 FTP、E-mail、Web 服务器等。
- Dedicated Computer（专用计算机）：选择该类型，意味着只作为 MySQL 数据库服务器使用，占用系统所有的可用资源。
- Manual（手工）：保留默认配置文件值。如果需要更改值，则必须通过编辑配置文件手动更改。

配置网络：需要勾选 TCP/IP 复选框，启用 TCP/IP，设置连接 MySQL 服务器的端口号。默认启用 TCP/IP 网络，默认端口号为 3306。若要使用新的端口号，直接在文本框中输入即可，但要确保该端口号没有被使用。如有需要还可勾选 Open Windows Firewall ports for network access 复选框，表示打开用于网络访问的 Windows 防火墙端口。此处均按默认设置。

③ 单击 Next 按钮，进入身份验证方法选择界面，如图 1.1.9 所示，这里提供如下 2 种方式。

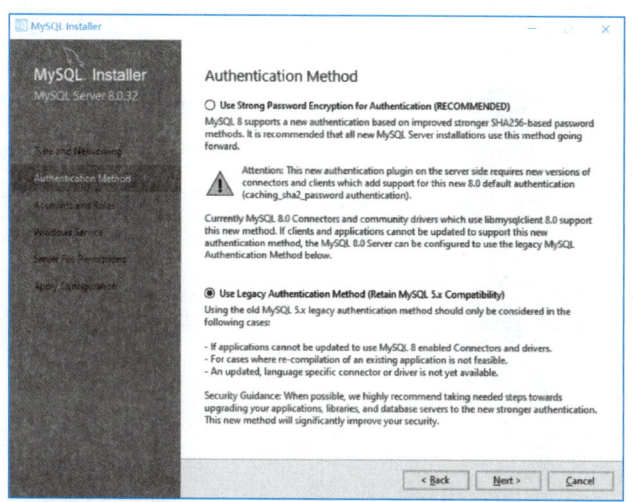

图 1.1.9
身份验证方法选择界面

- Use Strong Password Encryption for Authentication(RECOMMENDED)：默认选项（推荐选项），使用改进的强加密方式进行身份验证，是 MySQL 8.0 提供的新的身份验证方法，安全性更好。
- Use Legacy Authentication Method(Retain MySQL 5.x Compatibility)：使用传统身份验证方法（保留 MySQL 5.x 的兼容性）。

此处选择第 2 项。

④ 单击 Next 按钮，进入账户和角色设置界面，如图 1.1.10 所示。设置超级管理员账户 root 的密码，MySQL Root Password 为 root 账户密码，Repeat Password 为确认密码。单击 Add User 按钮可以另外添加新的账户和对应的密码。

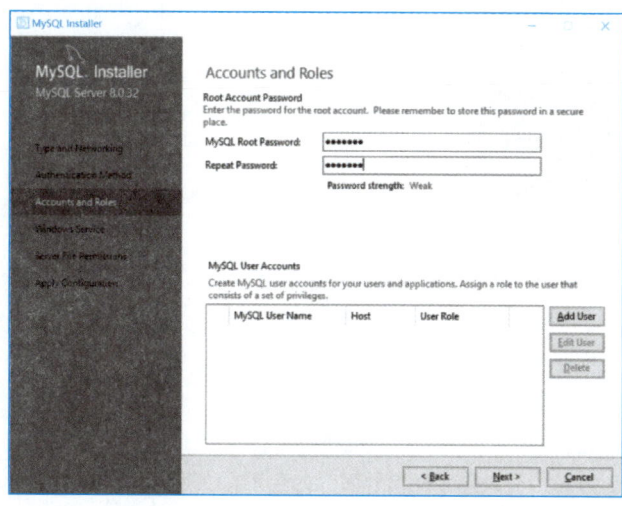

图 1.1.10
账户和角色设置界面

⑤ 单击 Next 按钮，进入 Windows 服务配置界面，如图 1.1.11 所示，将 MySQL 服务器配置为 Windows 中的服务。设置 MySQL Server 服务的名称以及在哪类用户账户下（标准系统账户或自定义用户）可以运行，此处使用默认选项"Standard System Account（标准系统账户）"。

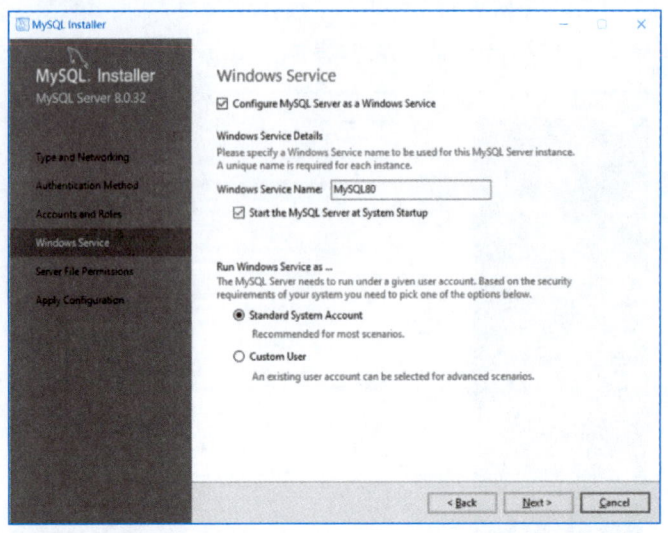

图 1.1.11
Windows 服务配置界面

⑥ 单击 Next 按钮，进入服务器文件权限设置界面，如图 1.1.12 所示，会询问"是否希望 MySQL 安装程序为您更新服务器文件权限？"，即在服务器配置期间，可以管理位于 C:\ProgramData\MySQL\ MySQL Server8.0\Data 的文件夹和文件的权限，这里有如下 3 种选项。

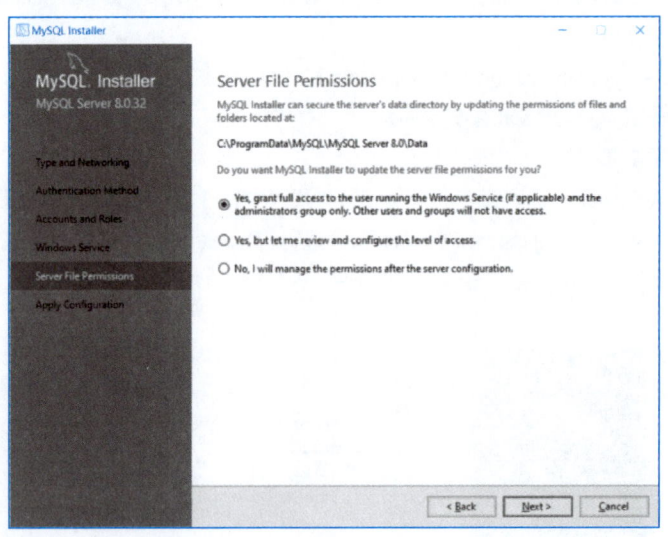

图 1.1.12
服务器文件权限设置界面

- 是，仅向运行 Windows 服务的用户和管理员组授予完全访问权限。其他用户和组将无权访问（默认选项）。
- 是，但让我检查并配置访问级别。
- 不，我将在服务器配置完后来管理权限。

此处选择默认选项。

⑦ 单击 Next 按钮，进入应用配置界面，如图 1.1.13 所示，单击 Execute 按钮将应用前面所选定的配置。配置完成后，单击 Finish 按钮即可完成 MySQL 服务器的配置。

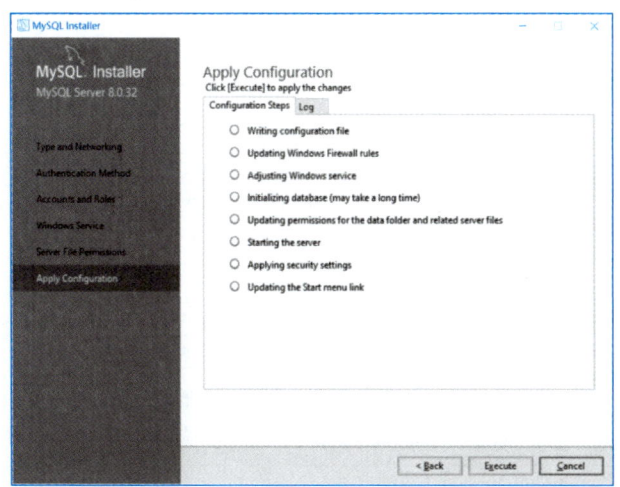

图 1.1.13
应用配置界面

⑧ 单击 Next，进入安装完成界面，如图 1.1.14 所示，单击 Finish 按钮即可。至此，完成 MySQL 的安装和配置。

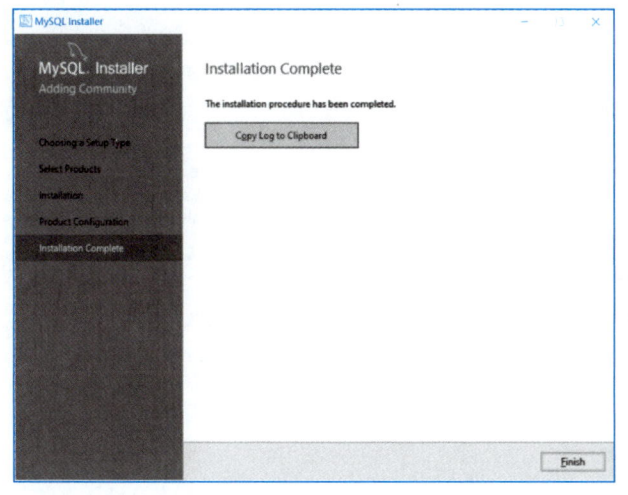

图 1.1.14
安装完成界面

素养小课堂 》》》》》》

在安装配置 MySQL 的过程中可能会遇到各种问题，如无法打开安装程序、安装过程中报错或 MySQL 服务无法启动等，我们要以解决问题为己任，仔细观察，分析问题信息及出现原因，积极从书本中、技术论坛、学习博文中寻找解决问题的方法，敢于动手尝试，进行操作实践，在实践中总结提升自己的技能。

 任务拓展

压缩包方式安装 MySQL

安装步骤如下。

① 在 MySQL 官网下载 MySQL 的压缩包 mysql-8.0.32-winx64.zip，如图 1.1.15 所示。

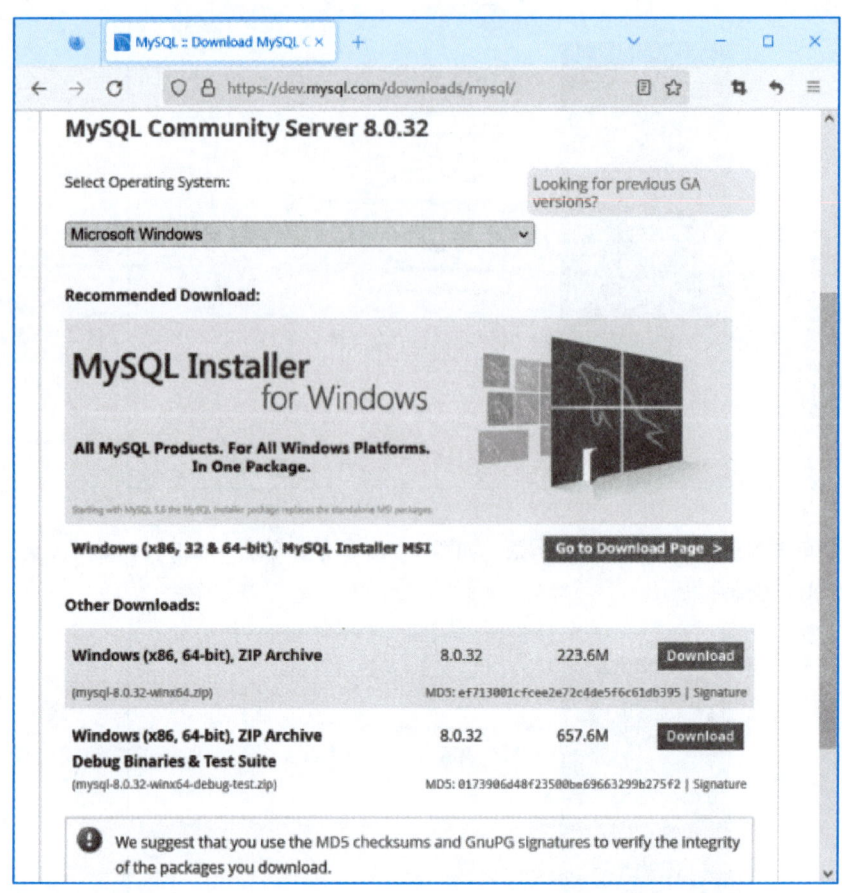

图 1.1.15
下载网址

② 在 D 盘中新建 MySQL 文件夹作为安装目录，并将压缩包解压到该文件夹中（可自主选择磁盘/目录完成该操作），解压后的文件夹如图 1.1.16 所示。

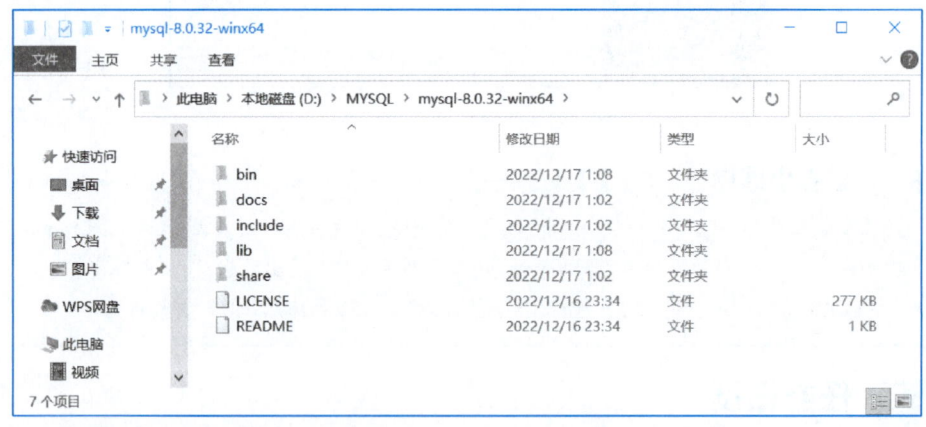

图 1.1.16
解压后的文件夹

③ 配置环境变量。右击"计算机"，在快捷菜单中选择"属性"命令，在弹出的系统界面中单击"高级系统设置"，在弹出的"系统属性"对话框（图 1.1.17）中，单击"环境变量"按钮，弹出"环境变量"对话框，如图 1.1.18 所示。

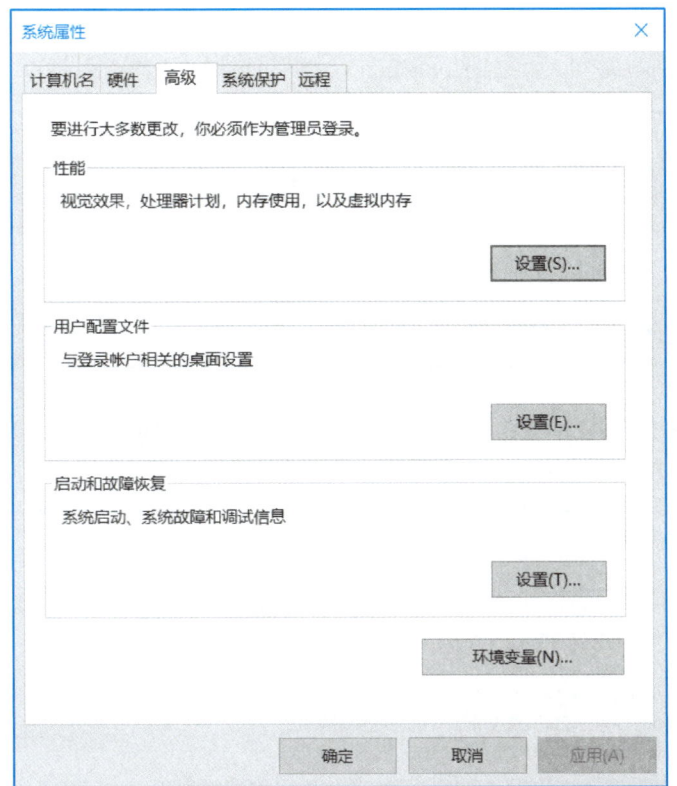

图 1.1.17
"系统属性"对话框

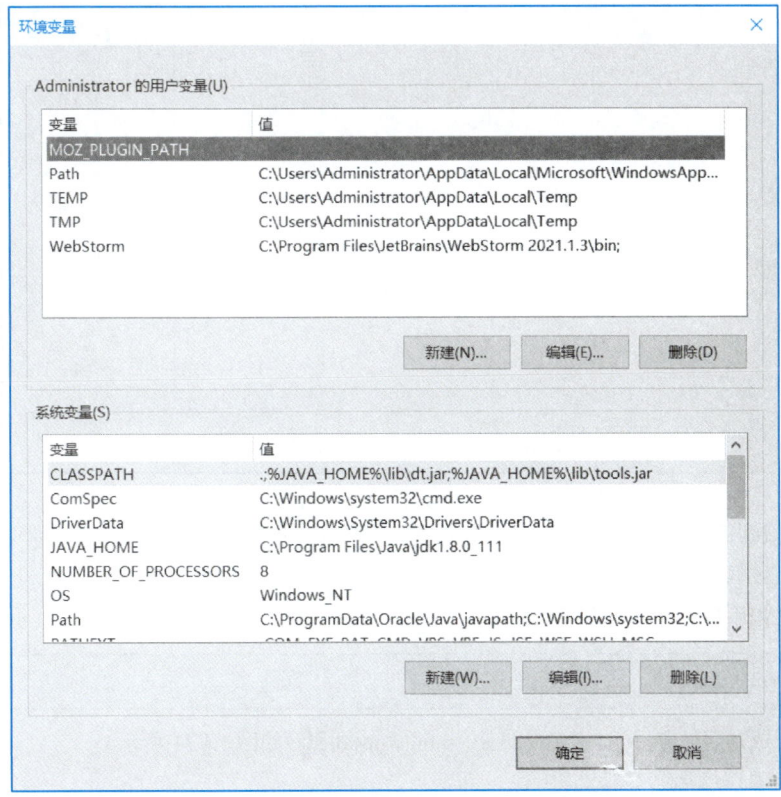

图 1.1.18
"环境变量"对话框

- 单击"新建"按钮，新建系统变量 MYSQL_HOME，变量值为 MySQL 的解压路径（即为安装路径），如图 1.1.19 所示。

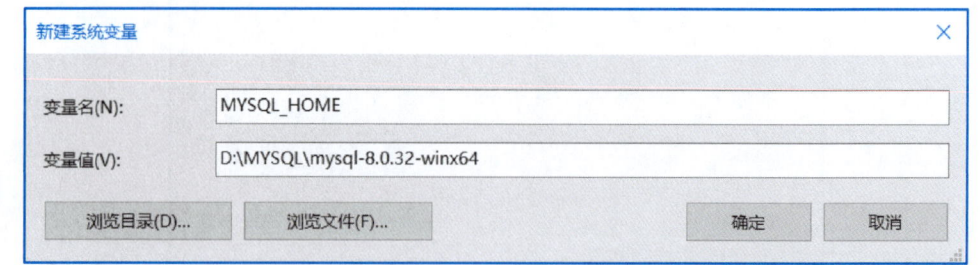

图 1.1.19
"新建系统变量"
对话框

- 编辑系统变量 Path，在原有值的后面增加：;%MYSQL_HOME%\bin，如图 1.1.20 所示，单击"确定"按钮保存并应用。

图 1.1.20
"编辑环境变量"对话框

④ 以管理员身份打开 Windows 命令提示符界面，进入 MySQL 的安装目录 D:\mysql\mysql-8.0.32-winx64\bin。

输入如下命令。

```
mysqld install
```

安装成功后，会提示：Service successfully installed，如图 1.1.21 所示。

任务 1　部署 MySQL 环境

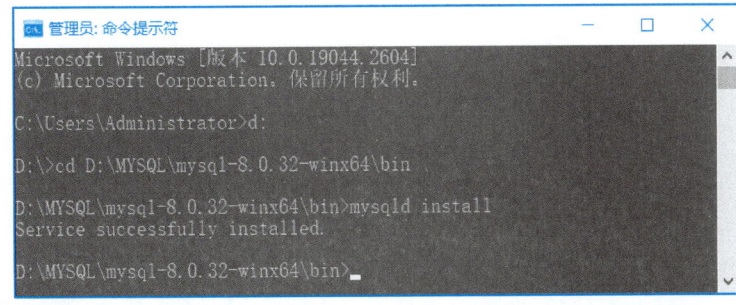

图 1.1.21
用命令方式安装 MySQL 服务

输入如下命令。

> mysqld --initialize

执行完该命令，将会在安装路径下增加 data 文件夹（用于存放数据），如图 1.1.22 所示，注意找到该文件夹中以 .err 结尾的文件，此处找到的文件为 Win10-2022AYPPA.err，如图 1.1.23 所示，用"记事本"打开该文件，MySQL 的初始密码就在其中，选中的区域即为找到的初始密码（由系统自动产生），如图 1.1.24 所示，将其保存下来，用于初次登录 MySQL 服务器。

图 1.1.22
在 MySQL 安装路径下新增 data 文件夹

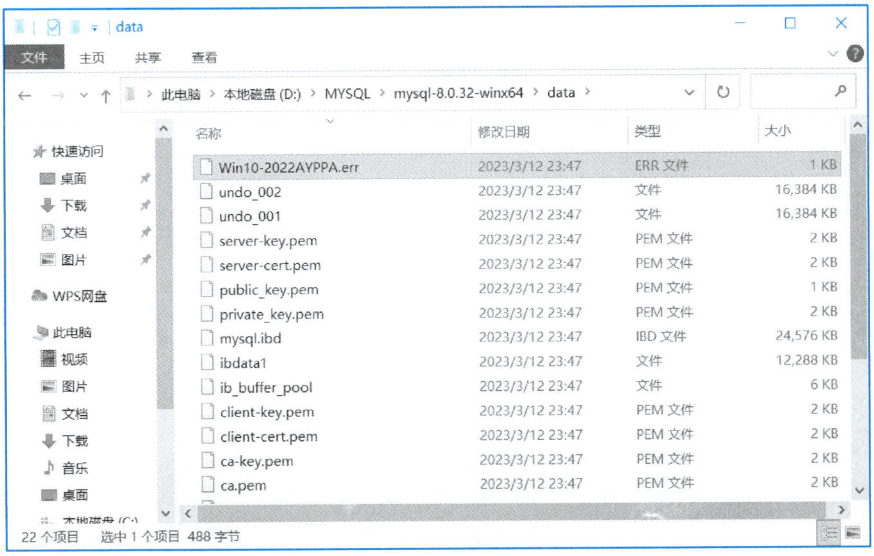

图 1.1.23
查找 Win10-2022AYPPA.err 文件

15

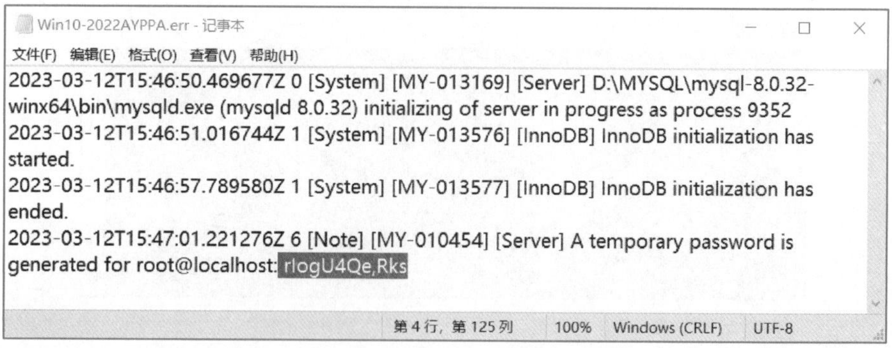

图 1.1.24
查找登录初始密码

⑤ 在解压的 mysql-8.0.32-winx64 文件夹中新建一个 my.ini 配置文件，内容如下。

```
[mysqld]
# 设置 3306 端口
port=3306
# 设置 MySQL 的安装目录
basedir=D:\mysql\mysql-8.0.32-winx64
# 设置 MySQL 数据库的数据存放目录
datadir=D:\mysql\mysql-8.0.32-winx64\data
# 允许最大连接数
max_connections=200
# 允许连接失败的次数。这是为了防止有人从该主机试图攻击数据库系统
max_connect_errors=10
# 服务端使用的字符集默认为 utf8mb4
character-set-server=utf8mb4
# 创建新表时将使用的默认存储引擎
default-storage-engine=INNODB
[mysql]
# 设置 MySQL 客户端默认字符集
default-character-set=utf8mb4
[client]
# 设置 MySQL 客户端连接服务端时默认使用的端口
port=3306
```

⑥ 回到 Windows 命令提示符界面，输入如下命令。

```
net start mysql
```

启动服务器，启动成功提示如图 1.1.25 所示。

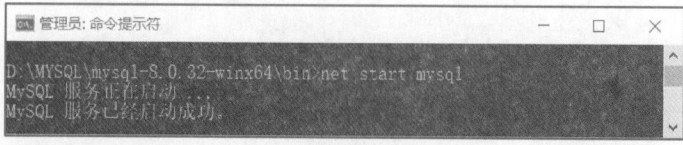

图 1.1.25
启动成功提示

⑦ 重新打开一个 Windows 命令提示符窗口，输入命令进入 MySQL 的安装目录下，输入如下命令。

```
mysql -u root -p
```

 说明 »»»»»»

这里会要求输入密码，这个密码就是 MySQL 自动生成的初始密码，即在第④步中保存的初始密码。

若密码正确则登录成功，如图 1.1.26 所示。至此，MySQL 安装完成。图中进入的是 MySQL 的命令行模式，在命令提示符 mysql> 后，可输入 QUIT 以退出命令行。

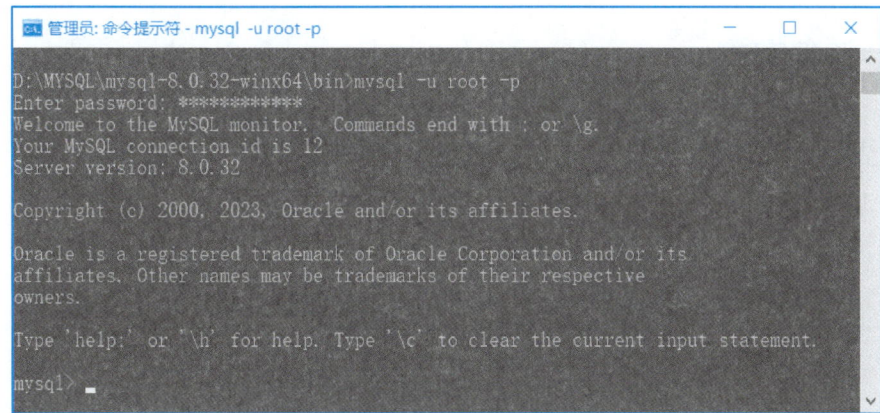

图 1.1.26
成功登录界面

任务 1.2　连接 MySQL 服务器

 任务分析

MySQL 数据库管理系统分为客户端和服务器端。数据库设计人员在安装和配置 MySQL 后，需要启动 MySQL 服务，将客户端连接到 MySQL 服务器，才能对数据库进行管理。

 知识储备

1. 字符集

字符（Character）是指人类语言中最小的表义符号，如'A'、'B'等。给定一系列字符，为每个字符赋予一个数值，用数值来代表对应的字符，这一数值就是**字符的编码**（Encoding）。例如，给字符'A'赋予数值 0，则 0 就是字符'A'的编码，给字符'B'赋予数值 1，则 1 就是字符'B'的编码。给定一系列字符并赋予对应的编码后，所有这些字符和编码对组成的集合就是字符集（Character Set）。例如，给定字符列表为{'A','B'}时，{'A'=>0, 'B'=>1}就是一个**字符集**。

2. 字符集对应的校对规则

字符集对应的校对规则是指在同一字符集内字符之间的比较规则。确定字符集的校

微课 1-4
字符集与校对规则

17

对规则后，才能在一个字符集上定义什么是等价的字符，以及字符之间的大小关系。每个字符校对规则将唯一对应一种字符集，但一个字符集可以对应多种字符校对规则，其中有一个是默认字符集的校对规则。MySQL 中的字符校对规则名称遵从命名惯例，即以字符校对规则对应的字符集名称开头，以_ci（表示大小写不敏感）、_cs（表示大小写敏感）或_bin（表示按编码值比较）结尾。例如，在字符校对规则 utf8mb4_general_ci 下，字符 a 和 A 是等价的。

MySQL 支持多种字符集和校对规则，它对字符集的支持细化到服务器、数据库、数据表和连接层 4 个层次。因此，为避免乱码问题的出现，从连接层级、数据库级、数据表级、服务器级等各个层级使用一致的字符集和校对规则。MySQL 8.0 中支持中文的字符集有 utf8mb4、utf8mb3、gb2312、gbk 等。

任务实施

1. 启动 MySQL 服务

微课 1-5
连接 MySQL 服务器

通过"控制面板"→"管理工具"→"服务"，打开"服务"窗口，选择 MySQL 服务，右击，在快捷菜单中选择"启动""停止"或"暂停"命令来改变服务的状态，如图 1.2.1 所示。

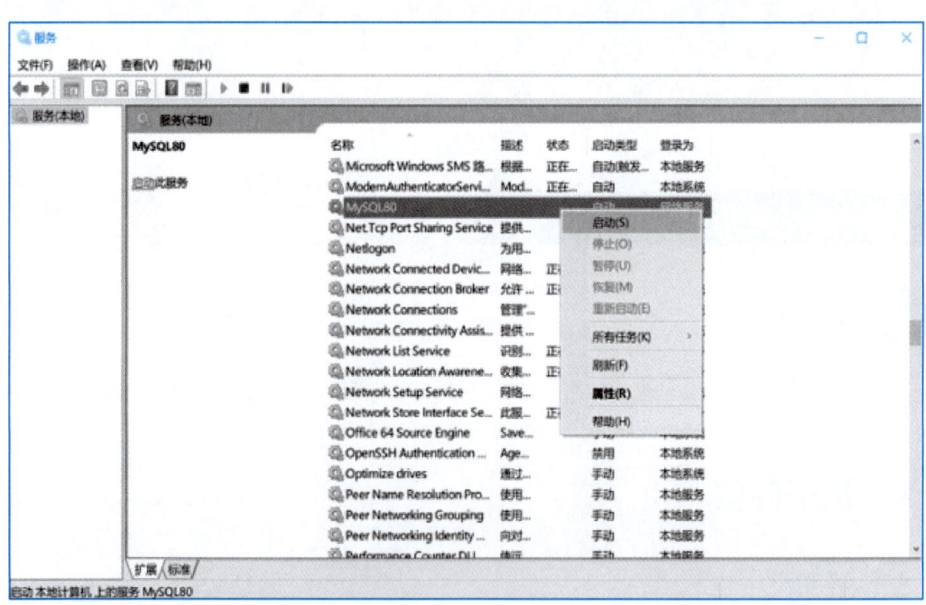

图 1.2.1
启动 MySQL 服务

只有启动了 MySQL 服务，客户端连接 MySQL 服务器才能成功。

2. 连接 MySQL 服务器

通过"开始"→"所有程序"→"MySQL"→"MySQL Server 8.0"→"MySQL 8.0 Command Line Client"，打开命令行客户端，输入对应的密码（默认以 root 账户登录），即可登录 MySQL

服务器，如图 1.2.2 所示。

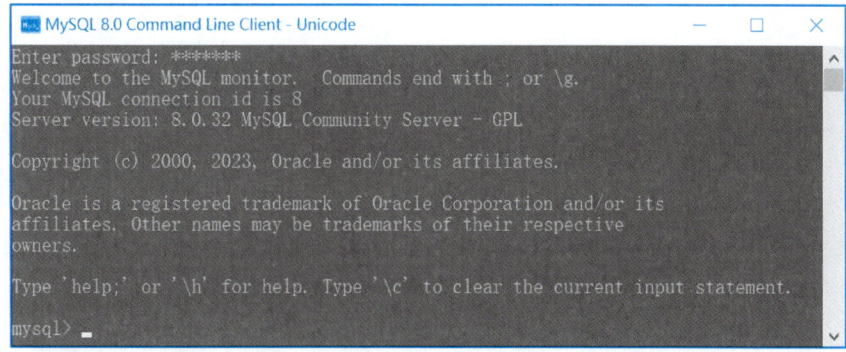

图 1.2.2
在客户端登录
MySQL 服务器

3. 设置 MySQL 字符集

MySQL 8.0 默认的字符集为 utf8mb4，占 4 字节编码，默认对应的校对规则为 utf8mb4_0900_ai_ci。它不仅可以支持中文，还可以支持表情包、Emoji 表情。如果默认的字符集和校对规则不能满足需要，可重新设置。

查看当前系统字符集参数，输入如下命令。

```
SHOW VARIABLES LIKE 'character%';
```

运行效果如图 1.2.3 所示。

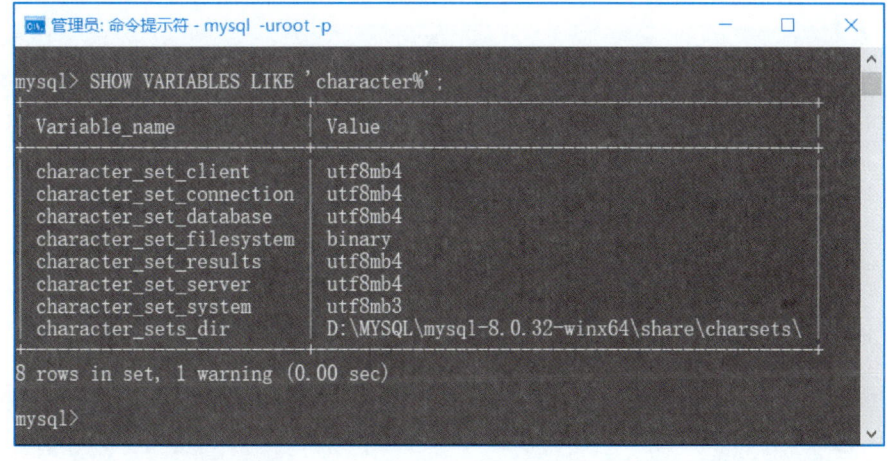

图 1.2.3
查看当前系统参数

将数据库和服务器的字符集修改为 GB2312，具体如下。

```
SET character_set_server='gb2312';
SET character_set_database='gb2312';
```

查看是否修改成功，输入如下命令。

```
STATUS;
```

效果如图 1.2.4 所示。

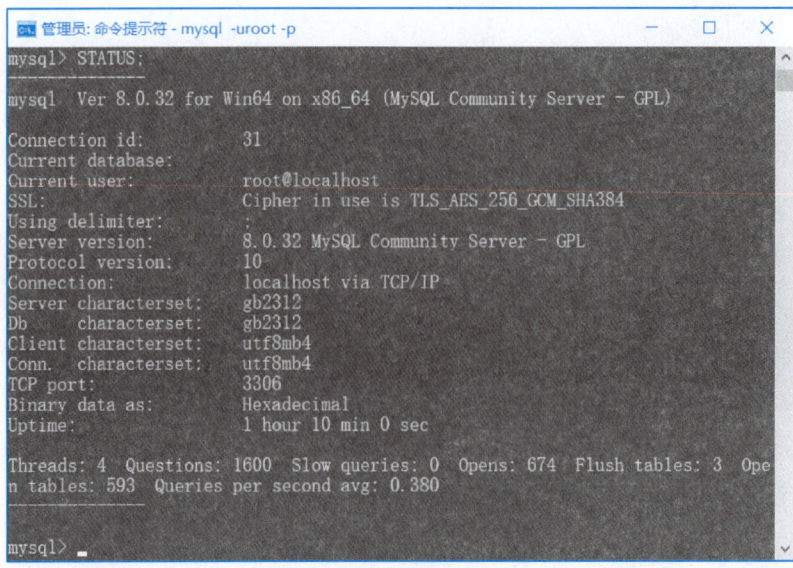

图 1.2.4
修改参数查看效果

4. 使用 DOS 命令连接 MySQL 服务器

通过"开始"→"Windows 系统"→"命令提示符",打开 DOS 窗口,切换到安装 MySQL 的 bin 目录下。

```
cd C:\Program Files\MySQL\MySQL Server 8.0\bin
```

 注意 »»»»»

根据安装路径不同,目录会有所不同。

输入如下命令。

```
mysql -u root -p
```

按 Enter 键,输入密码(root 账户密码),即可连接登录 MySQL 服务器,如图 1.2.5 所示。

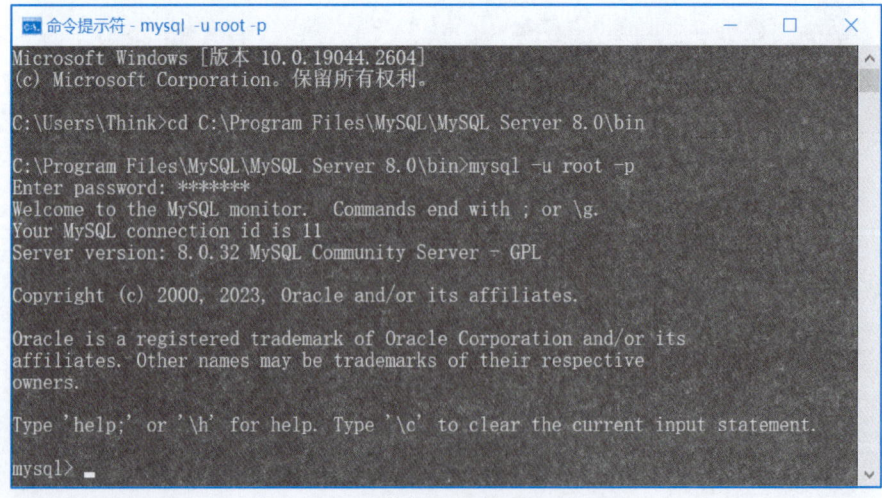

图 1.2.5
使用 DOS 命令登录 MySQL 服务器

 **任务拓展**

使用 Navicat 连接登录 MySQL 服务器

Navicat 是一套快速、可靠的数据库管理工具，专为简化数据库的管理及降低系统管理成本而设计。Navicat 是以直观化的图形用户界面，让用户可以用安全且简单的方式创建、组织、访问并共用信息。本书中主要使用该工具来实现对数据库的操作管理。使用 Navicat 连接 MySQL 服务器通过以下步骤完成。

① 双击打开 Navicat，进入主界面，如图 1.2.6 所示。

图 1.2.6
Navicat 主界面

② 单击工具栏中的"连接"图标，在其下拉菜单中选择"MySQL"，弹出"新建连接"对话框，如图 1.2.7 所示。"连接名"可按一般的变量命名规范取名（便于识别），这里设置为 root@localhost；"主机"为要连接的 MySQL 数据库服务器的主机名，本地主机可设定为 localhost；"端口"为 3306，这是 MySQL 服务默认的端口号，与安装 MySQL 设置的端口号相一致；"用户名"为 root（此时并没有创建新的用户）；"密码"即为 root 账户对应的密码，可勾选"保存密码"复选框，这样不需要每次打开此连接都输入密码。设置完成后，单击"测试连接"按钮，若能连接成功，会弹出"连接成功"对话框，单击"确定"按钮，回到"新建连接"对话框。再次单击"确定"按钮，在主界面左侧将出现新建立的连接名 root@localhost。

③ 双击连接名 root@localhost，即可打开连接，成功访问 MySQL 数据库服务器，如图 1.2.8 所示。

本书中使用 Navicat 连接 MySQL 服务器均通过上述步骤来完成。

图 1.2.7
"新建连接"对话框

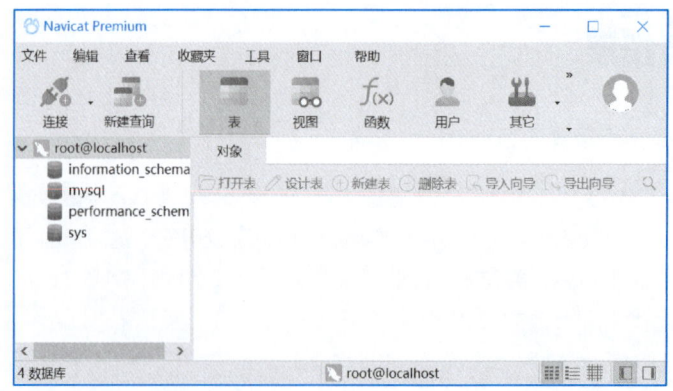

图 1.2.8
连接服务器 root@localhost

任务 1.3　MySQL 初体验

 **任务分析**

　　登录 MySQL 服务器，快速搭建一个可用来进行实践的工作场景，在 MySQL 上附加示例数据库——家电商城数据库 db_eshop，并实现一个简单查询，以此来帮助开发人员熟悉 MySQL 图形工具的使用方法。

 知识储备

SQL

微课 1-6
MySQL 初体验

　　结构化查询语言（Structured Query Language，SQL）是一种数据库查询和程序设计语言，用于存取、查询、更新数据，并能管理关系型数据库系统。SQL 结构简洁、功能强大、应用广泛，得到 Oracle、DB2、Microsoft SQL Server、MySQL、Access 等数据库的支持。ANSI（美国国家标准协会）发布标准 ANSI SQL-92。不同的关系数据库使用 SQL 的版本会有差异，但都遵循 ANSI SQL 标准。MySQL 数据库亦是如此，支持 SQL 标准，并在标准的 SQL 基础上扩充了许多功能。

　　在 MySQL 数据库中，SQL 由 4 部分组成，具体如下。

- **数据定义语言（Data Definition Language, DDL）**：用于对数据库及数据库中的各种对象进行创建（CREATE）、删除（DROP）、修改（ALTER）等操作。数据库对象主要包括表、约束、视图、触发器、存储过程等。
- **数据操纵语言（Data Manipulation Language, DML）**：用于对数据库中的数据进行操作，包括数据的查询（SELECT）、插入（INSERT）、修改（UPDATE）、删除（DELETE）等语句。
- **数据控制语言（Data Control Language，DCL）**：用于安全管理，授予或回收用户操作数据库对象的权限，包括授权（GRANT）、回收（REVOKE）等语句。
- **MySQL 增加的语言元素**：为了用户编程的方便而增加的语言元素。这些语言元素包括常量、变量、运算符、函数、流程控制语句和注释等。

　　每个 SQL 语句都以分号结束，并且 SQL 处理器忽略空格、制表符和回车符。

任务实施

快速搭建实训环境

本书中所使用的示例均来自家电商城数据库 db_eshop。家电商城数据库 db_eshop 包含 6 个数据表，分别为 goods 表（商品表）、category 表（商品类型表）、users 表（用户表）、orders 表（订单表）、order_item 表（订单明细表）、admin 表（管理员表）。

企业案例 1
熟悉智慧酒店管理系统自助一体机模块数据表

（1）熟悉数据库 db_eshop 中的数据表

- goods 表（商品表）有 7 列，分别为 goods_id（商品编号）、goods_model（商品型号）、goods_name（商品名称）、category_id（商品类型编号）、goods_desc（商品描述）、stock_number（库存数量）、goods_price（商品价格），如图 1.3.1 所示。

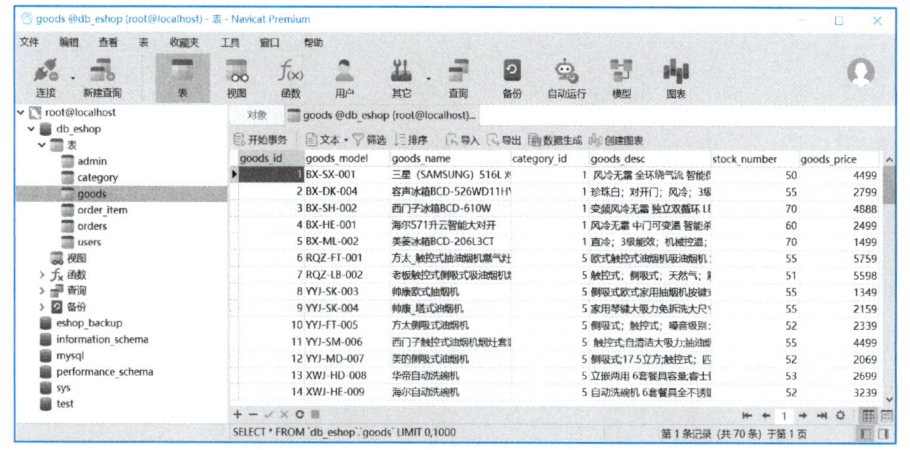

图 1.3.1
goods 表中的数据

- category 表（商品类型表）有 3 列，分别为 category_id（商品类型编号）、category_name（商品类型名称）、category_desc（商品类型描述），如图 1.3.2 所示。

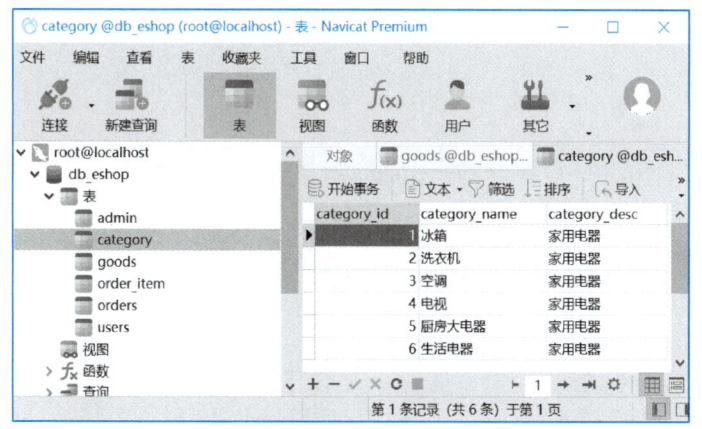

图 1.3.2
category 表中的数据

- admin 表（管理员表）有 3 列，分别为 admin_id（管理员编号）、admin_name（管理员用户名）、admin_pwd（管理员密码），如图 1.3.3 所示。

23

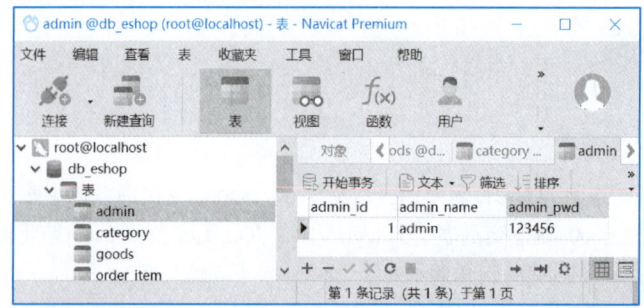

图 1.3.3
admin 表中的数据

- users 表（用户表）有 7 列，分别为 user_id(用户编号)、user_name（姓名）、password（密码）、address（地址）、phone（电话号码）、birthday（出生日期）、email（电子邮箱），如图 1.3.4 所示。

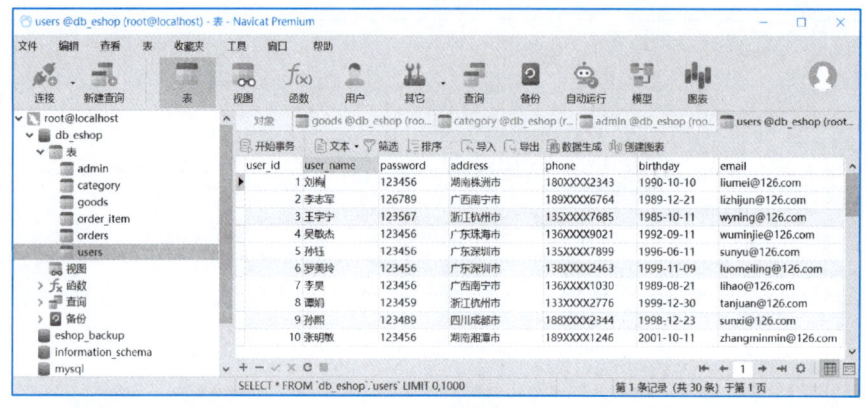

图 1.3.4
users 表中的数据

- orders 表（订单表）有 5 列，分别为 order_id（订单编号）、user_id（用户编号）、order_date（订单时间）、total_price（订单总价）、order_status（订单状态），如图 1.3.5 所示。

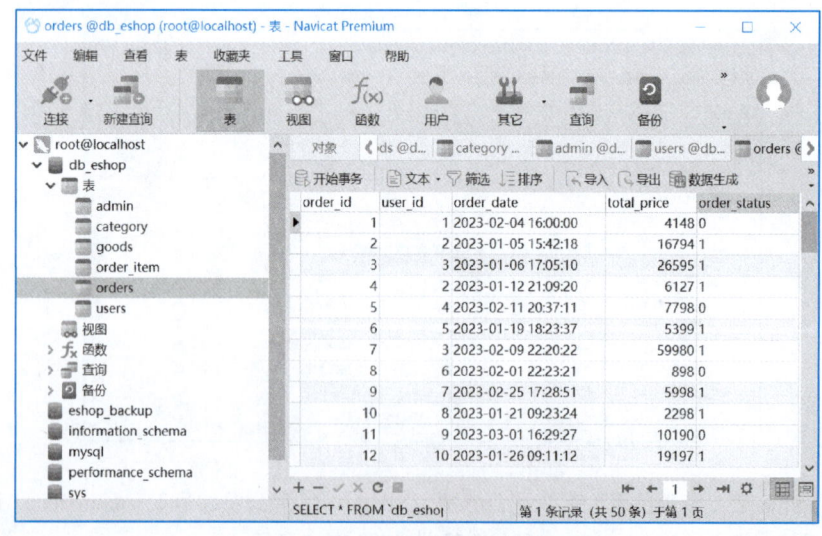

图 1.3.5
orders 表中的数据

- order_item 表（订单明细表）有 3 列，分别为 order_id（订单编号）、goods_id（商品编

号)、order_number（订购数量），如图 1.3.6 所示。

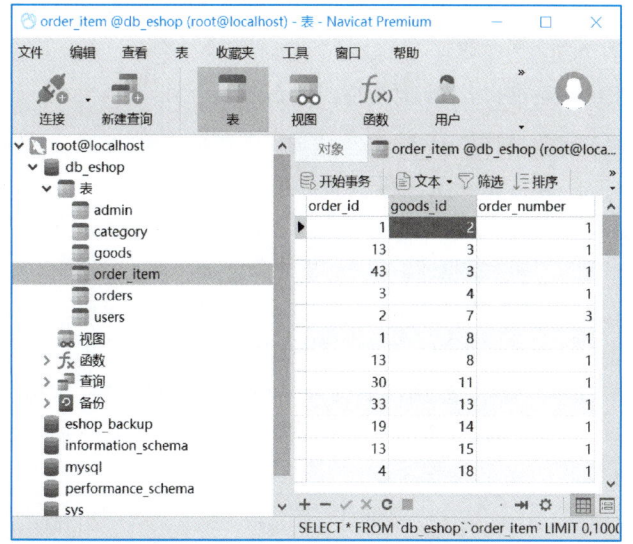

图 1.3.6
order_item 表中的数据

（2）家电商城数据库 db_eshop 中数据表之间的关系

各数据表之间的关系如图 1.3.7 所示。

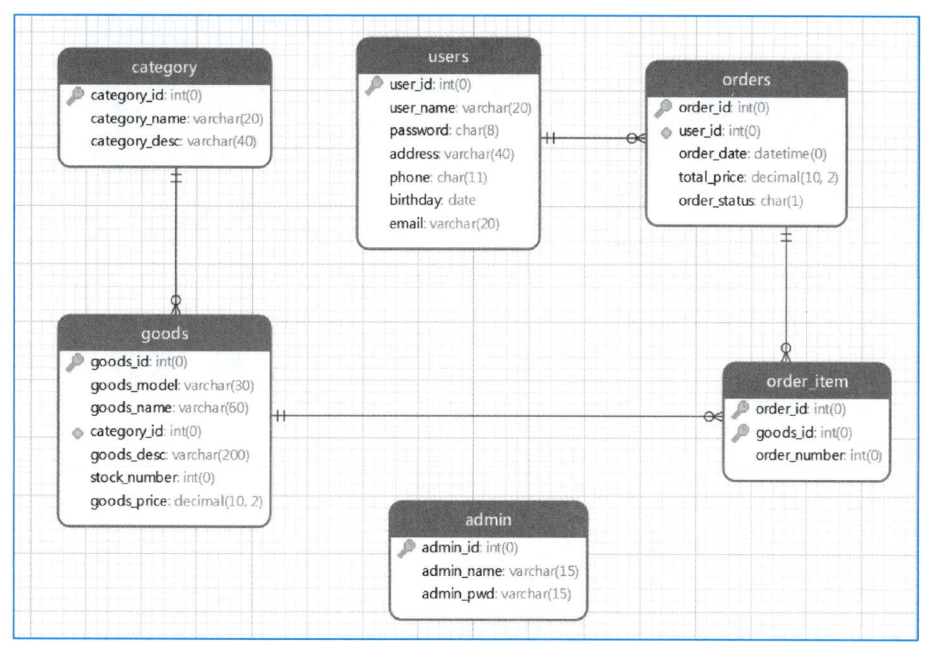

图 1.3.7
db_eshop 数据库中
数据表之间的关系

表之间的相互关系如下。
- goods 表（商品表）和 category 表（商品类型表）之间通过 category_id（商品类型编号）进行连接，表示商品表中的商品类型编号来源于商品类型表。
- orders 表（订单表）和 users 表（用户表）之间通过 user_id（用户编号）进行连接，表示订单表中的用户编号来源于用户表。
- order_item 表（订单明细表）和 orders 表（订单表）之间通过 order_id（订单编号）进

行连接，表示订单明细表中的订单编号来源于订单表。order_item 表（订单明细表）和 goods 表（商品表）之间通过 goods_id（商品编号）进行连接，表示订单明细表中的商品编号来源于商品表。

（3）在 MySQL 中附加家电商城数据库 db_eshop

如果 MySQL 服务器中存在 db_eshop 数据库，则需要先将其删除，具体步骤如下。

① 打开 Navicat，连接 MySQL 数据库服务器。

② 展开连接名 root@localhost，若事先已存在 db_eshop 数据库，则先选中该数据库，右击，在快捷菜单中选择"删除数据库"命令，即可实现 db_eshop 数据库的删除。

③ 将本书电子资源中的 db_eshop.sql 脚本文件，复制到自己设定的文件目录下（如 D:\）。

④ 选中连接名 root@localhost，右击，在快捷菜单中选择"新建数据库"命令，将弹出"新建数据库"对话框，设置数据库名为 db_eshop、字符集为 utf8mb4、排序规则为 utf8mb4_general_ci，单击"确定"按钮完成数据库的创建，如图 1.3.8 所示。

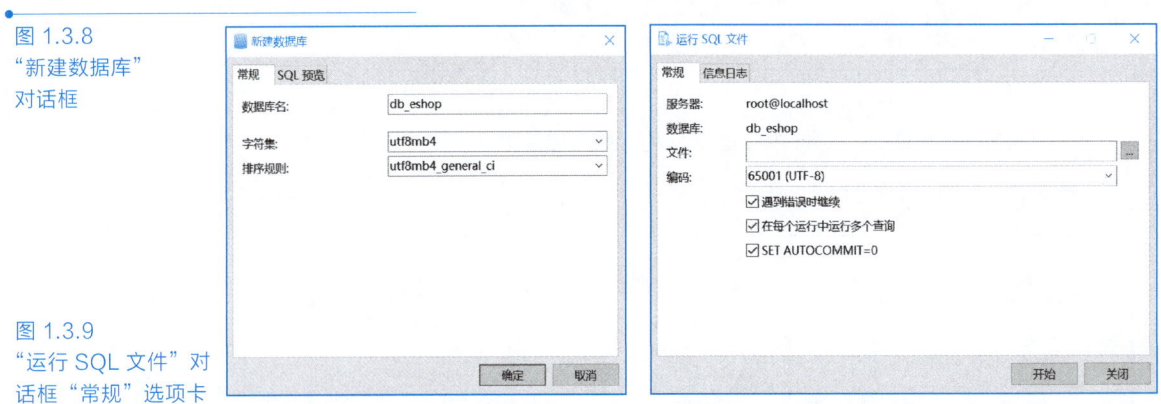

图 1.3.8 "新建数据库"对话框

图 1.3.9 "运行 SQL 文件"对话框"常规"选项卡

⑤ 双击展开左侧 db_eshop 节点（或双击打开 db_eshop 数据库），选中 db_eshop，右击，在快捷菜单中选择"运行 SQL 文件…"命令，弹出"运行 SQL 文件"对话框，如图 1.3.9 所示，单击"文件"右侧的 按钮，弹出"打开"对话框，如图 1.3.10 所示，找到前面复制的 db_eshop.sql 文件，单击"打开"按钮，返回"运行 SQL 文件"对话框，如图 1.3.11 所示。

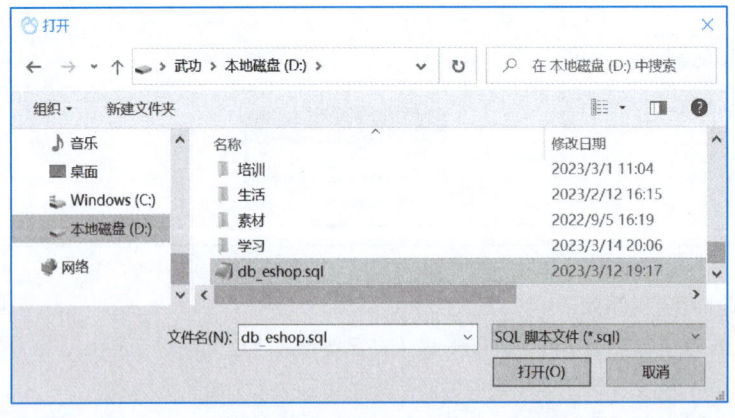

图 1.3.10 "打开"对话框

图 1.3.11
"运行 SQL 文件"对话框

⑥ 单击"开始"按钮，该对话框将自动切换到"信息日志"选项卡，如图 1.3.12 所示，这里提示"执行成功"，单击"关闭"按钮。

⑦ 数据库附加成功后，先关闭 MySQL 数据库服务器，重新打开 MySQL 服务器，再次展开 db_eshop 节点，单击"表"节点，即可看到附加的数据库以及它所包含的数据表，如图 1.3.13 所示。

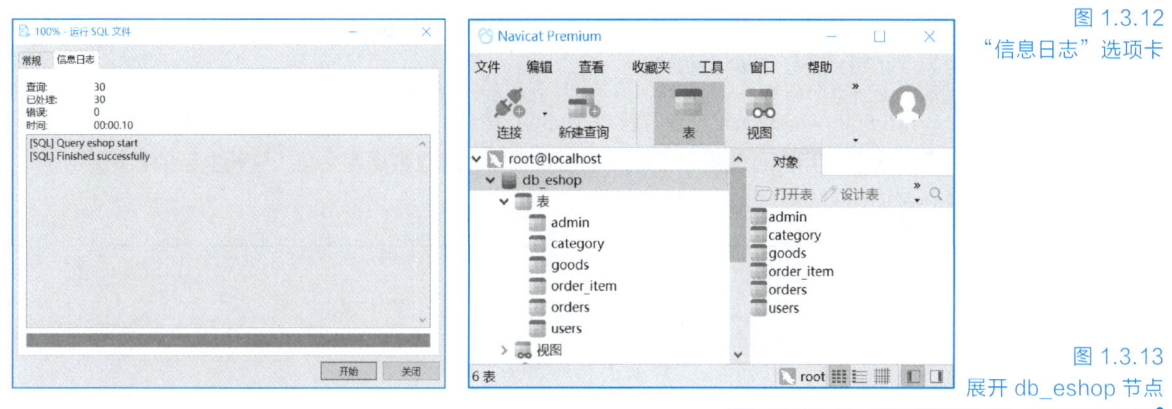

图 1.3.12
"信息日志"选项卡

图 1.3.13
展开 db_eshop 节点

（4）打开 SQL 编辑器

① 展开 db_eshop 节点，在工具栏中单击"新建查询"按钮，打开"查询"窗口，如图 1.3.14 所示。

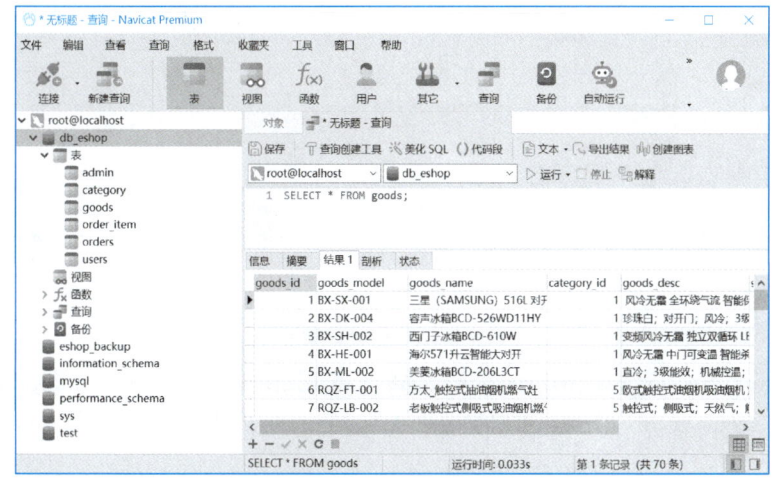

图 1.3.14
"查询"窗口

② 在"SQL 编辑器"的编辑区中输入如下 SQL 语句。

> SELECT * FROM goods;

输入完成后，单击工具栏中的  按钮，在窗口下方会显示执行结果。也可单击"保存"按钮，输入查询名 goods_info，即可将该查询语句保存为 SQL 脚本。

 **说明** »»»»»

本书中的示例均使用 db_eshop 数据库，在后续章节中使用 SQL 编辑器运行 SQL 语句，如果不进行特别说明，均采用上述方法打开数据库 db_eshop 的 SQL 编辑器窗口。

任务拓展

常用的 MySQL 图形管理工具

除 Navicat 外，常用的 MySQL 图形管理工具有 MySQL Workbench、SQLyog，使用这些工具都可以连接 MySQL 服务器，实现数据库的管理和维护。

1. MySQL Workbench

MySQL Workbench 是专门针对 MySQL 设计的 E-R 数据库建模工具，可从 MySQL 官网下载安装包。用户可使用它设计、创建数据库，建立数据库文档，进行复杂的数据库迁移。工作界面如图 1.3.15 所示。

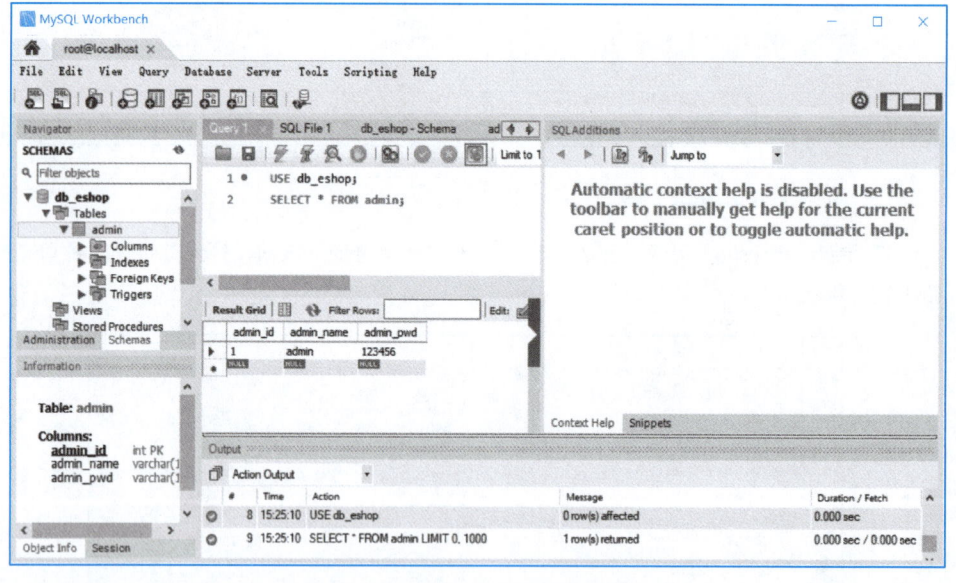

图 1.3.15 MySQL Workbench 工作界面

2. SQLyog

SQLyog 是业界著名的 Webyog 公司出品的一款简洁高效、功能强大的图形化 MySQL 数据库管理工具。使用 SQLyog 可以快速直观地从世界的任何角落通过网络来维护远端的

MySQL 数据库。其工作界面如图 1.3.16 所示。

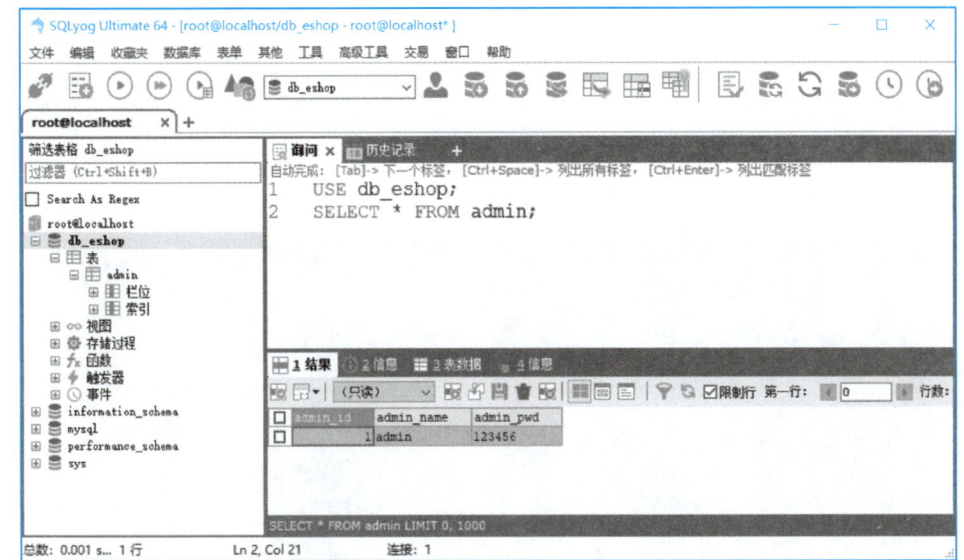

图 1.3.16
SQLyog 工作界面

任务小结

① 数据库、数据库管理系统、数据库系统、关系型数据库等基本概念。
② MySQL 简介。
③ MySQL 版本。
④ 安装 MySQL。
⑤ 配置 MySQL。
⑥ 简单使用 MySQL。

课堂实训

【实训目的】

① 掌握 MySQL 服务器的安装与配置。
② 掌握 MySQL 图形化界面工具 Navicat 的使用方法。
③ 学会使用命令行和图形化界面工具两种方式连接服务器，并进行简单数据库操作。

【实训内容】

1. 安装 MySQL 服务器和界面工具
① 登录 MySQL 官网下载合适的版本，安装 MySQL 服务器。
② 安装图形化界面工具 Navicat。
2. 利用 MySQL 客户端连接访问 MySQL 服务器。
① 通过"开始"→"Windows 系统"→"命令提示符"，打开 DOS 窗口，切换到安装 MySQL 的 bin 目录下（C:\Program Files\MySQL\MySQL Server 8.0 为 MySQL 默认安装路径），请根据各自的安装路径做调整。

29

cd C:\Program Files\MySQL\MySQL Server 8.0\bin

输入如下命令。

mysql -u root -p

按提示输入 root 账户密码，即可登录 MySQL 服务器，如图 1.4.1 所示。

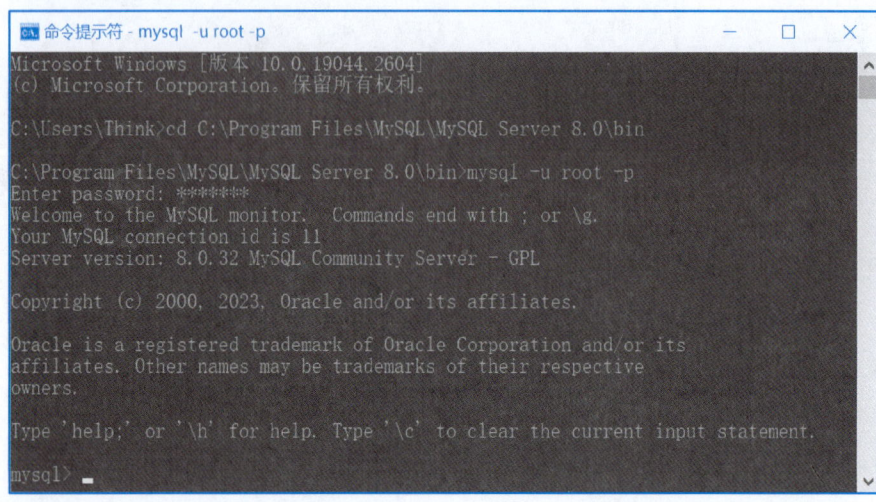

图 1.4.1
MySQL 命令行客户端

② 查看当前系统中已有的数据库，输入如下命令。

SHOW   DATABASES;

③ 切换当前数据库为 mysql，即打开数据库 mysql，输入如下命令。

USE mysql;

④ 查看数据库 mysql 中包含的数据表的相关信息，输入如下命令。

SHOW TABLES;

⑤ 查看数据库 mysql 中数据表 user 的所有信息，输入如下命令。

SELECT * FROM user;

3. MySQL 界面工具 Navicat 的使用

① 双击桌面上 Navicat 的快捷图标，进入 Navicat 主界面，单击工具栏中的"连接"图标，选择下拉菜单中的"MySQL"，弹出"新建连接"对话框，如图 1.4.2 所示。设置连接名为 mysql01（可按命名规则自己取名字）、用户名为 root，输入密码（root 用户对应的密码），单击"确定"按钮。

② 进入主界面后，选中连接名 mysql01，右击，在快捷菜单中选择"打开连接"命令，即可展开 mysql01 的目录树，列出服务器中当前的数据库，以后创建的数据库也会在这里显示，如图 1.4.3 所示。

任务 1　部署 MySQL 环境

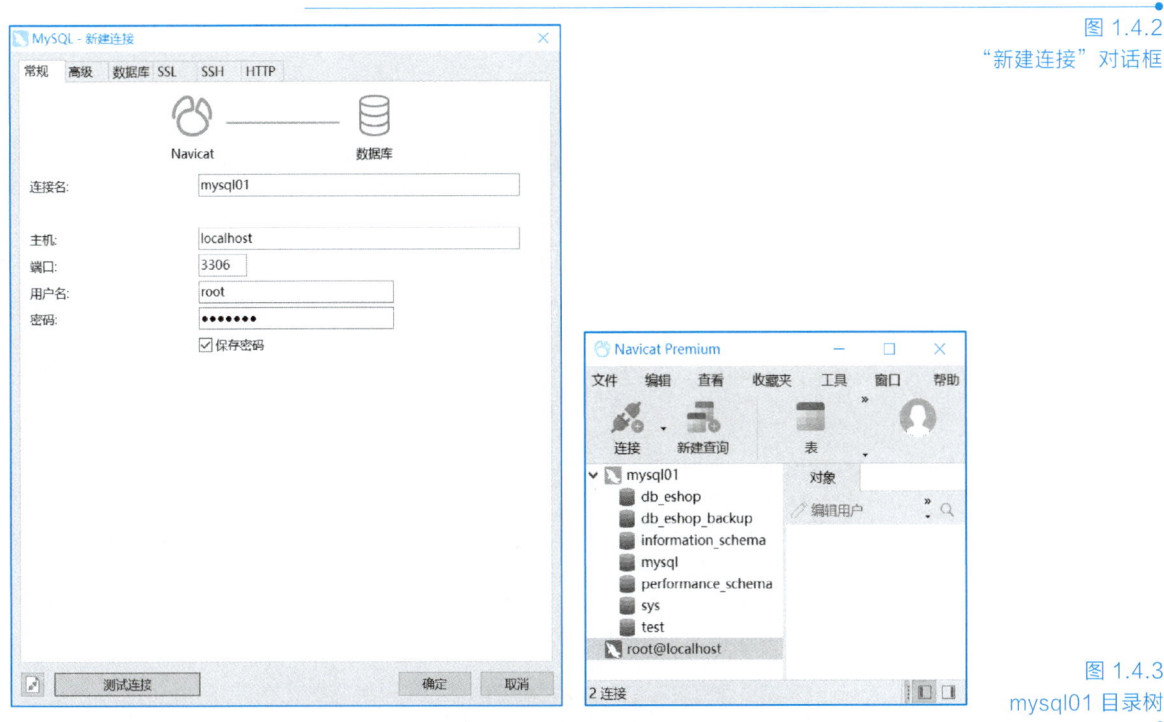

图 1.4.2
"新建连接"对话框

图 1.4.3
mysql01 目录树

③ 双击展开 mysql 数据库，在下方将展示出其中所包含的数据库对象，如表、视图、函数、查询、备份，单击"表"对象，将在主界面右侧的空白区域显示出 mysql 数据库中包含的所有数据表，如图 1.4.4 所示。

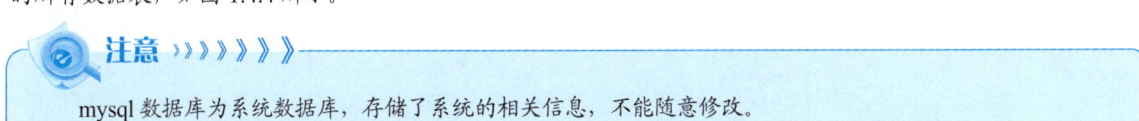

mysql 数据库为系统数据库，存储了系统的相关信息，不能随意修改。

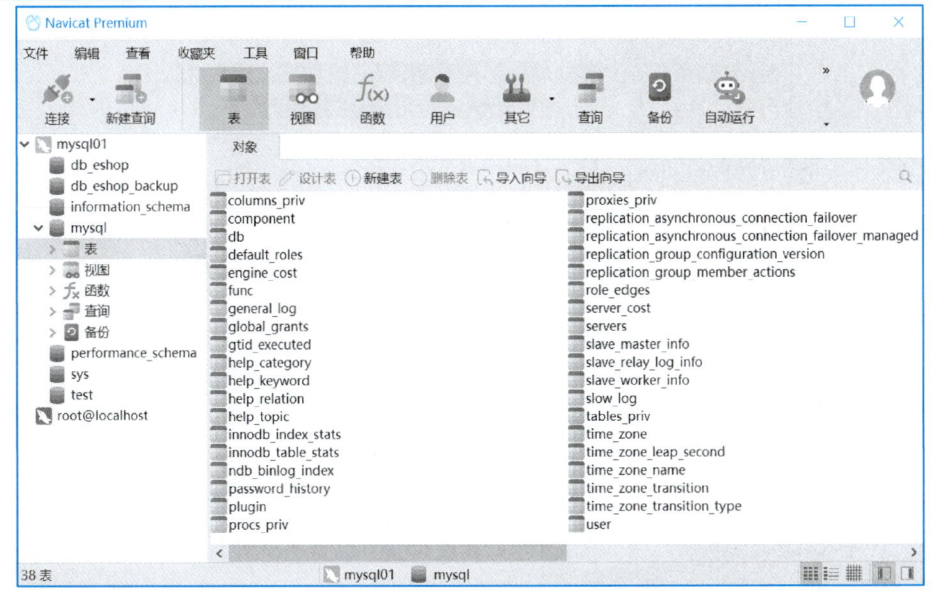

图 1.4.4
系统数据库 mysql 中包含的数据表

31

④ 选中数据表 user，右击，在快捷菜单中选择"打开表"命令，将显示 user 表中的数据信息，如图 1.4.5 所示。

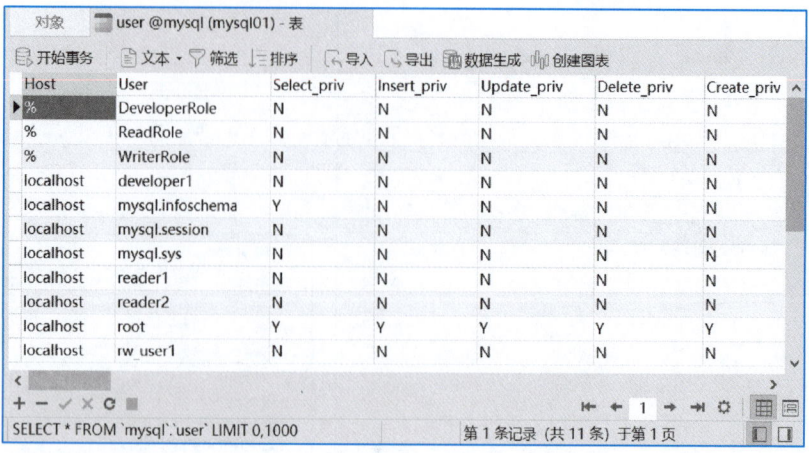

图 1.4.5
user 表中的数据信息

⑤ 选中数据表 user，右击，在快捷菜单中选择"设计表"命令，将显示 user 表结构，如图 1.4.6 所示。

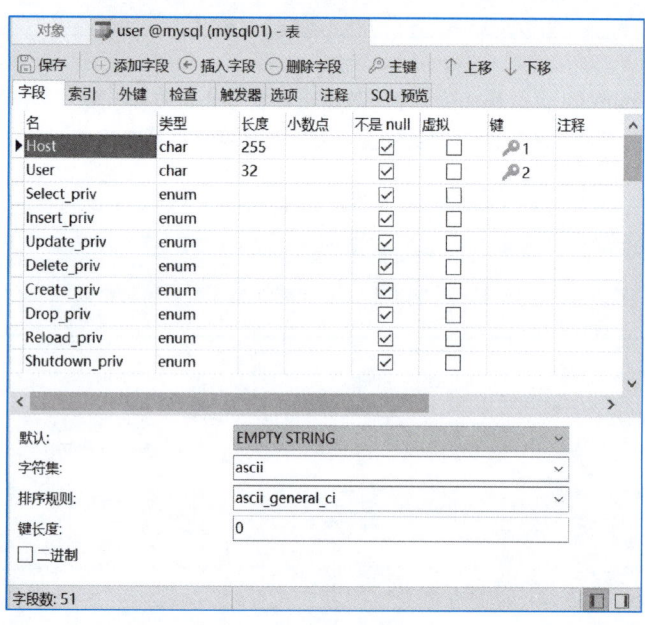

图 1.4.6
user 表结构

【实训练习】

① 使用 MySQL 命令行客户端查看当前系统中的数据库信息。

② 使用图形化界面工具 Navicat 查看当前系统中的数据库信息，了解工具栏中按钮和菜单的作用。

③ 导入实训案例数据库学生成绩管理数据库 db_score（在本书电子资源的实训案例文件夹下有 db_score.sql 数据脚本）。

---思考与探索---

一、选择题

1. 下列有关数据库的说法，错误的是（　　）（单选）。
   A. 数据库英文全称是 DataBase，简称为 DB
   B. 数据库是存放数据的仓库
   C. 数据库中的数据是按一定的格式组织的
   D. 数据库中的数据不可共享

2. 下列有关 MySQL 的说法，正确的是（　　）（单选）。
   A. MySQL 是一个非关系型数据库管理系统
   B. MySQL 体积大、速度慢、源码不开源、总体拥有成本低，被许多企业作为其网站数据库首选
   C. MySQL 目前广泛应用在 Internet 上的中小型企业网站中
   D. MySQL 使用 Java 语言编写

3. 下列有关 MySQL 特点的说法，正确的有（　　）（多选）。
   A. 支持跨平台，在多个平台下编写的程序都可以移植
   B. 为多种编程语言提供了 API
   C. 优化的 SQL 查询算法，有效地提高查询速度
   D. 提供用于管理、检查、优化数据库操作的管理工具

4. 下列有关 MySQL 字符集说法，错误的是（　　）（单选）。
   A. MySQL 中的字符校对规则名称遵从命名惯例，以字符校对规则对应的字符集名称开头，以_ci 结尾（表示大小写不敏感）
   B. MySQL 支持多种字符集和校对规则，它对字符集的支持细化到服务器、数据库、数据表和数据 4 个层次
   C. MySQL 8.0 默认的字符集为 utf8mb4，默认对应的校对规则为 utf8mb4_0900_ai_ci
   D. MySQL 8.0 字符集支持 GBK 中文字符集

5. 在 MySQL 数据库中，SQL 由（　　）部分组成（多选）。
   A. 数据定义语言（Data Definition Language，DDL）
   B. 数据操纵语言（Data Manipulation Language，DML）
   C. 数据控制语言（Data Control Language，DCL）
   D. MySQL 增加的语言元素，包括常量、变量、运算符、函数、流程控制语句等

6. 以下说法错误的是（　　）（单选）。
   A. 创建数据库属于数据定义语言
   B. SQL 语句使用分号结束
   C. MySQL 不支持流程控制语句
   D. MySQL 同样可以实现编程

二、填空题

1. 数据库管理系统的英文全称是_____，简称为_____。

2. 在 MySQL 的安装过程中，若选用"启用 TCP/IP 网络"，则 MySQL 会默认选用的端口号为_____。

3. MySQL 安装成功后，在系统中会默认建立一个_____用户。

4. 字符集对应的校对规则是指_____。

5. 查看当前系统字符集参数的语法是_____。

6. 常用的 MySQL 图形管理工具有_____、_____、_____，都可以连接 MySQL 服务器，实现数据库的管理和维护。

三、应用题

1. 导入应用题案例数据库员工信息管理数据库 db_staff，在本书电子资源的应用案例文件夹下有 db_staff.sql 数据库脚本文件。

2. 请切换到员工信息管理数据库 db_staff，查看 employee 表的所有信息。

模块 2 设计数据库模型

任务 2
分析与设计数据库

🔍 工作能力

分析设计数据库，作为数据库系统开发人员，应具备以下工作能力。
- 能够运用 E-R 图分析数据库。
- 能够将 E-R 图转换为关系模型。
- 能够规范化数据库的数据。

🔍 工作素养

- 具备良好的业务分析、理解能力。
- 具备自觉的数据库设计规范化意识。

🔍 工作情境

家电商城系统主要是为了实现家电商城数据的信息化。该系统通过使用计算机对家电商城购物的各项信息进行记录和管理，其中包括家电商品信息（如商品名称、商品类型、商品价格、商品描述等），用户信息（如用户姓名、性别、电话号码、地址等），订单信息（如订购商品、数量、总价等），系统要能够对这些信息进行增加、修改、删除、查询操作。此外顾客登录系统后能够修改本人注册信息，在线查看家电，在网络下订单，能够按照日期查询顾客在本商城的订单等；管理员要能够对商品数据进行分类，对用户订单进行管理等。那么该如何分析和设计系统所使用的数据库，使得系统能够在对顾客、管理员等用户提供业务功能的同时，还要对这些数量众多、关系复杂的数据进行管理呢？经过分析，可分以下任务来完成。

- 分析数据库。
- 设计数据库。
- 规范化数据。

任务 2.1　分析数据库

 任务分析

早期的软件开发主要用于科学计算，在程序运行时输入数据，运算处理结束后得到结果并输出，随着计算任务的完成，数据和程序会一起在内存中释放，不需要特别去保存数据。如今的计算机存储数据量庞大，数据需要在多个程序中共享，并且还需要频繁地对存储的数据进行操作，这就需要使用数据库对这些数据进行统一管理。家电商城系统管理所有的商品、顾客、订单等数据，作为系统开发人员，需要先对上述数据进行收集，分析每个数据的特征、数据之间存在的关系以及定义的规则。根据收集到的数据，确定实体、实体的属性以及实体与实体之间的联系，画出实体联系图，开发人员即可通过实体联系图与客户进行良好的沟通，并指导后续开发工作。

知识储备

1. 数据的管理

数据是描述事物的符号记录，是信息的载体，是计算工具识别、存储、加工的对象，如图像、声音、字符、数值等。数据处理是对各种数据进行收集、存储、加工和传播等一系列活动。数据管理是数据处理的中心问题，是对数据进行分类、组织、编码、存储检索和维护。随着计算机技术的不断发展，在应用需求的推动下，在计算机硬件、软件发展的基础上，数据管理技术发展经历了 3 个阶段，分别为人工管理阶段、文件系统阶段和数据库系统阶段。

微课 2-1
数据管理

（1）人工管理阶段

在计算机出现之前，人们运用常规的手段从事记录、存储和对数据加工，也就是利用纸张来记录和利用计算工具（如算盘、计算尺）来进行计算，并主要使用人的大脑来管理和利用这些数据。此阶段的特点是数据量较少、数据不保存、没有软件系统对数据进行管理。

（2）文件系统阶段

20 世纪 50 年代后期到 60 年代中期，随着计算机硬件和软件的发展，磁盘、磁鼓等直接存取设备开始普及，这一时期的数据处理系统是把计算机中的数据组织成相互独立的被命名的数据文件，并可按文件名称来进行访问，对文件中的记录进行存取的数据管理技术。

此阶段的特点是数据可以长期保留，数据不属于某个特定的应用，可以重复使用。但是文件系统具有数据冗余度大、数据不一致和数据联系弱等缺点。

（3）数据库系统阶段

20 世纪 60 年代后期以来，计算机性能得到进一步提高，更重要的是出现了大容量磁盘，存储容量大大增加且价格下降。在此基础上，才有可能克服文件系统管理数据时的不足，满足和解决实际应用中多个用户、多个应用程序共享数据的要求，从而使数据能为尽可能多的应用程序服务，这就出现了数据库这样的数据管理技术。此阶段的特点是数据结构化、数据共享性高、冗余少且易扩充、数据独立性高、数据由 DBMS 统一管理和控制。

而如何将数据从事物的客观特性转化为计算机数据库中的具体表示，这涉及数据描述的3个领域，即现实世界、信息世界和计算机世界。

- 现实世界：现实世界的数据就是客观存在的各种报表、图表和查询要求等原始数据。计算机只能处理数据，所以首要解决的问题是按用户的观点对数据和信息建模，即抽取数据库技术所研究的数据，分门别类，综合提炼出系统所需要的数据。
- 信息世界：是现实世界在人们头脑中的反映，人们用符号、文字记录下来。在信息世界中，常用的术语是实体、实体集、属性和码。
- 计算机世界：是按计算机系统的观点对数据建模，是信息世界数据特征的抽象，用于DBMS的实现。在计算机世界中，常用的术语有字段、记录、文件和记录码。

信息世界与计算机世界相关术语的对应关系如下。

- 属性与字段。属性是描述实体某方面的特性，字段是标记实体属性的命名单位。例如，用商品编号、商品名称、商品类型、商品型号、商品描述、商品价格、库存数量7个属性描述商品的特性，对应有7个字段。
- 实体与记录。实体表示客观存在并能相互区别的事物（如一个商品、一本书）。记录是字段的有序集合，一般情况下，一条记录描述一个实体。例如，"1,'BX-SX-001','三星（SAMSUNG）516 L 对开门超薄冰箱',1,'风冷无霜 全环绕气流 智能保鲜 家用大容量',50,4499"描述的是一个冰箱商品实体，对应一条记录。
- 码与记录码。码也称为键，是能唯一区分实体的属性或属性集，如商品编号在实体中就是码，记录码是唯一标识文件中每条记录的字段或字段集。
- 实体集与文件。实体集是具有共同特性的实体的集合，文件是同一类记录的汇集。例如，所有商品实体构成了商品实体集，而所有商品记录构成了文件。

2. 数据模型

模型是对现实世界特征的模拟和抽象，人们常见的航模飞机、地图、建筑设计沙盘等都是具体的模型，而数据模型是对现实世界数据特征的抽象，是数据库设计中用来对现实世界进行抽象的工具，是数据库中用于提供信息表示和操作手段的形式构架。数据模型是数据库系统的核心和基础。

数据模型所描述的内容包括3个部分，分别为数据结构、数据操作、数据约束。

- 数据结构：数据模型中的数据结构主要描述数据的类型、内容、性质以及数据之间的联系等。数据结构是数据模型的基础，数据操作和约束都建立在数据结构上。不同的数据结构具有不同的操作和约束。
- 数据操作：数据模型中数据操作主要描述在相应的数据结构上的操作类型和操作方式。
- 数据约束：数据模型中的数据约束主要描述数据结构内数据之间的语法、词义联系、它们之间的制约和依存关系，以及数据动态变化的规则，以保证数据的正确、有效和相容。

数据发展过程中产生4种基本的数据模型，分别为层次模型、网状模型、关系模型和面向对象模型。

- 层次模型。用树状结构表示数据之间的联系，其数据结构类似一棵倒置的树，有且仅有一个根节点，其余节点都是非根节点。层次模型中的每个节点表示一个记录类型，记录之间是一对多的关系，即一个节点可以有多个子节点。

- 网状模型。用网状结构表示数据之间的关系，其数据结构允许有一个以上的节点无双亲和至少有一个节点可以有多于一个的双亲。随着应用环境的扩大，基于网状模型的数据库的结构会变得越来越复杂，不利于用户掌握。
- 关系模型。以数据表的形式组织数据，实体之间的关系通过数据表的公共属性表示，结构简单明了，并且有逻辑计算、数学计算等坚实的数学理论作为基础。关系模型是目前广泛使用的数据模型之一。
- 面向对象模型。用面向对象的思维方式与方法来描述客观实体，它继承了关系数据库系统已有的优势，并且支持面向对象建模、对象存取与持久化以及代码级面向对象数据操作，是现在较为流行的新型数据模型。

任何一个数据库管理系统都是基于某种数据模型的，数据模型不同，相应的数据库管理系统就不同，MySQL 是基于关系数据模型的。

数据模型按不同的应用层次分成 3 种类型，分别为概念数据模型、逻辑数据模型、物理数据模型。

① **概念数据模型（Conceptual Data Model，CDM）**：也称信息模型，是按用户的观点对数据和信息建模，是现实世界到信息世界的第一层抽象。它强调语义表达功能，易于用户理解，是用户和数据库设计人员交流的语言，主要用于数据库设计。

微课 2-2
E-R 图的组成

建立数据概念模型，就是从数据的观点出发，观察系统中数据的采集、传输、处理、存储、输出等，经过分析、总结之后建立起来的一个逻辑模型，它主要用于描述系统中数据的各种状态。这个模型不关心具体的实现方式（如何存储）和细节，而是关心数据在系统处理各个阶段的状态。

概念模型常用 E-R（Entity Relationship，实体-联系）图来表示，E-R 图是用来描述数据库中需要存储的数据及其它们之间关系的一种方法。它按照用户的观点通过图示法来描述数据信息。

② **逻辑数据模型（Logical Data Model，LDM）**：是一种面向数据库系统的模型，是具体的 DBMS 所支持的数据模型，如网状数据模型、层次数据模型等。此模型既要面向用户，又要面向系统，主要用于 DBMS 的实现。

③ **物理数据模型（Physical Data Model，PDM）**：是一种面向计算机物理表示的模型，描述了数据在存储介质上的组织结构，它不但与具体的 DBMS 有关，而且还与操作系统和硬件有关。每一种逻辑数据模型在实现时都有其对应的物理数据模型。DBMS 为了保证其独立性与可移植性，大部分物理数据模型的实现工作由系统自动完成，而设计者只设计索引、聚集等特殊结构。

3．E-R 图的组成要素与画法

E-R 图由实体、属性、联系组成，具体如下。

实体是数据模型中的一个概念，实体指的是客观存在并相互区别的事物。实体可以是一件具体的商品、一个具体的学生、一台具体的计算机等，也可以是抽象的事件，如顾客订购商品、学生选修课程等。在软件开发过程中，凡是需要保存的对象都可以是实体。实体在 E-R 图中使用矩形框来表示，在其中输入实体名称。例如，在学校中，学生、教师、系部、班级、课程、教室都可以称为实体，如图 2.1.1 所示。

| 学生 | 教师 | 系部 | 班级 | 课程 | 教室 |

图 2.1.1
学校实体

属性用来描述事物（即实体）的特征，用来区别于其他事物。一个实体可以有多个属性。在 E-R 图中属性使用椭圆框来表示，在其中输入属性名称，然后使用无向边与对应的实体相连接。例如，要确定一个学生实体，需要知道学号、姓名、性别、年龄、班级名称等，这些都可以作为一个学生的特征（即属性）来区别于其他实体。又如，班级实体的属性有班级编号、班级名称、所属系部，系部实体的属性有系部编号、系部名称、电话号码、系主任等，如图 2.1.2 所示。

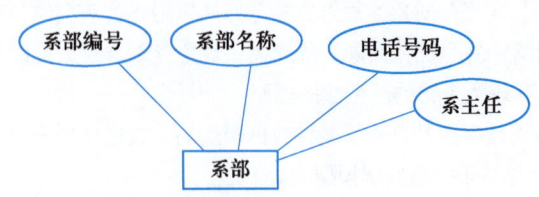

图 2.1.2 系部实体属性

联系指的是实体与实体之间的关联，每个实体不是孤立存在的，而是彼此之间存在着某种关系。联系在 E-R 图中使用菱形框来表示，在其中输入联系的名称，然后使用无向边与实体相连，表明实体 A 与实体 B 之间的关联是什么。例如，商品实体与商品类别实体之间是有关联的，每个商品都有自己的类别，一个类别中可以有多个商品。

根据实体之间的对应关系，可以把联系分为以下 3 种类型。

（1）一对一（1∶1）

一对一的联系指的是实体集（表）A 中的每一个实体（就是每行记录），在实体集 B 中只有一条数据与它对应，反之实体集 B 中的每一个实体，在实体集 A 中只有一条数据与它对应，这样的实体之间是一对一的联系。例如，每一个中国公民只拥有一个身份证号，而一个身份证号只属于一个中国公民，一个部门有一个经理，而每个经理只在一个部门任职，如图 2.1.3 所示。

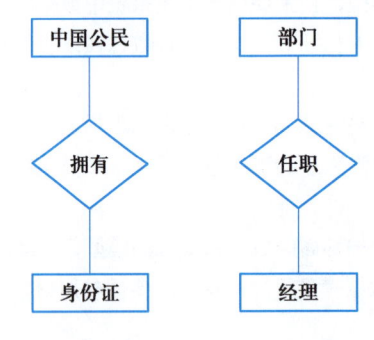

图 2.1.3 一对一的联系

（2）一对多（1∶N）

一对多的联系指的是实体集 A 中的每一个实体，在实体集 B 中有 N 个与之对应（N>1）（当 N 为 1 时，就是一对一的联系），反之在实体集 B 中的每一个实体，在实体集 A 中最多只有一个实体与之对应，这样的实体之间就是一对多的联系。例如，一个系部包含多个专业，而一个专业只能属于一个系部，一个专业有多个班级，一个班级只能属于一个专业，一个班级有多名学生，但是一名学生只能属于一个班级，如图 2.1.4 所示。

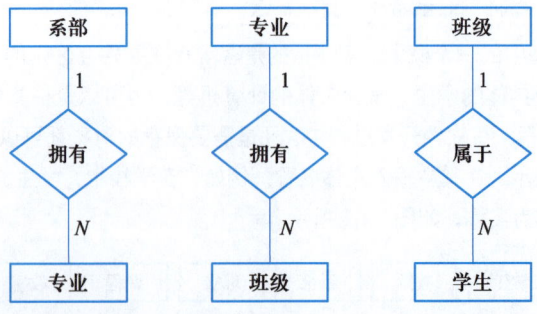

图 2.1.4 一对多的联系

（3）多对多（M∶N）

多对多的联系指的是如果实体集 A 中的每一个实体,在实体集 B 中有 M 个与之对应（$M>1$），反之如果实体集 B 中的每一个实体，在实体集 A 中也有 N 个与之对应（$N>1$），这样的实体之间就是多对多的联系。例如，一个学生可以由多个教师来教，而一个教师也可以教多个学生，一种图书可以由多个书店销售，而一个书店也可以销售多种图书，如图 2.1.5 所示。

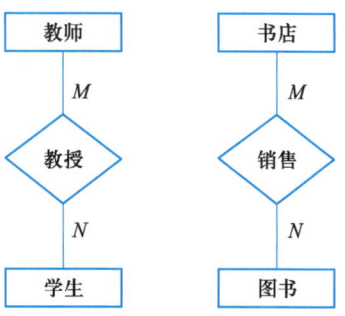

图 2.1.5
多对多的联系

任务实施

家电商城系统的业务逻辑包括用户管理、商品管理、用户订购商品，具体如下。

- 用户管理：用户访问系统，输入用户名、密码、住址、邮箱、联系电话等信息进行注册，注册成功后可以下单购买商品。
- 商品管理：管理员可以增加商品分类，管理商品分类，并为每个分类增加、删除商品，商品信息包括商品名称、商品价格、库存数量、商品描述等。
- 用户订购商品：用户看到中意的商品，需要购买时，将其加入购物车，即下订单。订单信息包括订单编号、下单时间、订单状态、订单总金额等，每张订单有对应的订单明细表，详细描述订购商品的商品编号、数量等。

根据上述业务逻辑，分析建立概念模型。

微课 2-3
绘制家电商城
E-R 图

1. 识别实体

在家电商城系统中，经过和客户交流分析，得出以下主要实体，即存储商品信息的商品实体、存储顾客信息的用户实体、存储商品分类信息的商品类型实体、存储顾客订单信息的订单实体，如图 2.1.6 所示。

| 商品 | 商品类型 | 用户 | 订单 |

图 2.1.6
家电商城系统实体图

2. 识别实体的属性

① 商品实体属性有商品编号、商品名称、型号、商品类型编号、价格、库存数量、商品描述，如图 2.1.7 所示。

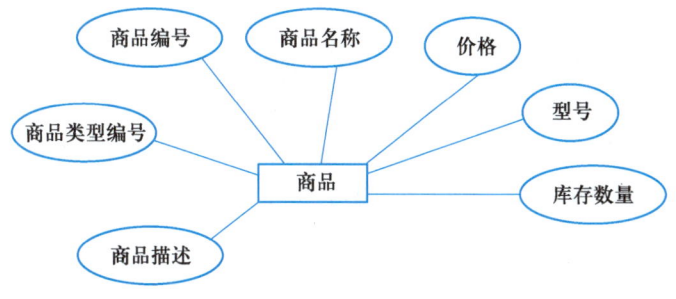

图 2.1.7
商品实体属性图

② 商品类型实体的属性有商品类型编号、商品类型名称、商品类型描述，如图 2.1.8 所示。

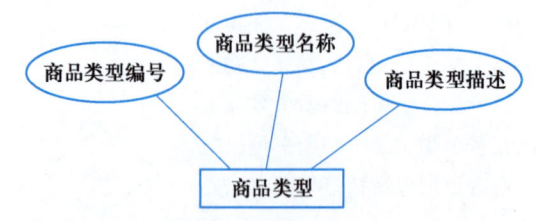

图 2.1.8
商品类型实体属性图

③ 用户实体的属性有用户编号、姓名、密码、电话号码、地址、出生日期、电子邮箱，如图 2.1.9 所示。

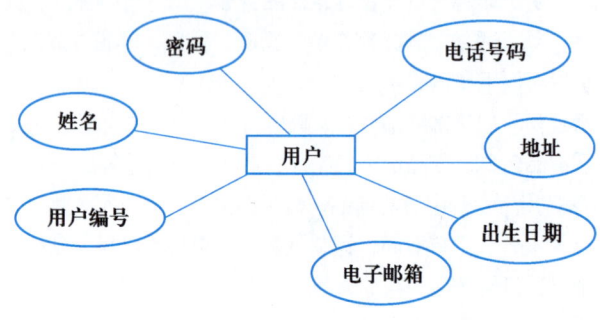

图 2.1.9
用户实体属性图

④ 订单实体的属性有订单编号、用户编号、订单时间、订单总价、订单状态，如图 2.1.10 所示。

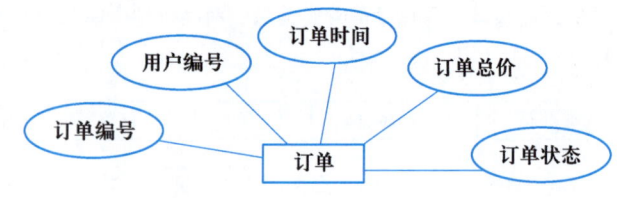

图 2.1.10
订单实体属性图

3．识别实体间的联系

一种商品属于一个类型，一个类型中可以有多种商品，所以商品类型实体和商品实体之间是一对多的联系。

用户购买商品时，需要下订单，因此订单和用户发生关联。一个用户可以产生多个订单，一个订单只属于一个用户，所以用户实体和订单实体是一对多的联系。

系统按用户订单来配送商品，订单与商品发生关联。一个订单可以购买多种商品，一种商品可以被多个用户订单购买，所以商品实体与订单实体是多对多的联系。

家电商城系统的 E-R 图如图 2.1.11 所示。

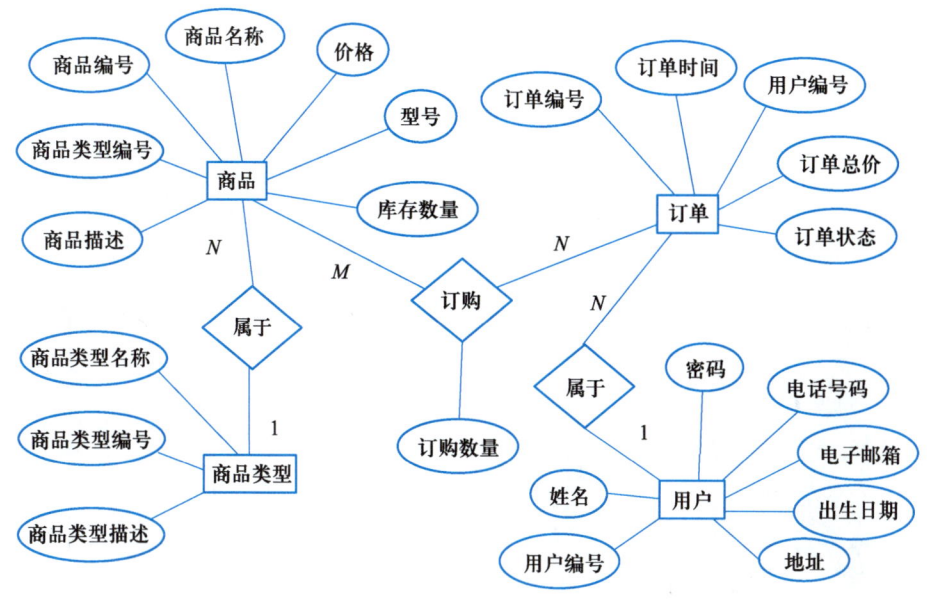

图 2.1.11
家电商城系统 E-R 图

 任务拓展

使用 Microsoft Visio 绘制 E-R 图

Microsoft Visio 是 Windows 操作系统下运行的一款流程图和矢量图绘图软件，它是 Microsoft Office 软件的一个部分，通常以单独形式出售，并不捆绑在 Microsoft Office 套装中。本书安装的软件版本是 Microsoft Visio 专业版 2019，主界面如图 2.1.12 所示。

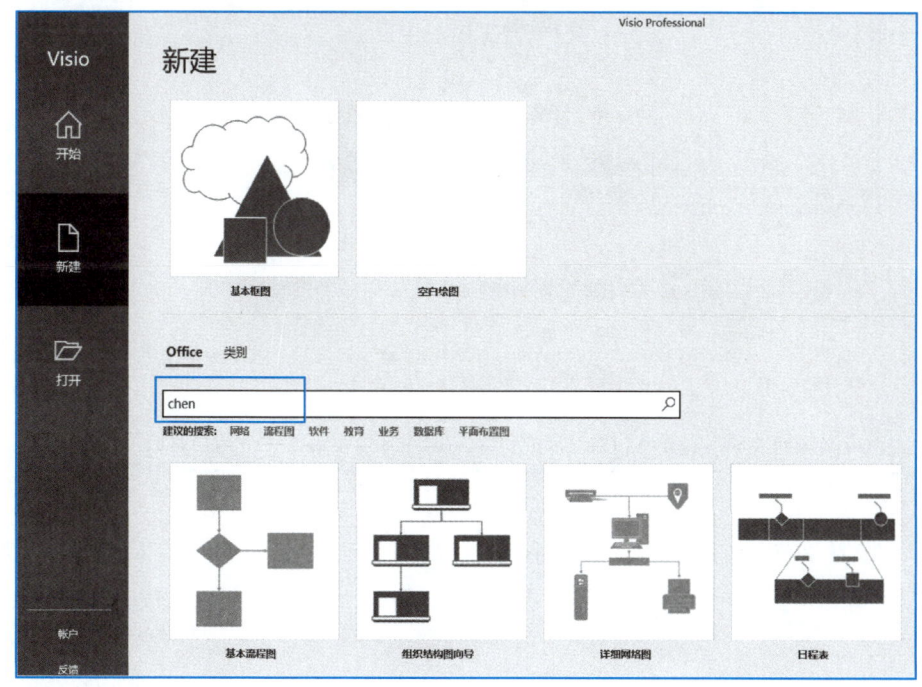

图 2.1.12
Visio 主界面

在主界面的搜索框中搜索模板，这里输入 chen，返回"数据库 Chen's 表示法"，如图 2.1.13 所示。E-R 模型是美籍华裔教授 Peter Chen（陈品山）于 1976 年提出的，因此在 Visio 软件中 E-R 图也称为 Chen's 表示法，可用于对实体和关系的基础知识建模。双击"数据库 chen's 表示法"，选择空白模板，单击"创建"按钮，如图 2.1.14 所示。

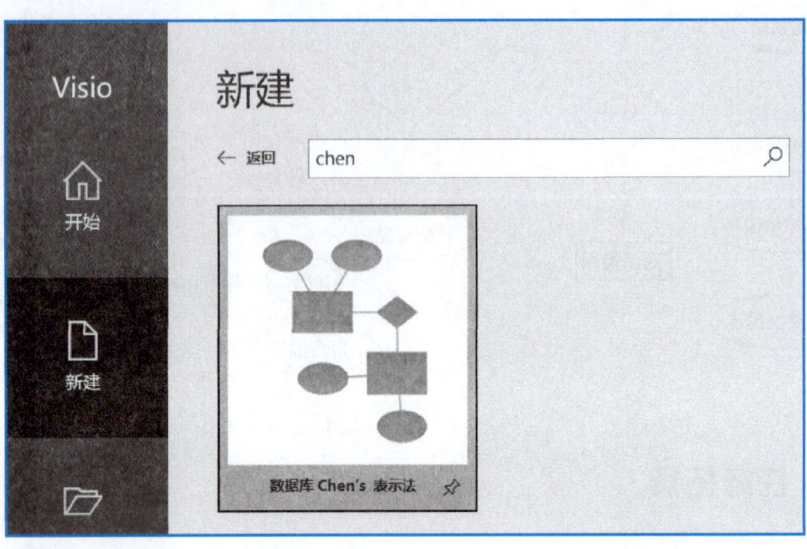

图 2.1.13
数据库 Chen's 表示法

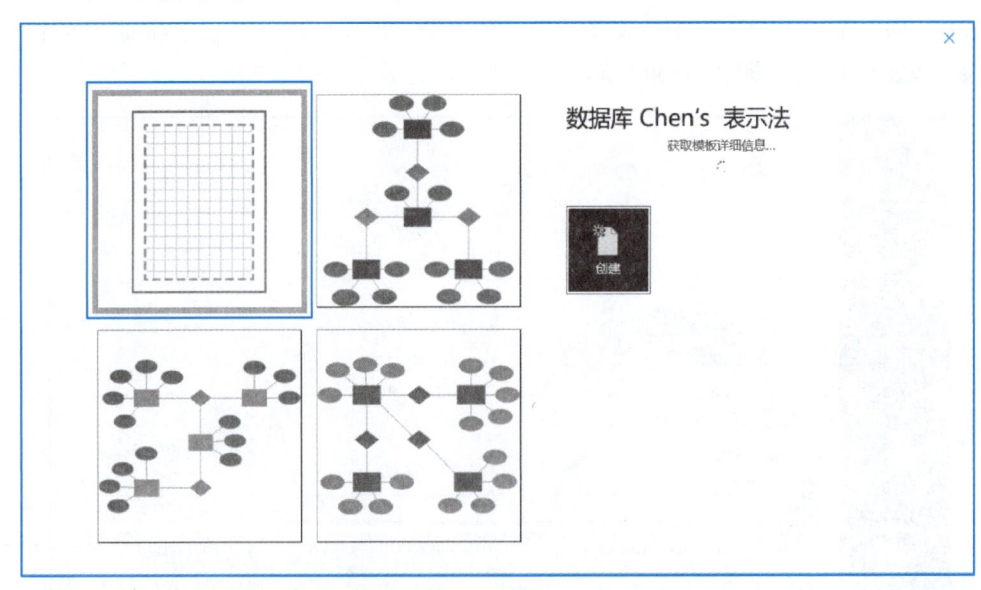

图 2.1.14
选择模板

进入 E-R 图界面开始绘制，从左侧 Chen's 数据库表示法模具中，将"实体""属性""关系""关系连接线"形状拖到绘图页上，如图 2.1.15 所示。

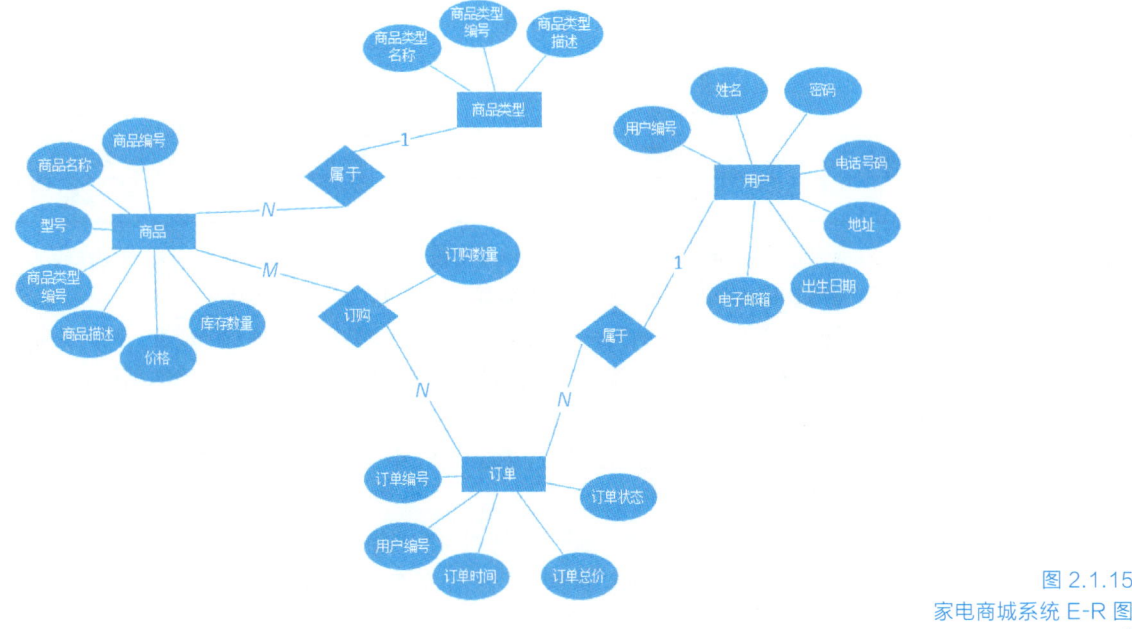

图 2.1.15
家电商城系统 E-R 图

任务 2.2　设计数据库

 任务分析

根据分析，已经对家电商城系统有了初步认识，绘制了家电商城系统的概念模型（即 E-R 图），提取了在系统开发过程中需要保存的数据以及数据之间的关系。这些数据保存在计算机中，才能支撑家电商城系统的运行。那么该如何将这些数据和关系保存在计算机中呢？需要将得到的 E-R 图转换为关系模型，在数据库中表现为表结构。

 知识储备

1. 关系模型的基本概念

数据模型是指数据库中数据的存储和组织方式，关系模型是现在常见的一种数据模型，MySQL 就是应用了关系数据模型的一种数据库软件。概念模型把现实世界看成是由实体（Entity）和联系（Relationship）组成的，关系模型使用二维表的形式表示实体和实体间的联系。在关系模型中，需要将 E-R 图转换成二维表来表达，数据都存储在二维表中，其中行表示记录，列表示字段，每个数据放在表格的行和列组成的单元格中。这样的结构简单，数据独立性高，且灵活清晰。

微课 2-4
关系模型的基本概念

2. 关系模型的基本术语

① 关系：一个关系对应一张二维表，表就是关系，表名就是关系名。例如，在系部的关系模型中，表名为系部表，也为关系名，在当前数据库中的表名是唯一的，不能与其他表同名，见表 2.2.1。

45

表 2.2.1 系 部 表

系部编号	系部名称	电话号码	系主任
1	电子商务系	876×××1	连慧海
2	软件系	876×××2	朱三卓
3	机械系	876×××3	张磊

② 元组：在二维表中的一行，称为一个元组，又叫记录。如表 2.2.1 中，有记录行为（2，软件系，876×××2，朱三卓），该表共有 3 行记录，即 3 个元组。

③ 属性：在二维表中的列，称为属性。属性的个数称为关系的元或度，列的值称为属性值，同一张表中的属性名（即列名）不能同名。如表 2.2.1 中，属性包含系部编号、系部名称、电话号码、系主任。

④ 域：属性值的取值范围为值域。如表 2.2.1 中，系部编号为连续加 1 的整数数字，而系部名称为字符串。

⑤ 关系模式：二维表中的行定义，即对关系的描述称为关系模式，一般表示为关系名（属性 1，属性 2，…，属性 n）。如表 2.2.1 中，系部表的关系模式可以表示为系部表（系部编号，系部名称，电话号码，系主任），如专业表的关系模式可以表示为专业表（专业编号，专业名称，系部编号），如班级表的关系模式可以表示为班级表（班级编号，班级名称，专业编号，班主任）。

⑥ 主键：一张表中不能存在完全相同的两个记录行，所以在一个关系中要指定列或者列的组合来唯一标识每条记录，称该列或列的组合为主关键字，简称为主键。每一个关系有且仅有一个主键（Primary Key，PK）。如表 2.2.1 中，选定"系部编号"为主键，每一个系部编号都不能重复，且不能为空。

⑦ 外键：在某关系中，某属性虽然不是这个关系的主键，但它却参照了另外一个关系表的某个属性值（主键或设置了唯一约束）时，则称为外键（Foreign Key，FK）。如专业表中，系部编号参照了系部关系表中的系部编号，该字段在系部关系表中做主键，对于专业表而言，系部编号为外键。

微课 2-5
关系模型到数据表的映射

3. E-R 图到关系表的映射

（1）实体

在 E-R 图中，每一个实体都要映射成一张表（即一个关系模式）。如系部实体映射成系部表（见表 2.2.1），而班级实体则映射成班级表，教师实体映射成教师表。

（2）属性

在 E-R 图中，实体的属性映射成对应实体转化的表的列，如表 2.2.1 中，系部实体中的系部编号、系部姓名、电话号码、系主任属性映射成了系部表的字段。

（3）联系

在一对一的联系中，实体集合中的每一个元素都是一一对应的关系，可以将一个实体的主键作为另外一个实体的外键，以此来保存一对一的联系。如图 2.1.3 所示，可以将中国公民和身份证的关系转换为以下关系模式。

公民表(公民编号(PK),姓名，性别，身份证号码(FK))
身份证表(身份证号码(PK),有效期开始日期，有效期截止日期，地址)

在这个关系模式中可以看到，身份证号码在身份证表中为主键，但是在公民表中作为外键存在，先有身份证表，后有公民表。映射的表结构见表 2.2.2 和表 2.2.3。

表 2.2.2 身 份 证 表

身份证号码	有效期开始日期	有效期截止日期	地址
4307××××××××××1244	2014.02.12	2034.02.12	湖南常德
4201××××××××××8673	2008.11.16	2028.11.16	湖北武汉

表 2.2.3 公 民 表

公民编号	姓名	性别	身份证号码
1	张家好	女	4307××××××××××1244
2	李杰	男	4201××××××××××8673

在一对多的联系中，如果实体集合中实体 A 对实体 B 为一对多的联系，则实体 A 中的主键会作为实体 B 的外键存在。如图 2.1.4 所示，可以将系部与专业的关系转换为以下关系模式。

系部表(系部编号(PK)，系部名称，电话号码，系主任)
专业表(专业编号(PK)，专业名称，系部编号(FK))

在上述关系模式中可以看到，系部编号是系部表的主键，同时又是专业表的外键，所以先有系部表，然后有专业表，专业表的系部编号来自系部表，一个系部中将有多个专业。映射到的表结构见表 2.2.1 和表 2.2.4。

表 2.2.4 专 业 表

专业编号	专业名称	系部编号
1	电子商务	1
2	软件技术	2

在多对多的联系中，如果实体集合中实体 A 对实体 B 为多对多的联系，将两个实体 A 和 B 的主键和多对多联系本身的属性组合起来构成新的关系表，新表的主键是两张表的主键的组合。如图 2.1.5 所示，可以将教师与学生的关系转换为以下关系模式。

教师表(教师编号(PK)，姓名，性别，年龄，职称)
学生表(学号(PK)，姓名，性别，出生日期，住址)
授课表((教师编号(FK)，学号(FK))(PK)，课程名称)

在上述关系模式中可以看到，教师表中的教师编号是主键，学生表中的学号是主键，然后提取了教师编号和学号作为授课表的联合主键。在授课表中，教师编号是外键，学号也是外键，分别来自教师表和学生表，这里要先有教师表和学生表，然后才有授课表。映射到的表结构见表 2.2.5～表 2.2.7。

表 2.2.5 教 师 表

教师编号	姓名	性别	年龄	职称
1	麻江	男	45	教授
2	李大友	男	28	讲师

表 2.2.6 学 生 表

学号	姓名	性别	出生日期	住址
20200101	朱媛媛	女	2002-12-11	北京朝阳区幸福里小区
20210201	赵晨	男	2003-10-01	海南三亚海棠湾镇

表 2.2.7 授 课 表

教师编号	学号	课程名称
1	20200101	计算机基础
1	20210201	计算机基础
2	20200101	Java 基础
2	20210201	安卓基础

任务实施

根据分析，得到了家电商城系统的 E-R 图，将 E-R 图转换成对应的关系模型，即设计关系表。

根据图 2.1.11 可知，商品实体集与订单实体集是多对多的联系，实体集"商品"转换为商品表，实体集"订单"转换为订单表，联系"订购"转换为订单明细表。因此，可以转换为 5 张关系表，分别如下。

微课 2-6
家电商城关系模型

企业案例 2
设计智慧酒店管理系统自助一体机模块数据表

商品表(商品编号，商品名称，商品类型编号，价格，型号，库存数量，商品描述)
商品类型表(商品类型编号，商品类型名称，商品类型描述)
用户表(用户编号，姓名，密码，出生日期，电话号码，地址，电子邮箱)
订单表(订单编号，用户编号，订单时间，订单总价，订单状态)
订单明细表(订单编号，商品编号，订购数量)

综合分析实体间的联系，找出这些实体中的主外键，分析如下。

① 商品表中的商品编号是主键，商品类型表中的商品类型编号是主键，用户表中的用户编号是主键，订单表中的订单编号是主键，订单明细表中的订单编号与商品编号作为联合主键。

② 商品类型表与商品表有一对多的联系，则在商品表中将商品类型编号作为外键。

③ 用户表与订单表有一对多的联系，则在订单表中将用户编号作为外键。

④ 订单明细表显示用户每个订单的详细情况，即订购了哪些商品，则需要有订单编号和商品编号作为外键。

由此得到下列关系模式。

商品表(商品编号(PK)，商品名称，商品类型编号(FK)，价格，型号，库存数量，商品描述)
商品类型表(商品类型编号(PK)，商品类型名称，商品类型描述)
用户表(用户编号(PK)，姓名，密码，出生日期，电话号码，地址，电子邮箱)
订单表(订单编号(PK)，用户编号(FK)，订单时间，订单总价，订单状态)
订单明细表((订单编号(FK)，商品编号(FK))(PK)，订购数量)

对应的关系模式映射到表结构，见表 2.2.8～表 2.2.12。

表 2.2.8　商品类型表

商品类型编号	商品类型名称	商品类型描述
1	冰箱	家用电器
2	洗衣机	家用电器

表 2.2.9　商 品 表

商品编号	商品名称	商品类型编号	价格	型号	库存数量	商品描述
1	容声冰箱 BCD-526WD11HY	1	2799	BX-DK-004	5	能效；电脑控温；自动除霜
2	西门子10千克滚筒洗衣机	2	4499	XYJ-SM-002	20	家居互联远程操控，特渍洗程序，256种水位调节，90℃高温筒清洁，LED全触控界面

表 2.2.10　用 户 表

用户编号	姓名	密码	出生日期	电话号码	地址	电子邮箱
1	刘梅	123456	1990-10-10	180××××2345	广西南宁市	liumei@126.com
2	李志军	123456	1989-12-21	189××××6760	浙江杭州市	lizhijun@126.com

表 2.2.11　订 单 表

订单编号	用户编号	订单时间	订单总价	订单状态
1	1	2022-06-04 16:00:00	7298	1
2	2	2022-06-05 15:42:18	6790	1

表 2.2.12　订单明细表

订单编号	商品编号	订购数量
1	1	1
1	2	1

素养小课堂

　　数据库设计是针对给定的应用环境，通过合理的数据分析、设计和组织，构造最为适合的数据库模式，建立数据库及其应用系统，满足用户的信息处理要求。数据库设计分为需求分析、概念结构设计、逻辑结构设计、物理结构设计、数据库实施、数据库的运行和维护6个步骤。需求分析是了解客户的数据和处理需求，整理形成需求说明书；概念结构设计对需求说明书提供的所有数据和处理要求进行抽象与综合处理，构造反映用户环境的数据及其相互联系的概念模型；逻辑结构设计将概念模型转换为等价的逻辑模型；物理结构设计是在逻辑结构设计的基础上确定数据在计算机中的具体存储，包括数据分布、存储结构以及存取方式；数据库实施是使用DBMS创建数据库结构；数据库的运行和维护是运行整个数据库并进行维护。

　　数据库设计是整个数据库应用系统开发的核心，"合理"的数据库设计能满足业务需求，保证数据的准确性、一致性以及数据库良好的可扩展性。而我们每个人也需要对未来的学习、工作和生活进行合理、科学的规划，在人生的不同阶段制定合理的目标，并为之努力奋斗，才能不负韶华，不负时代。

任务拓展

使用工具实现 E-R 图

PowerDesigner 是 Sybase 公司推出的一个集成了企业架构分析、UML 和数据建模的 CASE 工具。PowerDesigner 不仅可以用于系统设计和开发的不同阶段，而且可以满足管理、系统设计、开发等相关人员的使用需求，它是一个同时提供业务分析、数据库设计和应用开发的建模软件。本书安装的版本为 PowerDesigner 16.7，主界面如图 2.2.1 所示，在菜单栏中选择 File→New Model 命令，如图 2.2.2 所示。

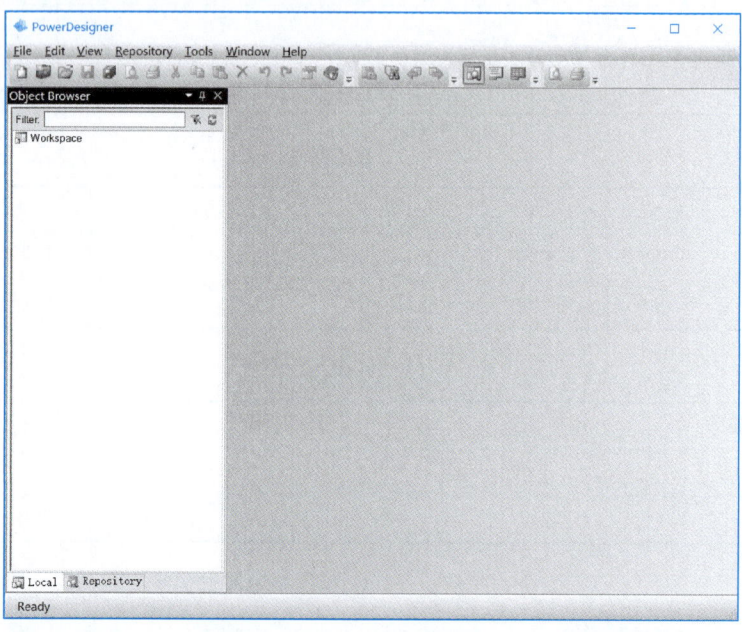

图 2.2.1
PowerDesigner 主界面

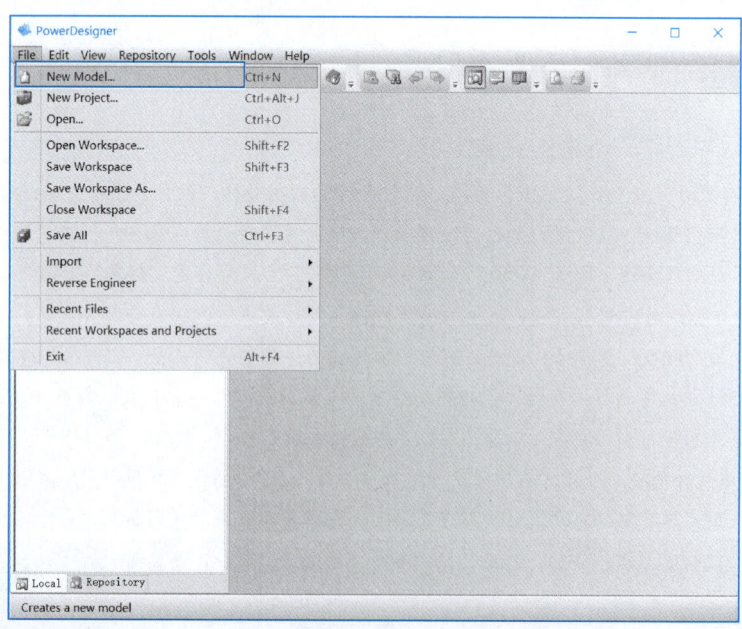

图 2.2.2
新建模型

在弹出的新建模型界面中，选择 Model types→Conceptual Data Model（即概念数据模型）命令，然后在右侧选择 Conceptual Diagram（概念图），设置名称为 eshop_model，如图 2.2.3 所示。如果需要修改模型选项，在菜单栏中选择 Tools→Model Options 命令，如图 2.2.4 所示。

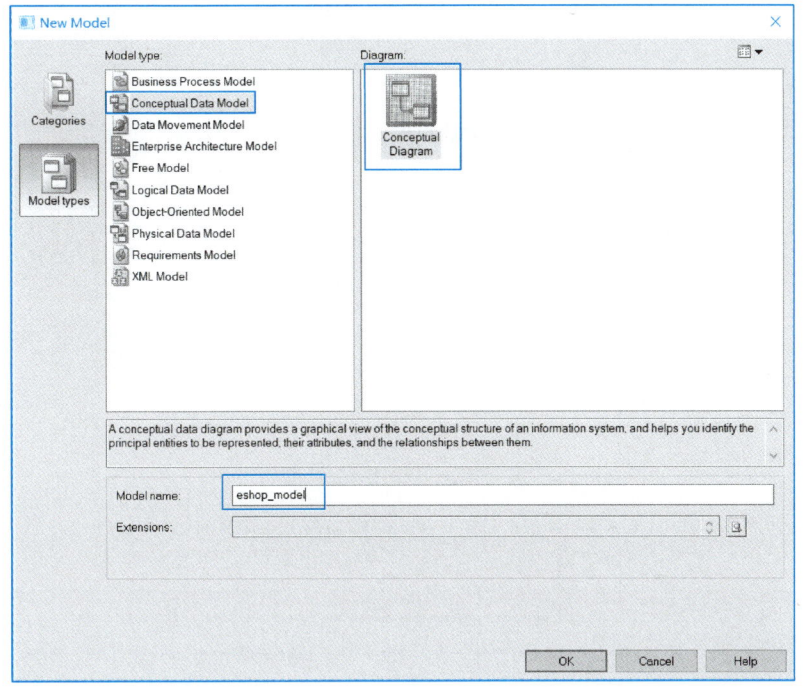

图 2.2.3 选择概念模型

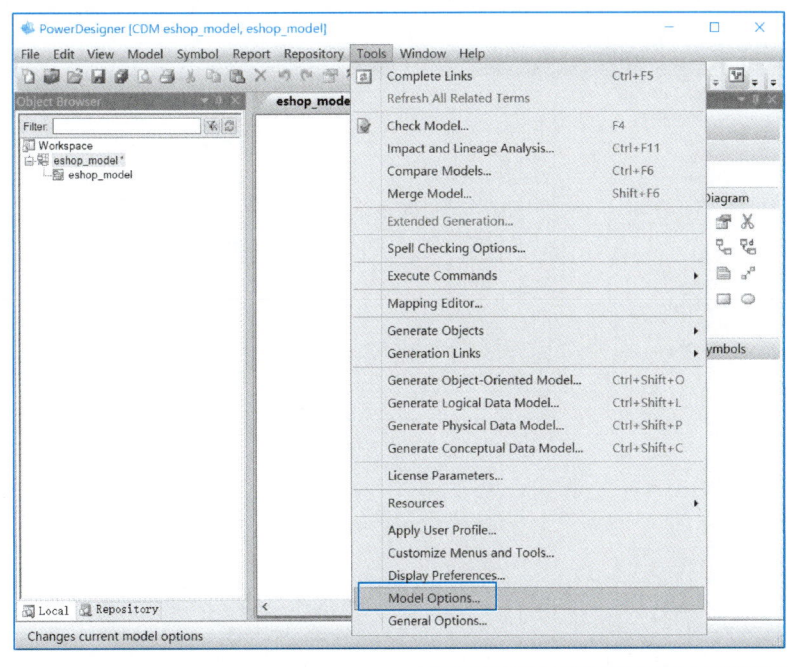

图 2.2.4 修改模型选项

在弹出的模型选项界面中，首先在 Notation 下拉列表框中选择 E/R+Merise 选项，如图 2.2.5 所示，然后取消选中 Relationship 和 Data Item 中的 Unique code 复选框，这样在接下来绘制的 E-R 图中，关系名可以同名，不同实体的属性名也可以同名，如图 2.2.6 所示。

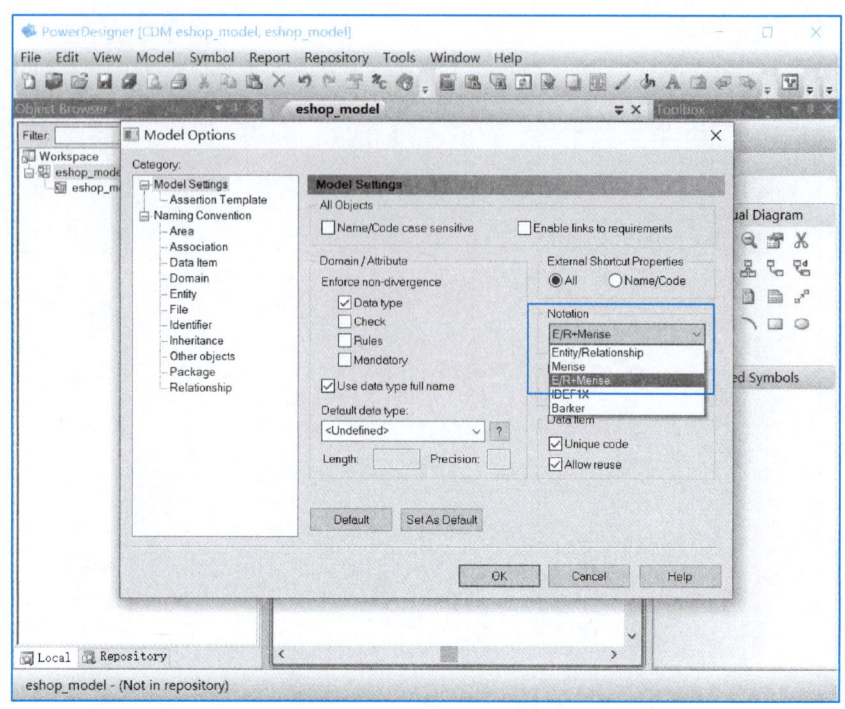

图 2.2.5
选择 E-R 建模符号

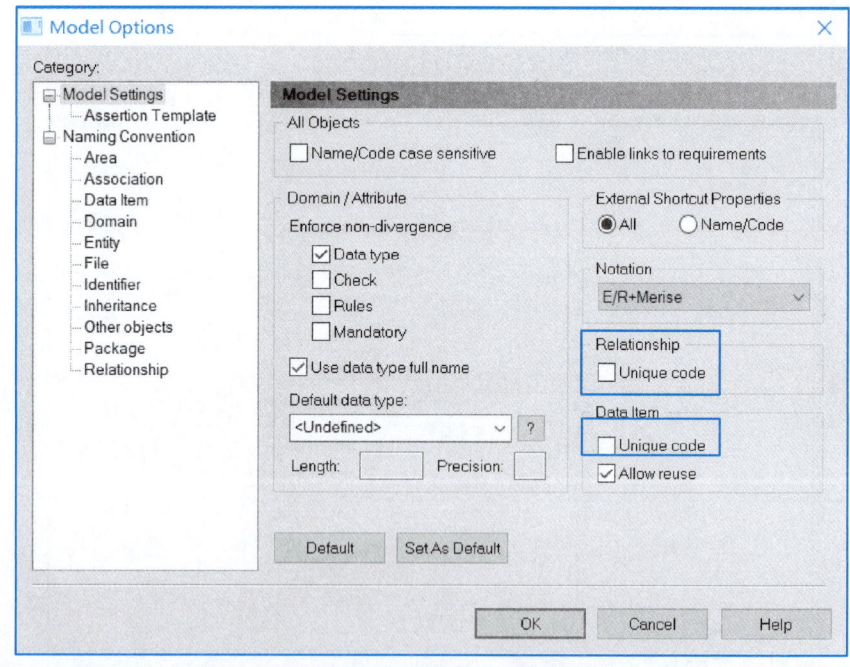

图 2.2.6
设置关系名与属性名可重复

如图 2.2.7 所示，在右侧工具箱中选择概念图中的 Entity 实体，单击中间区域空白处，放置实体，如果有多个实体，可以连续单击，最后可以单击工具箱概念图中的第一个箭头图标，取消实体绘制。接下来可以双击实体，进入实体编辑界面，在 General 选项卡中，输入实体名称，如图 2.2.8 所示。

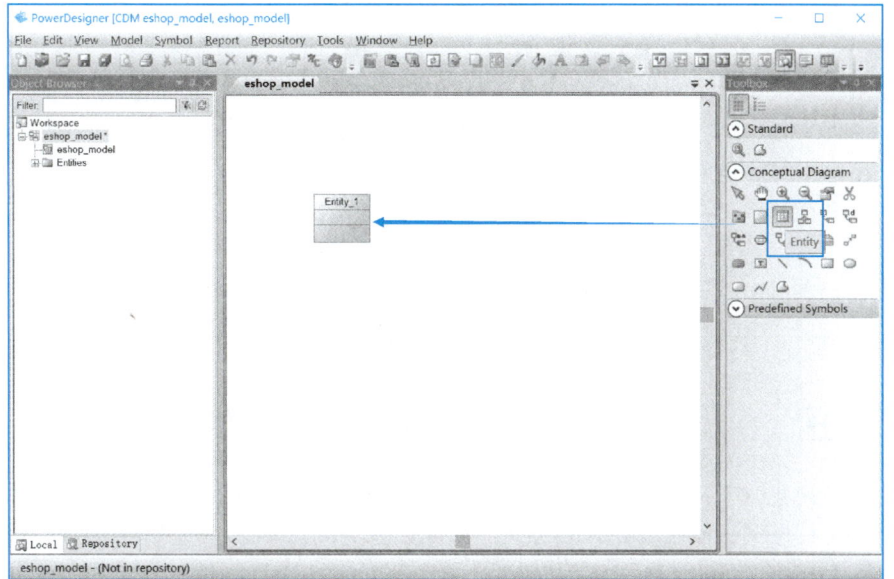

图 2.2.7 绘制实体

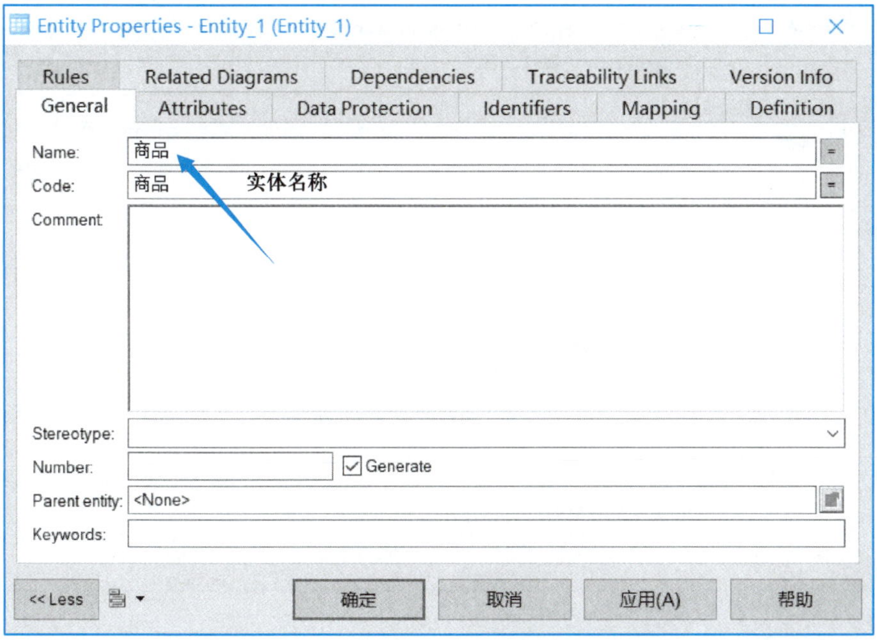

图 2.2.8 输入实体名称

选择 Attributes 选项卡，编辑实体属性，双击属性第一行，会弹出一个提示框，提示在编辑实体属性之前必须先提交，如图 2.2.9 所示，单击"是"按钮，进入如图 2.2.10 所示的界面，在其中编辑实体属性的相关信息，如属性名称、属性数据类型、是否是主键列、是否为空等。

模块 2　设计数据库模型

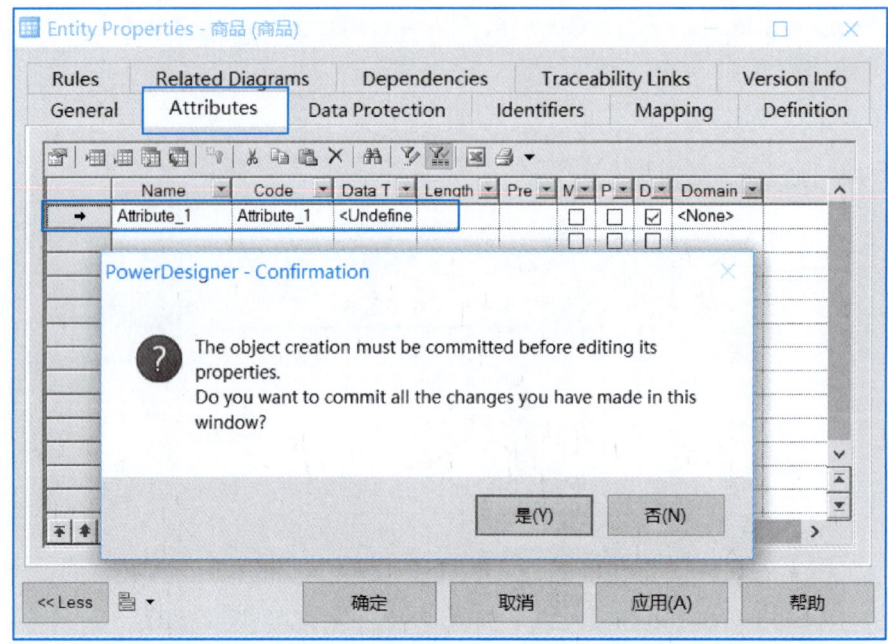

图 2.2.9
编辑实体属性提示框

图 2.2.10
编辑实体属性相关信息

　　选择 Identifiers 选项卡，编辑实体主键，如图 2.2.11 所示。这样，一个"商品"实体就编辑完毕，如图 2.2.12 所示。
　　下面继续编辑其他实体，所有实体编辑完毕后，可以进行实体之间关系的编辑。如图 2.2.13 所示，选择右侧工具箱概念图中的对应工具，从"商品类型"实体拖放到"商品"实体，如图 2.2.14 所示。

任务 2　分析与设计数据库

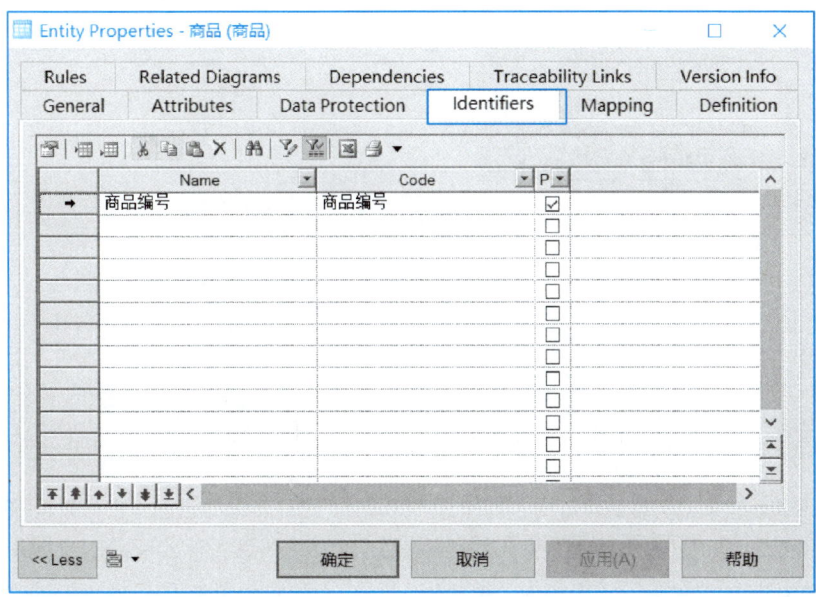

图 2.2.11
编辑实体主键

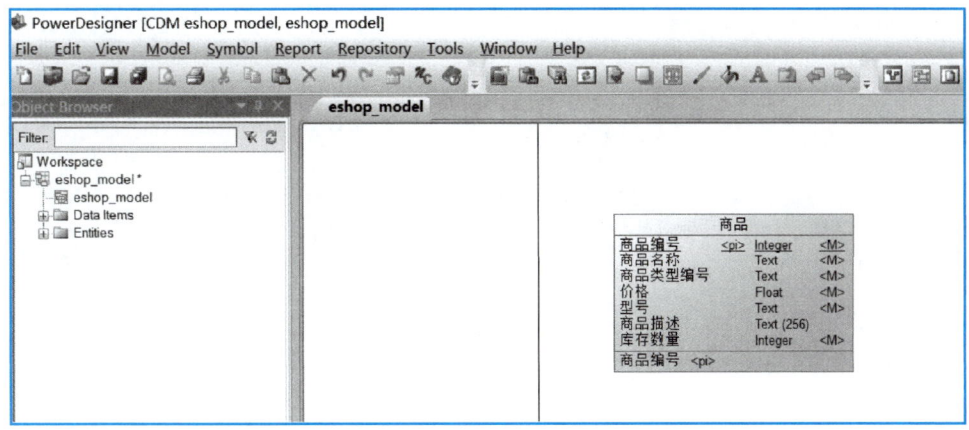

图 2.2.12
"商品"实体

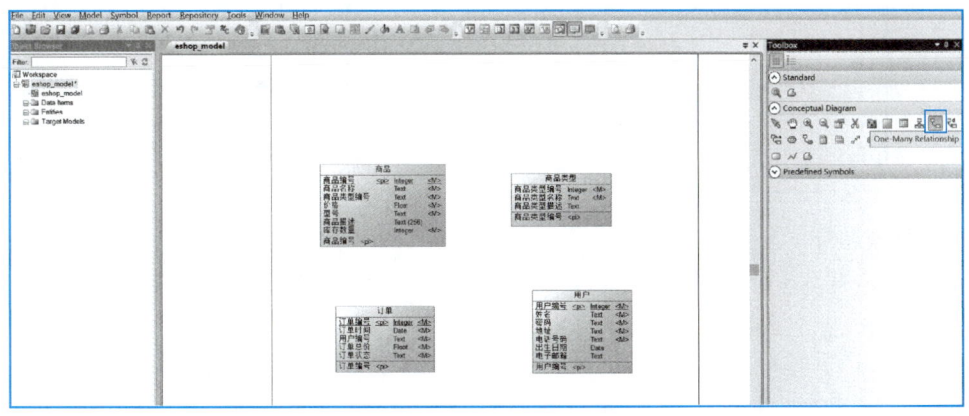

图 2.2.13
新建实体关系

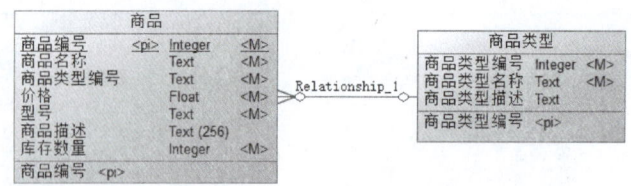
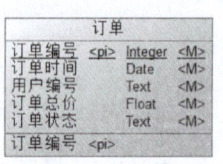
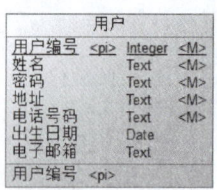

图 2.2.14
拖放实体之间的关系

双击关系,进入关系编辑界面,如图 2.2.15 所示,在 General 选项卡中可以输入关系名称。在 Cardinalities 选项卡中,可以选择当前两个实体的关系,有 One-one、One-many、Many-one、Many-many,"商品类型"实体和"商品"实体是一对多的关系,这里选择 One-many 单选按钮,如图 2.2.16 所示。

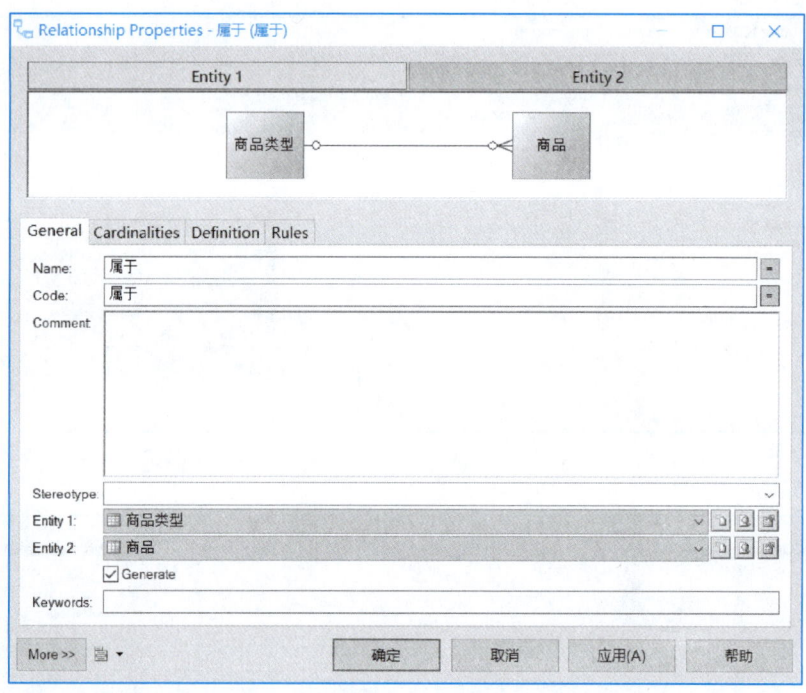

图 2.2.15
关系编辑界面

继续编辑其他实体的关系,"商品"实体和"订单"实体属于多对多的关系,选择 Many-many 单选按钮,"用户"实体和"订单"实体属于一对多的关系,选择 One-many 单选按钮。

"商品"实体和"订单"实体属于多对多的关系,该关系有一个"订购数量"属性,在工具栏中选择 Association Link(关联链路工具),如图 2.2.17 所示,将该工具从"商品"实体拖放到"订单"实体,如图 2.2.18 所示。

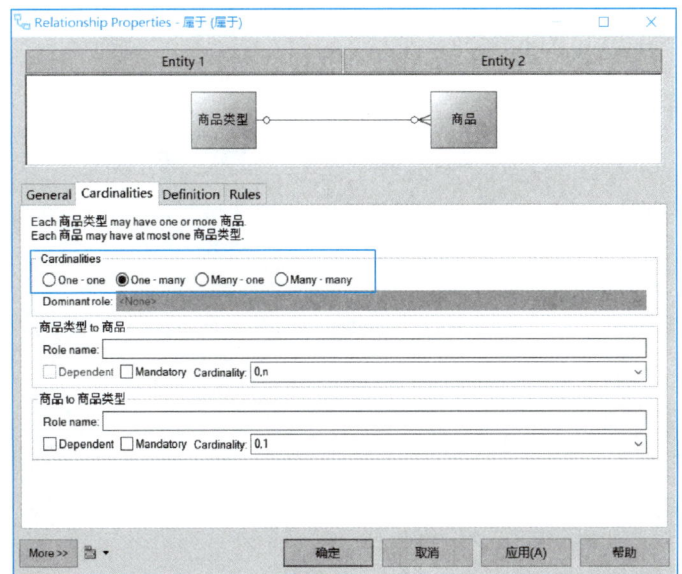

图 2.2.16
编辑关系类型

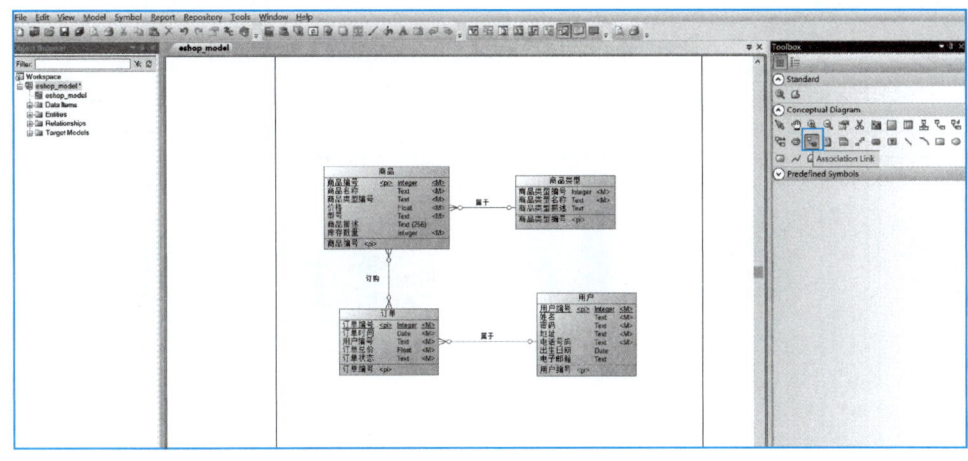

图 2.2.17
选择实体关系属性

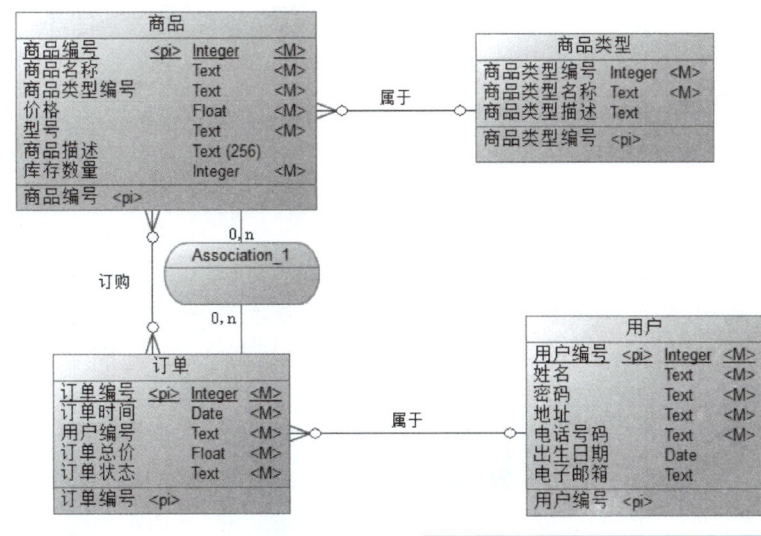

图 2.2.18
新建实体关系属性

双击该属性，在 General 选项卡中输入关系属性的名称，即关联表的名称"订单明细"，然后在 Attributes 选项卡中输入关联属性"订购数量"，如图 2.2.19 所示，单击"确定"按钮，关系属性将显示在实体之间，如图 2.2.20 所示。

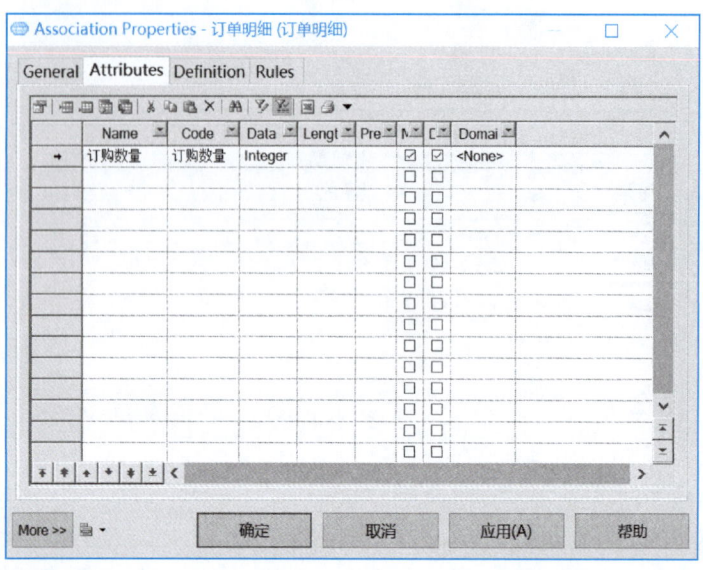

图 2.2.19
添加实体关系属性

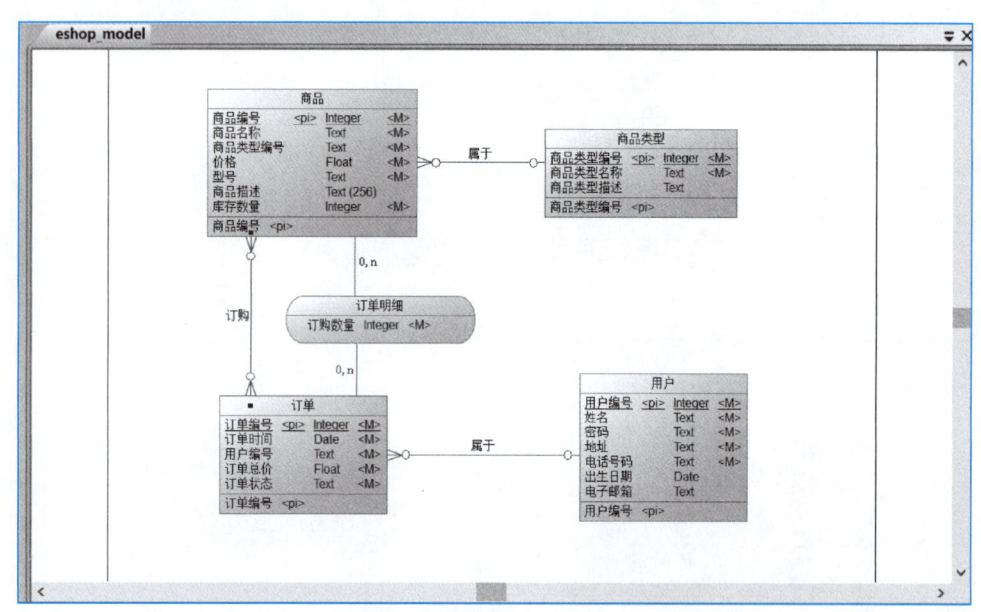

图 2.2.20
实体关系属性

关系属性上的"0，n"表示 Cardinality（基数），该基数用实体间实例的数值对应关系表示，反映了两个实体间的数值联系。它从父实体的角度描述了一对实体间的数量维度，即基数中的数字是描述父实体在子表中可能出现的次数范围。这里，一个"商品"实体可能在"订单明细"实体中出现多次，也可能一次都不出现，即这个商品可能被订购多次，也可能一次都未订购，所以基数为"0，n"，不需要修改。而一个"订单"实体在"订单明细"实体中将出现1次到多次，所以基数是"1，n"，接下来双击"订单"实体关系属性上的"0，n"，进入编辑界面修改基数，如图 2.2.21 所示。最终，PowerDesigner 绘制出的 E-R 图如图 2.2.22 所示。

任务 2　分析与设计数据库

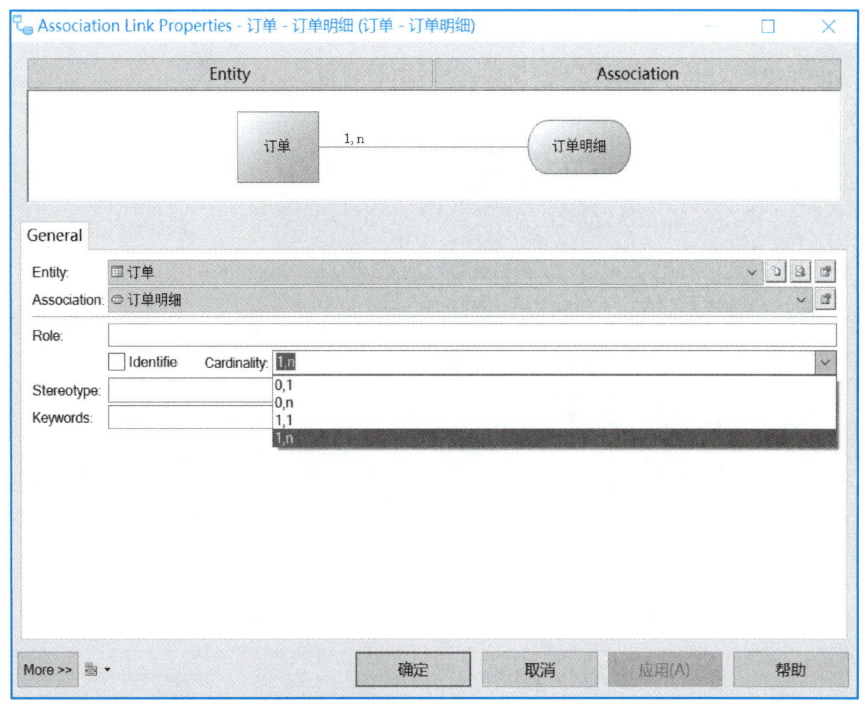

图 2.2.21
修改关系基数

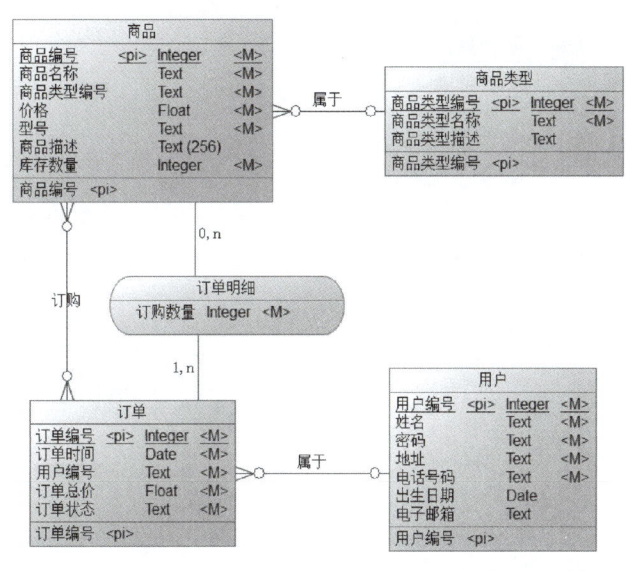

图 2.2.22
家电商城 E-R 图

在生成 E-R 概念数据模型图后，还可以转换成物理数据模型。物理数据模型是在概念数据模型基础上采用图形的方式描述数据的物理组织，并最终在数据库管理系统中实现该模型。在转换成物理数据模型之前，先将"商品"实体和"订单"实体之间多对多的关系移除，因为这里已经给该关系设置了"订购数量"关系属性，在生成物理数据模型时，这两者会同时生成关联表，而多对多关系生成的关联表少了"订购数量"属性，所以先移除该关系，保留关系属性。然后在菜单栏中选择 Tools→Generate Physical Data Model 命令，如图 2.2.23 所示，在弹出的对话框中单击"确定"按钮，生成物理数据模型，如图 2.2.24 所示。

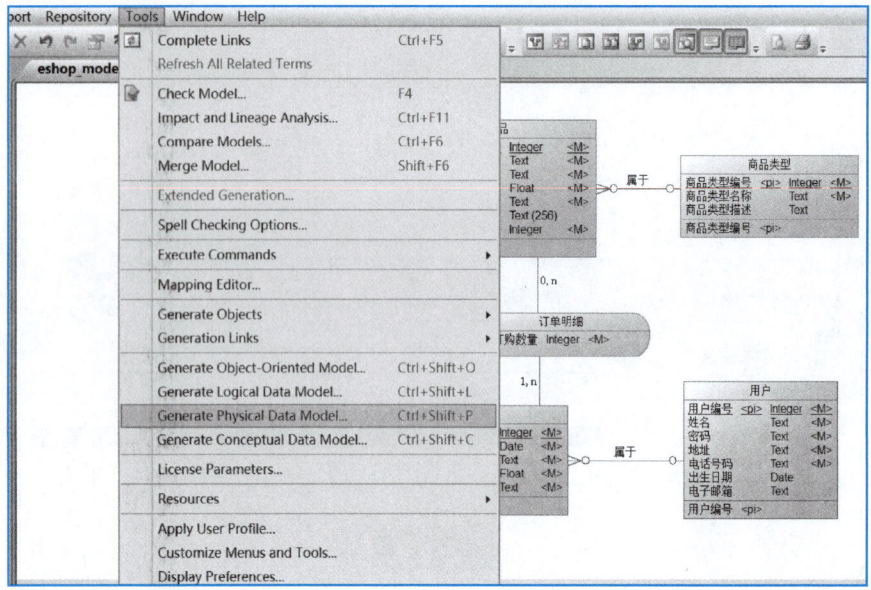

图 2.2.23
生成物理数据模型

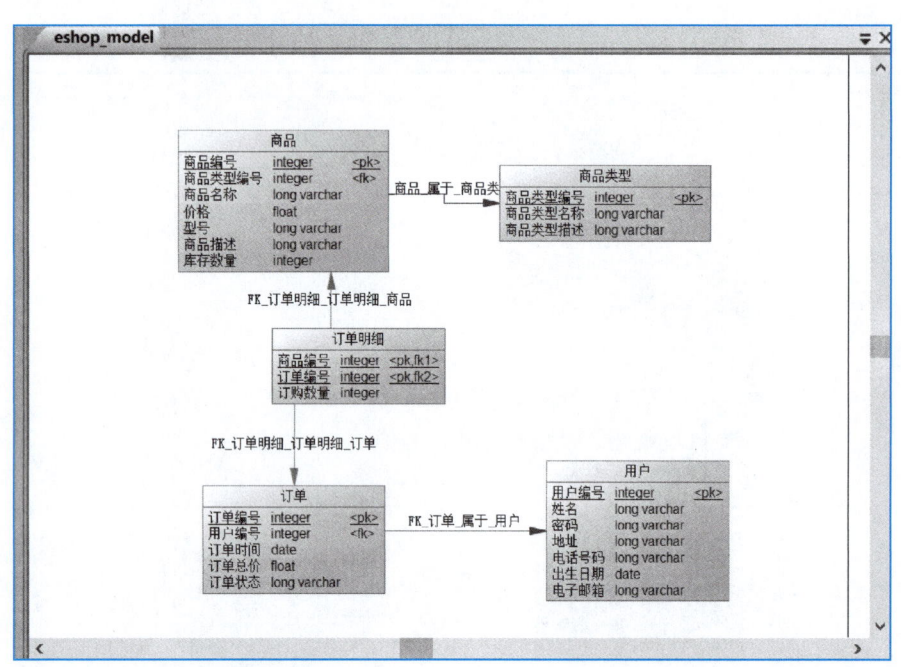

图 2.2.24
家电商城物理
数据模型图

任务 2.3　规范化数据

 **任务分析**

通过对数据库的分析与设计，得到了相关的关系模式及对应的表结构。如何评判关系模式设计的好坏呢？如果存在关系为：学生（学号，姓名，性别，年龄，课程号，所在系，系主任，成绩），关系的主键是学号和课程号的组合。通过分析不难发现，属于同一系部的学生

信息系主任字段值会相同,该值会重复多次,说明存在数据冗余;而当某个系部刚成立,还没有学生选课时,该系主任的信息无法录入到该数据表中;而当删除学生信息时相应系主任信息也随之删除了;如果系主任换人了,系主任字段的值也得进行相应的修改,修改工作量大,容易造成数据的不一致。面对这样的情况,需要使用一些规则,对关系模式进行规范化处理,尽量减少数据冗余,尽可能消除对表做插入、删除操作时产生的异常,保持数据的一致性。这些规则称为范式,而关系模式的规范化主要通过范式来实现。

知识储备

1. 范式的基本概念

范式(Normal Form,NF)是指规范化的关系模式,由规范化程度不同而产生不同的范式。通俗而言,范式就是关系数据库规范程度的级别。例如,上完课老师要求学生打扫卫生,最低标准是扫地,二级标准是扫地+擦桌子,三级标准是扫地+擦桌子+擦玻璃。在标准不断上升的过程中,高一级标准是必须满足低一级标准的,范式也是如此,只是范式的标准描述的是数据库规范化的程度,级别越高的范式,数据冗余度越小。

微课 2-7
第一范式

目前关系数据库有 6 种级别的范式,分别为第一范式(1NF)、第二范式(2NF)、第三范式(3NF)、BC 范式(BCNF)、第四范式(4NF)、第五范式(5NF)。它们之间的关系为 1NF < 2NF < 3NF < BCNF < 4NF < 5NF,后面的范式要求是在满足前一级范式要求的基础上达到的,如满足第二范式的关系模式一定满足第一范式的标准。一般数据库设计做到满足第三范式即可。

2. 范式的分类详解

(1) 第一范式(1NF)

在任何一个关系数据库中,1NF 是对关系模式的基本要求,不满足 1NF 的数据库就不是关系型数据库。

定义:在关系模型中每一个具体的关系 R 中,如果每个属性都是不可再分的,则称 R 属于 1NF,记为 R 属于 1NF。

第一范式(1NF)说明:数据库表中的字段都是单一属性,不可再分。

例如,表 2.3.1 是符合第一范式的。

表 2.3.1 符合 1NF 表

字段 1	字段 2	字段 3	字段 4

表 2.3.2 是不符合第一范式的。

表 2.3.2 不符合 1NF 表

字段 1	字段 2	字段 3		字段 4
		字段 3.1	字段 3.2	

例如,职工号、姓名、电话号码、性别组成一张表(一个人可能有一个办公室电话和一个私人电话号码),见表 2.3.3。

表2.3.3 职工信息表（1）

职工号	姓名	电话号码		性别
		办公室电话	私人电话	
1	张楠	88×××78	136×××9766	男

则可得出表2.3.3中电话号码字段可以再拆分，规范成1NF，见表2.3.4。

表2.3.4 职工信息表（2）

职工号	姓名	办公室电话	私人电话	性别
1	张楠	88×××78	136×××9766	男

总结：不能有重复的列，列不可再分。

不满足第一范式条件的关系为非范式关系，在关系数据库中，凡非范式关系必须要转换成范式关系。

微课2-8
第二范式

（2）第二范式（2NF）

第二范式是在第一范式的基础上建立起来的，即满足第二范式必须先满足第一范式的要求。

定义：如果关系模式R属于1NF，且每一个非主属性都完全依赖于主键属性，则称关系R满足第二范式，记为R属于2NF。

第二范式（2NF）说明：要求实体的属性完全依赖于主关键字。所谓完全依赖，是指不能存在仅依赖于主关键字的一部分的属性，如果存在，那么这个属性和主关键字的这一部分应该分离出来形成一个新的实体，新实体与原实体之间是一对多的关系。第二范式需要确保数据库表中的每一列都和主键相关，而不能只与主键的某一部分相关（主要针对联合主键而言），具体见表2.3.5。

表2.3.5 职工信息表（3）

职工号	姓名	性别	项目号	项目名称	项目进度
1	张楠	男	1	项目1	已完成第一阶段
2	周海云	女	2	项目2	正在进行第一阶段
2	周海云	女	1	项目1	已完成第二阶段

在上表中，职工号和项目号作为联合主键，体现出来的是一个职工可以参与多个项目，一个项目可以被多个职工参与。但是，从表中也可以得出项目名称依赖于项目号，并不依赖于职工号，姓名和性别依赖于职工号，并不依赖于项目号，不满足第二范式要求。

表2.3.5会存在如下问题。

① 数据冗余：有N个职工在参加一个项目，则项目名称就会重复$N-1$次；有一个职工参加N个项目，则该职工的姓名和性别就会重复$N-1$次。

② 更新异常：若项目的名称写错，则必须把表中所有涉及该项目名称的字段值都更新，不然会出现同一项目出现不同的名称。

现在将表2.3.5进行规范化，让其满足第二范式要求，见表2.3.6～表2.3.8。

表 2.3.6　职工信息表（4）

职工号	姓名	性别
1	张楠	男
2	周海云	女

表 2.3.7　项目信息表

项目号	项目名称
1	项目 1
2	项目 2

表 2.3.8　职工参与项目表

职工号	项目号	项目进度
1	1	已完成第一阶段
2	2	正在进行第一阶段
2	1	已完成第二阶段

（3）第三范式（3NF）

定义：如果关系模式 R 属于 2NF，并且 R 中的非主属性不传递依赖于 R 的主键，则称关系 R 满足第三范式。

微课 2-9
第三范式

非主属性必须直接依赖于主键，不能存在通过其他非主属性传递依赖于主键。

所谓传递依赖，就是 A 依赖于 B，B 依赖于 C，则 A 传递依赖于 C。具体见表 2.3.9。

表 2.3.9　职工信息表（5）

职工号	姓名	性别	部门编号	部门名称
1	张楠	男	1	开发部
2	周海云	女	1	开发部
3	李佳佳	女	2	人事部

在上表中，关系模式为职工信息表（职工号，姓名，性别，部门号，部门名称），关键字为职工号，符合第二范式。但是，因为存在非关键字部门名称依赖于部门编号，而部门编号依赖于职工号，即部门名称传递依赖于职工号，所以该关系表不满足第三范式，同样会导致数据冗余、数据操作异常等问题。

现将表 2.3.9 进行规范化，让其满足第三范式要求，见表 2.3.10～表 2.3.11。

职工信息表(职工号，姓名，性别，部门编号)
部门信息表(部门编号，部门名称)

表 2.3.10　职工信息表（6）

职工号	姓名	性别	部门编号
1	张楠	男	1
2	周海云	女	1
3	李佳佳	女	2

表 2.3.11　部门信息表

部门编号	部门名称
1	开发部
2	人事部

这样的数据表就符合第三范式要求了。

3. 范式总结

① 目的：使结构更合理，尽量消除存储异常，减少数据冗余，便于插入、删除、更新等操作。

② 原则：遵从概念单一化"一事一地"原则，即一个关系模式描述一个实体或实体间的一种联系。

③ 方法：将关系模式分解为两个或两个以上的关系模式。

④ 分解后的关系模式集合应当与原关系模式保持等价关系，即通过自然连接可以恢复原关系而不丢失信息，并保持属性间合理的联系。

⑤ 主键与外键在多表中的重复出现，不属于数据冗余。非键字段的重复出现，才是数据冗余，而且是一种低级冗余，即重复性冗余。高级冗余不是字段的重复出现，而是字段的派生出现。

⑥ 范式越高，冗余越低，一般到第三范式，再往上，表越多，可能导致查询效率下降。

> **注意**
>
> 一个关系模式结合分解可以得到不同关系模式集合，即分解方法不是唯一的。最小冗余要求必须以分解后的数据库能够表达原来数据库所有信息为前提来实现。其根本是节省存储空间，避免数据的不一致，提高对关系的操作效率，同时满足应用需求。

> **小知识**
>
> 范式越高，表越多，虽然降低了数据冗余，但是表连接会使数据库查询效率下降，损失部分数据库性能。
>
> 例如，数据表中存放了语文、数学、英语成绩，如果在某个时间经常要获取总分，每次进行计算会降低性能，为了提高运行效率，有时会在数据冗余与范式之间做出权衡，可以允许适当的数据冗余，即反三范式，可以加上总分这个冗余字段。所以在设计数据库时并不一定要求全部模式都达到最高范式。
>
> 在实际的数据库开发过程中，往往会允许一部分的数据冗余来减少数据表连接，即故意保留部分冗余来方便数据查询，尤其对于那些更新频度不高，查询频率极高的数据库系统更是如此。

任务实施

如果在家电商城系统数据库中，存在如下关系模式。

> 订单表(订单编号，订货人姓名，订单时间，商品编号，商品名称，商品型号，商品类型编号，商品类型名称，商品类型描述，商品价格，商品描述，订购数量，订单总价，订单状态)

现在要求该订单关系满足 3NF。

（1）确定关系满足 1NF

在订单关系模式中，每个字段都是单一属性，不可再分，所以满足 1NF。

微课 2-10
家电商城数据
规范化

（2）确定关系满足 2NF

在订单关系模式中，主键使用了订单编号与商品编号作为联合主键，所以存在部分属性并未完全依赖于主键属性，如商品名称、商品型号等属性并不依赖于订单编号，只依赖于商品编号。

现在将订单关系模式拆分为如下 3 个关系模式。

> 商品表(商品编号，商品名称，商品型号，商品类型编号，商品类型名称，商品类型描述，商品价格，商品描述)
> 订单表(订单编号，订货人姓名，订单时间，订单总价，订单状态)
> 订单明细表(订单编号，商品编号，订购数量)

（3）确定关系满足 3NF

在拆分的 3 个关系模式中，商品表中商品类型名称和商品类型描述依赖于商品类型编号，这里商品类型编号依赖于商品编号，所以存在传递依赖，不满足第三范式，则将商品关系模式进行如下拆分。

> 商品表(商品编号，商品名称，商品型号，商品类型编号，商品价格，商品描述)
> 商品类型表(商品类型编号，商品类型名称，商品类型描述)

素养小课堂 »»»»»»

在数据库逻辑模型设计阶段，根据用户需求及规范化设计原则，对关系模型进行规范化，使之达到一定的范式。规范化能在一定程度上减少数据冗余，节约存储空间，减轻维护数据完整性的成本，提升效率。在实际生活中，人们也需要规范化工作。企业要明确规范主要任务，突出规范工作重点，完善规范工作机制，讲诚信、重和谐、负责任、有秩序，按照事物客观规律办事，努力使行业更加规范。而每位员工都要切实增强规范工作的自觉性，恪守各项行为规范，工作标准才能得到推行，工作制度才能得到落实，工作效率才能得到提高。

 ## 任务拓展

BC 范式

BC 范式是满足第三范式要求，并且主属性不依赖于主属性。BC 范式既检查非主属性，又检查主属性，当只检查非主属性时，就成了第三范式。满足 BC 范式的关系都必然满足第三范式要求。

假设仓库管理关系表为 (仓库 ID, 存储物品 ID, 管理员 ID, 数量)，且有一个管理员只在一个仓库工作，一个仓库可以存储多种物品。这个数据库表中存在如下决定关系。

> (仓库 ID, 存储物品 ID) →(管理员 ID, 数量)
> (管理员 ID, 存储物品 ID) → (仓库 ID, 数量)

所以，(仓库 ID, 存储物品 ID)和(管理员 ID, 存储物品 ID)都是仓库管理关系表的候选关键字，表中的唯一非关键字段为数量，它是符合第三范式的。但是，由于存在如下决定关系。

> (仓库 ID) → (管理员 ID)
> (管理员 ID) → (仓库 ID)

即存在关键字段决定关键字段的情况，所以其不符合 BC 范式，它会出现如下异常情况。

（1）删除异常

当仓库被清空后，所有"存储物品 ID"和"数量"信息被删除的同时，"仓库 ID"和"管理员 ID"信息也被删除了。

（2）插入异常

当仓库没有存储任何物品时，无法给仓库分配管理员。

（3）更新异常

如果仓库换了管理员，则表中所有相关行的管理员 ID 都要修改。

将仓库管理关系表分解为如下 2 张关系表。

> 仓库管理 (仓库 ID, 管理员 ID)
> 仓库 (仓库 ID, 存储物品 ID, 数量)

这样的数据库表是符合 BC 范式的，消除了删除异常、插入异常和更新异常。
在 BC 范式以上还有第四范式、第五范式，这里不再赘述。

---- 任务小结 ----

① 在 E-R 图中，使用矩形框表示实体，椭圆框表示属性，菱形框表示联系。
② 实体之间的联系有一对一、一对多、多对多 3 种联系。
③ E-R 图到关系模型的映射转换。
④ 数据的规范化可减少关系数据库中插入异常、删除异常、数据冗余等问题。
⑤ 对关系模式进行规范化，使其满足 1NF、2NF、3NF。

---- 课堂实训 ----

【实训目的】

① 掌握使用 E-R 图来分析数据库的方法。
② 掌握使用关系模式来设计数据库的方法。
③ 掌握使用范式来规范化数据库的方法。

【实训内容】

某学校为了减少数据管理的工作量,要求设计一个用于存储学生成绩的数据库管理系统,数据库中要求包含学生的基本信息、课程基本信息及学生所学课程的考试成绩,以方便学生进行各科成绩查询。

在这个学生成绩管理系统中,存储了学生的基本信息(如学号、姓名、性别、出生日期、专业、电话号码、地址等),课程的基本信息(如课程编号、课程名称、课时数、学分、开课学期等),以及对应的学生科目成绩信息。

现请根据图 2.4.1 完成以下内容。

① 请找出学生成绩管理系统中的实体对象。

实体对象包括:学生、课程、成绩。

② 请识别学生实体的属性。

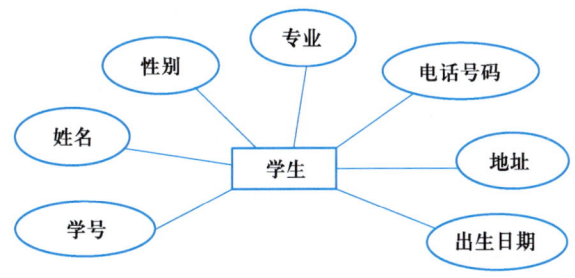

图 2.4.1
学生实体属性

③ 请将 E-R 图转换为学生对应的关系模式。

> 学生(学号(PK), 姓名, 性别, 出生日期, 专业, 电话号码, 地址)

④ 实现数据的规范化。

在学生关系模式中,符合 3NF,但是其中有一个专业属性,当学生数量过多时,会造成数据冗余,可以提取专业属性作为一个新的关系模式,两者关系如下。

> 专业(专业编号(PK), 专业名称, 专业描述)
> 学生(学号(PK), 姓名, 性别, 出生日期, 专业编号(FK), 电话号码, 地址)

【实训练习】

① 请识别课程实体的属性。
② 请绘制学生实体与课程实体的 E-R 图。
③ 请识别成绩实体的属性。
④ 请将 E-R 图转换成对应的关系模式。

------- 思考与探索 -------

一、选择题

1. MySQL 数据库属于(　　)数据库(单选)。

A. 层次模型　　　　B. 网状模型　　　　C. 关系模型　　　　D. 非关系模型

2. E-R 图提供了表示信息世界中实体、属性和（　　）方法（单选）。

　　A. 数据　　　　　B. 联系　　　　　　C. 表　　　　　　　D. 模式

3. （　　）是指实体所具有的某种特性，是用来描述一个实体，如产品实体有产品 ID、产品名等（单选）。

　　A. 属性　　　　　B. 实体　　　　　　C. 联系　　　　　　D. 表

4. 工厂需要采购多种材料，每种材料可由多个供应商提供，一个供应商也可以供应多种材料，这里工厂与材料是（　　）联系，材料与供应商是（　　）联系（单选）。

　　A. 一对多，多对多　　　　　　　　　B. 多对多，多对多

　　C. 一对多，一对多　　　　　　　　　D. 多对多，一对多

5. 为了设计出性能较优的关系模式，必须进行规范化，规范化主要的理论依据是（　　）（单选）。

　　A. 关系规范化理论　　　　　　　　　B. 关系代数理论

　　C. 数理逻辑　　　　　　　　　　　　D. 关系运算理论

6. 关系数据库规范化是为解决关系数据库中（　　）问题而引入的（单选）。

　　A. 插入、删除和数据冗余　　　　　　B. 提高查询速度

　　C. 减少数据操作的复杂性　　　　　　D. 保证数据的安全性和完整性

7. 规范化理论是关系数据库进行逻辑设计的理论依据，根据这个理论，关系数据库中的关系必须满足每一个属性都是（　　）（单选）。

　　A. 长度不变的　　　　　　　　　　　B. 不可分解的

　　C. 互相关联的　　　　　　　　　　　D. 互不相关的

8. 关系模式中，满足 2NF 的模式（　　）（单选）。

　　A. 可能是 1NF　　　　　　　　　　　B. 必定是 1NF

　　C. 必定是 3NF　　　　　　　　　　　D. 必定是 BCNF

9. 在关系模式 R（A，B，C，D）中，有依赖集为 F={B→C，C→D，D→A}，则 R 能达到（　　）（单选）。

　　A. 1NF　　　　　　　　　　　　　　B. 2NF

　　C. 3NF　　　　　　　　　　　　　　D. 以上三者都不行

10. （　　）是严格好的关系模式（单选）。

　　A. 优化级别最高的关系模式　　　　　B. 优化级别最低的关系模式

　　C. 符合 3NF 要求的关系模式　　　　 D. 视具体情况而定

二、填空题

1. 关系模型中的关系模式至少是第_____范式。

2. 消除了部分函数依赖的 1NF 的关系模式必定是第_____范式。

3. 在关系 A(S, SN, D) 和 B(D, CN, NM) 中，A 的主键是 S，B 的主键是 D，则 D 在 S 中称为_____。

4. 关系模式的规范化过程是通过关系模式的_____来实现的，但在进行这种操作时必须保证操作前后的关系模式_____。

5. 在一个关系 R 中，若每个数据项都是不可再分的，那么 R 一定属于_____。

三、应用题

在员工信息管理数据库 db_staff 中记录某家公司的员工、部门等资料。假设在需求收集与分析后，分析人员将这个数据库描述为：这家公司由多个部门组成；每个部门有一个唯一名称、唯一编号、电话号码；另外将每位员工的姓名、性别、出生日期、电话号码及地址以记录存储，每位员工会被指派到某一个部门。

（1）请找出 db_staff 数据库中的实体。

（2）请绘制 db_staff 数据库的 E-R 图。

（3）请设计 db_staff 数据库的关系模式。

模块 3 创建数据库系统

任务 3
创建和管理数据库

🔍 工作能力
创建和管理数据库，作为数据库系统开发人员，应具备以下工作能力。
- 能创建数据库。
- 能管理数据库。

🔍 工作素养
- 具备规范编写 SQL 代码意识，养成良好的编码习惯。
- 具备 SQL 代码排错能力。

🔍 工作情境
家电商城系统的开发团队设计了该系统数据库的关系模型，现在需要使用数据库管理系统软件 MySQL 来创建家电商城数据库，并对该数据库进行管理。为此，分以下任务来完成。
- 创建数据库。
- 管理数据库。

任务 3.1　创建数据库

 任务分析

数据库是存放数据的仓库，类似于图书馆是存放书籍的仓库，要存储数据就得先建"图书馆"（即创建数据库），然后再来存放"书籍"（即数据），进而对数据进行后续操作。

 知识储备

1. 存储引擎

数据库管理系统（DBMS）使用存储引擎进行创建、查询、更新和删除数据操作。不同的存储引擎提供不同的存储机制、索引技巧、锁定水平等功能。由于关系数据库中的数据是以关系表的形式存储，所以存储引擎也称表类型。

MySQL 提供了许多不同的存储引擎，常用的有 InnoDB、MyISAM 和 MEMORY 等。用户可以根据需要选择合适的存储引擎，也可自行编写自己的存储引擎。存储引擎是 MySQL 的核心。

查看 MySQL 支持的存储引擎，输入如下语句。

```
SHOW ENGINES;
```

存储引擎如图 3.1.1 所示。

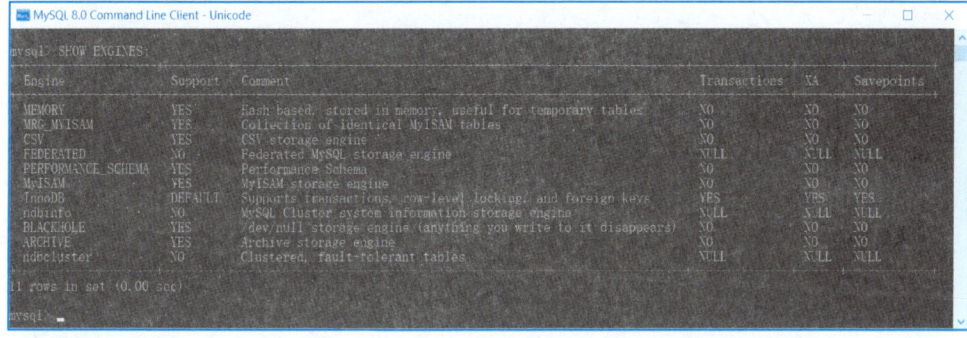

图 3.1.1　MySQL 支持的存储引擎

微课 3-1　存储引擎

 说明

- Engine 列为 MySQL 支持的所有存储引擎名称。
- Support 列为该存储引擎是否可用，YES 表示可用，NO 表示不可用，DEFAULT 为当前默认存储引擎。
- Comment 列为该存储引擎的描述。
- Transactions 列为该存储引擎是否支持事务处理。
- XA 列为该存储引擎是否支持分布式交易处理的 XA 协议。
- Savepoints 为该存储引擎是否支持事务保存点。

修改数据库临时的默认存储引擎，可以使用如下语句。要注意的是，当重启客户端后就会恢复为原引擎类型。

> SET DEFAULT_STORAGE_ENGINE=存储引擎名;

（1）InnoDB 存储引擎

InnoDB 是 MySQL 8.0 默认的存储引擎，支持事务、自动增长列、外键和行级锁定，具有事务提交、回滚、崩溃修复和多版本并发控制能力。通常应用在对事务的完整性有较高要求、高并发条件下对数据一致性有要求、数据更新操作较为频繁的场景中。相较于 MyISAM，其读写处理效率稍差，需要占用更多的数据空间来存放数据和索引。

（2）MyISAM 存储引擎

MyISAM 存储引擎为 MySQL 5.5 之前默认的存储引擎，在 Web、数据仓库中广泛应用。它访问速度快，不支持事务和外键，适合以查询、插入为主的应用中。

（3）MEMORY 存储引擎

该存储引擎通过在内存中创建临时表来存储数据。如果数据库重启或崩溃，表中的数据将全部消失，适用于存储临时数据的临时表、数据仓库中的维度表或统计操作的中间表。

还有其他类型的存储引擎此处不再介绍，感兴趣的读者可以查看相关资料。在实际工作中，用户可以根据应用需求来灵活选择存储引擎。合适的存储引擎能有效提高数据库的性能和数据的访问效率。

2．MySQL 自带的数据库

MySQL 8.0 安装成功后，登录服务器，会发现系统中已经有 4 个数据库，分别为 information_schema、mysql、sys 和 performance_schema。

- information_schema：在 MySQL 中，information_schema 提供了访问数据库元数据的方式，确切说是一个信息数据库，保存了 MySQL 服务器维护的所有其他数据库的信息，如数据库名、数据表、列的数据类型或访问权限等。
- mysql：MySQL 的核心数据库，主要负责存储数据库的用户、权限设置、关键字等 MySQL 自己需要使用的控制和管理信息。这些信息不可以删除，用户也不要轻易去修改这个数据库中的信息。常用的是该数据库中的 user 表，存储了 root 用户的密码。
- performance_schema：用于收集数据库服务器性能参数，库中表的存储引擎均为 PERFORMANCE_SCHEMA，而用户不能创建存储引擎为 PERFORMANCE_SCHEMA 的表。
- sys：sys 库中所有的数据来自 performance_schema，目标是将 performance_schema 的复杂度降级，让数据库管理员更好地阅读这个库中的内容，更快地了解数据库的运行情况。

3．创建用户数据库

创建用户数据库可以借助图形化工具，也可使用 SQL 语句中的 CREATE DATABASE 或 CREATE SCHEMA 命令创建数据库。基本书写格式如下。

> CREATE {DATABASE|SCHEMA} [IF NOT EXISTS] 数据库名
> [[DEFAULT] CHARACTER SET 字符集名]
> [DEFAULT] COLLATE 校对规则名]

微课 3-2
创建数据库

说明 »»»»»

- {}表示必选项，|表示几项中任选其一，[]表示可选项。
- 语句中的大写单词为命令动词，不能更改，但 MySQL 命令解释器对大小写不敏感，即 create 和 CREATE 在 MySQL 命令解释器中是同一含义。
- 数据库名：命令中的数据库名字必须符合操作系统文件夹命名规则，不区分大小写。
- IF NOT EXISTS：在创建数据库前进行判断，只有该数据库目前尚不存在时才执行 CREATE DATABASE 操作。使用该选项可以避免出现数据库已经存在而再创建的错误。
- DEFAULT：指定默认值。
- CHARACTER SET：指定数据库字符集，其后的字符集名称要使用 MySQL 支持的具体字符集名称。
- COLLATE：指定字符集校对规则，其后的校对规则名称要使用 MySQL 支持的具体校对规则名称。

 任务实施

【任务 3.1.1】创建一个名为 db_eshop_backup 的数据库，采用字符集 gb2312 和校对规则 gb2312_chinese_ci（前面已经导入 db_eshop 数据库）。

```
CREATE DATABASE IF NOT EXISTS db_eshop_backup
    DEFAULT CHARACTER SET gb2312
    DEFAULT COLLATE gb2312_chinese_ci;
```

企业案例 3
创建智慧酒店管理
系统数据库

分析：

① 这里指定了字符集为 gb2312，校对规则为 gb2312_chinese_ci，若只指定字符集而没有指定校对规则，则采用该字符集对应的默认校对规则。如果两者都没有指定，则采用服务器字符集和服务器校对规则。

② MySQL 不允许两个数据库使用相同的名字，使用 IF NOT EXISTS 将不显示错误信息。

③ 在文件系统中，MySQL 的数据存储区是以目录方式表示数据库。即创建数据库 db_eshop，就会在 MySQL 存储数据的目录（如果没有自行设定，一般默认路径为 C:\ProgramData\MySQL\MySQL Server 8.0\Data）下增加一个 db_eshop 文件夹。

素养小课堂 »»»»»

在本任务中，使用 SQL 语句来创建数据库。SQL 语句有自身的特点和语法规范，在编写代码的过程中必须注意以下几点。

- CREATE、ALTER、DROP 等关键字大写。
- 以 ";" 结束一行语句。
- 数据库对象命名要遵守规范，不能使用关键字，不能以数字开头，尽可能做到有实际意义，即见名知意。
- 对代码做适当的注释。

良好的编码习惯会增加代码的可读性，也会帮助读者从众多的求职者中脱颖而出。

 **任务拓展**

使用 Navicat 图形管理工具创建数据库

步骤如下。

（1）连接 MySQL 服务器

启动 Navicat，打开 Navicat Premium 窗口，双击连接名 root@localhost，建立与 MySQL 服务器的连接。

（2）创建数据库

① 选中连接名 root@localhost，右击，在快捷菜单中选择"新建数据库"命令，如图 3.1.2 所示，将会弹出"新建数据库"对话框；或双击展开 root@localhost 服务器，选中任意一个已存在的数据库，右击，在快捷菜单中选择"新建数据库"命令，如图 3.1.3 所示，同样也会弹出"新建数据库"对话框，如图 3.1.4 所示。

② 输入数据库名 db_eshop_backup1，指定数据库需要的字符集 utf8mb4 和排序规则 utf8mb4_general_ci，单击"确定"按钮，即可创建数据库 db_eshop，如图 3.1.5 所示。

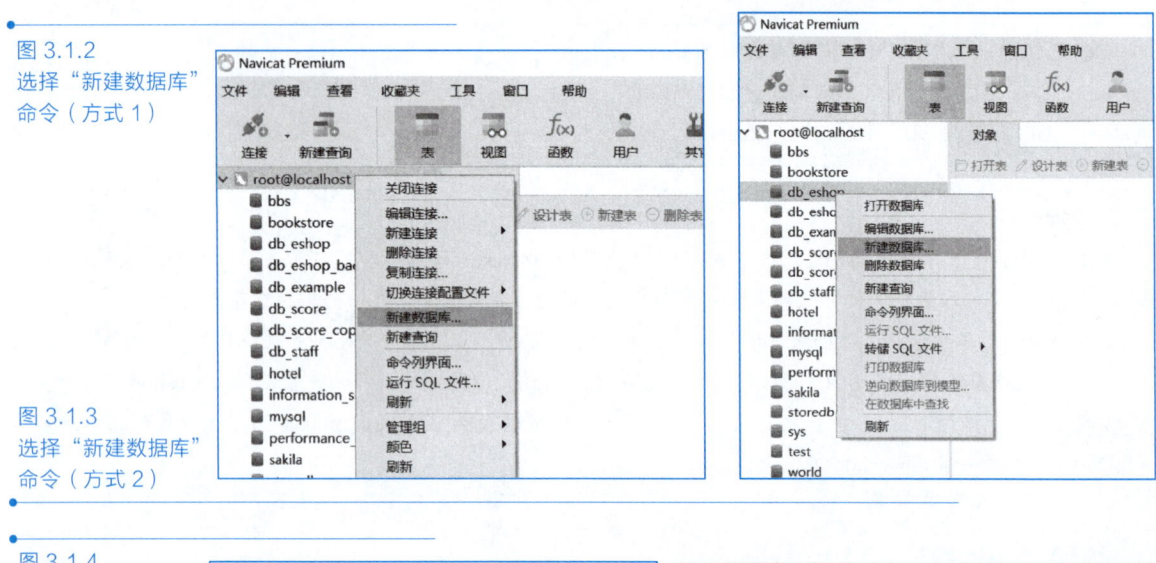

图 3.1.2
选择"新建数据库"
命令（方式 1）

图 3.1.3
选择"新建数据库"
命令（方式 2）

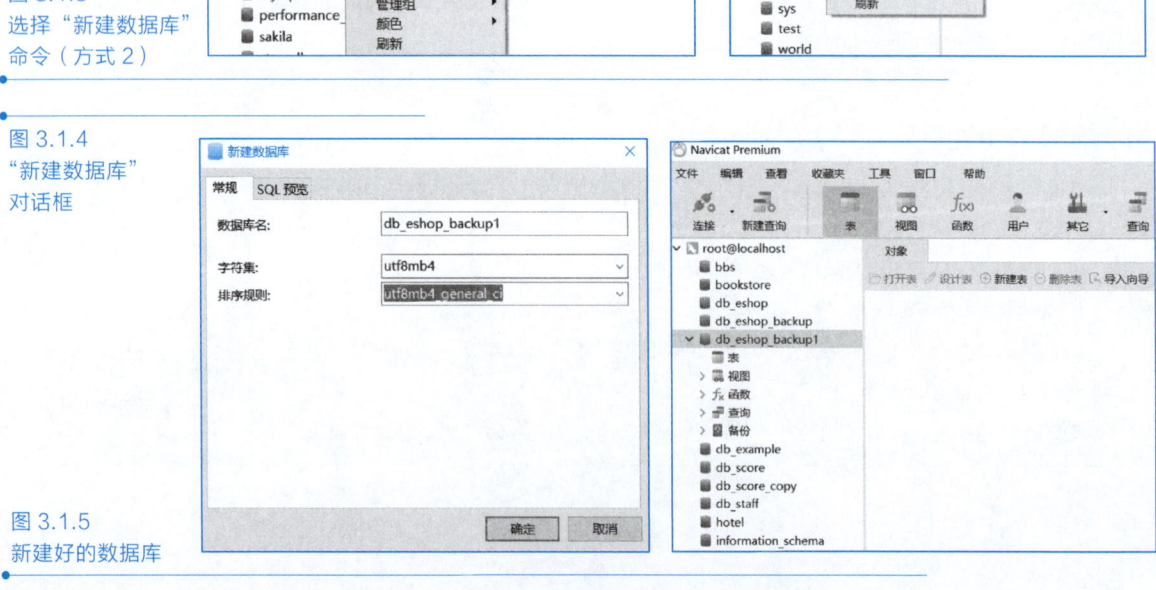

图 3.1.4
"新建数据库"
对话框

图 3.1.5
新建好的数据库

任务 3.2　管理数据库

任务分析

对数据库进行管理，包括查看、修改和删除数据库。

知识储备

1．查看数据库

显示服务器中已经创建的数据库，可以使用 SHOW DATABASES 命令。基本书写格式如下。

微课 3-3
管理数据库

```
SHOW DATABASES;
```

2．打开数据库

创建好数据库后，可以使用 USE 命令指定当前数据库，即打开数据库。基本书写格式如下。

```
USE 数据库名；
```

例如，使用语句 USE db_eshop；可以将 db_eshop 数据库指定为当前数据库，该语句也可以用来实现数据库之间的跳转，即当前数据库的切换。

3．修改数据库

使用 ALTER DATABASE 命令，可以在数据库创建后修改数据库的相关参数。基本书写格式如下。

```
ALTER {DATABASE|SCHEMA} 数据库名
[[DEFAULT] CHARACTER SET 字符集名
|[DEFAULT] COLLATE 校对规则名]
```

用户拥有对数据库的修改权限时才可以使用 ALTER DATABASE 语句。修改数据库选项与创建数据库相同，这里不再赘述。

4．删除数据库

使用 DROP DATABASE 命令，可以删除已有的数据库。基本书写格式如下。

```
DROP DATABASE [IF EXISTS] 数据库名；
```

说明 》》》》》》

数据库名为要删除的数据库名，IF EXISTS 子句与创建数据库时的用法类似，可以避免删除不存在的数据库时出现 MySQL 错误信息。

 任务实施

【任务 3.2.1】查看当前服务器中的数据库。

```
SHOW DATABASES;
```

【任务 3.2.2】打开数据库 db_eshop_backup。

```
USE db_eshop_backup;
```

【任务 3.2.3】修改数据库 db_eshop_backup 的默认字符集为 utf8mb4 和校对规则为 utf8mb4_general_ci。

```
ALTER DATABASE db_eshop_backup
DEFAULT CHARACTER SET utf8mb4
DEFAULT COLLATE utf8mb4_general_ci;
```

【任务 3.2.4】删除数据库 db_eshop_backup。

```
DROP DATABASE db_eshop_backup;
```

 说明 》》》》》》

必须小心使用 DROP DATABASE 命令，因为它将删除指定的整个数据库，该数据库的所有表和表中的数据也将被永久删除。

 任务拓展

使用 Navicat 图形管理工具管理数据库

1. 修改数据库属性

打开 Navicat，连接 MySQL 服务器，选中要修改的数据库 db_eshop_backup1，右击，在快捷菜单中选择"编辑数据库"命令，如图 3.2.1 所示，弹出"编辑数据库"对话框，如图 3.2.2 所示。设置字符集和排序规则，单击"确定"按钮即可修改数据库的属性。注意，修改操作须在"关闭数据库"的状态下进行，否则修改将无效。选中要修改的数据库名，右击，在快捷菜单中选择"关闭数据库"命令，即可实现数据库的关闭。

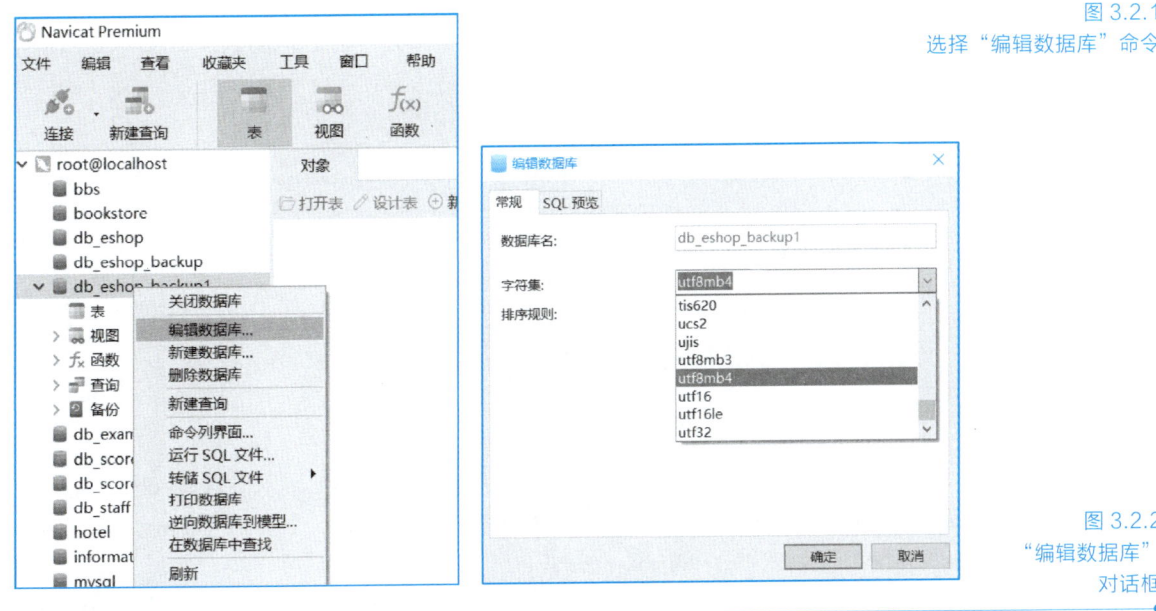

图 3.2.1
选择"编辑数据库"命令

图 3.2.2
"编辑数据库"
对话框

2. 删除数据库

回到 Navicat Premium 主界面，选中要删除的数据库 db_eshop_backup1，右击，在快捷菜单中选择"删除数据库"命令，如图 3.2.3 所示，弹出"确认删除"对话框，如图 3.2.4 所示，勾选"我了解此操作是永久性的且无法撤销"复选框，单击"删除"按钮，即可实现数据库的删除。

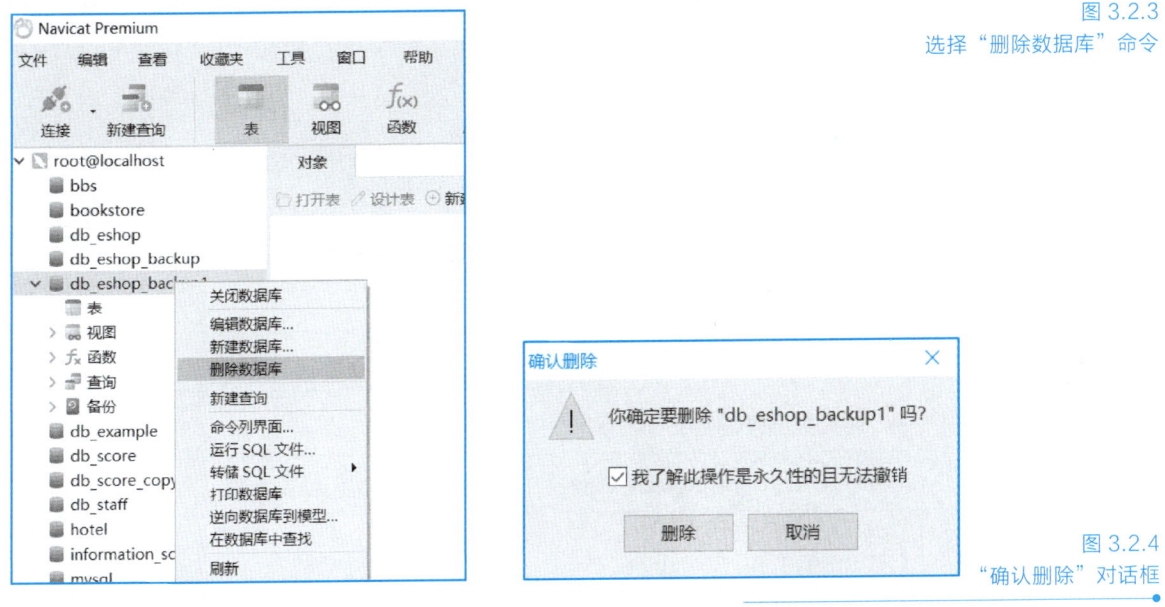

图 3.2.3
选择"删除数据库"命令

图 3.2.4
"确认删除"对话框

———————— 任 务 小 结 ————————

① 使用 CREATE DATABASE 命令创建数据库。

② 使用 SHOW DATABASE 命令查看数据库。
③ 使用 ALTER DATABASE 命令修改数据库。
④ 使用 DROP DATABASE 命令删除数据库。

------- 课 堂 实 训 -------

【实训目的】

① 掌握使用 SQL 命令创建数据库的方法。
② 掌握使用 SQL 命令管理数据库的方法。

【实训内容】

① 根据学生成绩管理系统的数据库设计内容，由于前面已经导入数据库 db_score，故这里使用 SQL 命令创建学生成绩管理数据库的备份，设置名称为 db_score_backup，默认字符集为 utf8mb4，校对规则为 utf8mb4_general_ci。

```
CREATE DATABASE db_score_backup
    DEFAULT CHARACTER SET utf8mb4
    DEFAULT COLLATE utf8mb4_general_ci;
```

② 创建一个新的数据库 db_score_copy，规则如上，然后修改数据库，设置默认字符集为 gb2312，校对规则为 gb2312_chinese_ci。

```
CREATE DATABASE db_score_copy
    DEFAULT CHARACTER SET utf8mb4
    DEFAULT COLLATE utf8mb4_general_ci;

ALTER DATABASE db_score_copy
    DEFAULT CHARACTER SET gb2312
    DEFAULT COLLATE gb2312_chinese_ci;
```

③ 查看所有数据库。

```
SHOW DATABASES;
```

④ 删除 db_score_copy 数据库。

```
DROP DATABASE db_score_copy;
```

【实训练习】

① 使用 SQL 命令创建一个示例数据库，设置名称为 db_example，默认字符集为 latin1，校对规则为 latin1_swedish_ci。
② 删除该数据库。

思考与探索

一、选择题

1. 在 MySQL 中，通常使用（　　）语句来指定一个已有数据库作为当前工作数据库（单选）。
   A. USING　　　　B. USED　　　　C. USES　　　　D. USE

2. 下列 SQL 语句中，创建关系数据库的是（　　）（单选）。
   A. ALTER　　　　B. CREATE　　　C. UPDATE　　　D. INSERT

3. 在 MySQL 中，下面（　　）数据库不是系统自带的（单选）。
   A. mysql　　　　　　　　　　　　B. information_schema
   C. performance_schema　　　　　D. db_eshop

4. 在 MySQL 中，（　　）提供了访问数据库元数据的方式（单选）。
   A. mysql　　　　　　　　　　　　B. information_schema
   C. performance_schema　　　　　D. sys

5. 在 MySQL 中，（　　）数据库主要负责存储数据库的用户、权限设置、关键字等需要使用的控制和管理信息（单选）。
   A. mysql　　　　　　　　　　　　B. information_schema
   C. performance_schema　　　　　D. sys

6. 下列 SQL 语句中，（　　）可以在数据库创建后修改数据库的相关参数（单选）。
   A. ALTER　　　　B. CREATE　　　C. UPDATE　　　D. INSERT

二、填空题

1. 创建用户数据库可以借助图形化工具，也可使用 SQL 语句中的_____或_____命令。
2. 数据库创建好后使用_____命令指定当前数据库，即打开数据库。
3. 可使用_____命令显示服务器中已经建立的数据库。
4. 可使用_____命令删除已有的数据库。

三、应用题

1. 使用 SQL 命令创建一个名为 db_staff_backup 的数据库。
2. 使用 SQL 命令查看数据库。
3. 使用 SQL 命令修改该数据库的默认字符集为 gb2312，校对规则为 gb2312_chinese_ci。

任务 4
创建和管理数据表

工作能力

创建和管理数据表,作为数据库系统开发人员,应具备以下工作能力。

- 理解数据表的结构。
- 能为字段选择合适的数据类型。
- 能创建和管理数据表。

工作素养

- 养成认真严谨的工作作风。
- 养成自觉遵规守纪意识。

工作情境

在家电商城系统中,用户要购买商品,系统就需要记录用户的相关信息,包括用户姓名、电话号码、配送地址,还要记录选购商品的相关信息,包括商品编号、型号、价格等。此外还会生成订单信息以方便工作人员配送商品,这些数据都需要保存在数据库中。然而数据不能直接存储到数据库中,而是存储到数据库的数据表中。因此需要在 db_eshop 数据库中建立相应的数据表,分别存储不同的数据记录,具体分为以下任务来完成。

- 创建数据表。
- 管理数据表。

任务 4.1 创建数据表

任务分析

数据库是存储数据的容器,在文件系统中创建数据库只是建立了一个以数据库名命名的文件夹,数据库本身无法存储数据,要存储数据必须创建数据表,表是数据库存储数据的对象实体。没有表,数据库中的其他对象就都没有意义。

知识储备

关系数据库中的数据表是二维表格,由行和列组成。表 4.1.1 所示为教材信息表,每一行称为一条记录,描述了一本教材的基本情况;每一列称为一个字段,描述教材的某一特征。一个数据库中要包含多少张数据表,一个表应该包含几列,各个列要存放什么类型的数据,列值是否允许为空等,这些都必须事先根据项目需求来设计完成。

表 4.1.1 教材信息表

教材编号	教材名	编者	出版社	单价
221101	中国美术史	《中国美术史》编写组	高等教育出版社	73.10
221102	高等数学(第七版)(上册)	同济大学数学系	高等教育出版社	51.00
221103	数据库系统概论(第 5 版)	王珊,萨师煊	高等教育出版社	42.00

1. 数据类型

数据类型是数据的一种特征,决定数据的存储格式,代表不同的信息类型。每个列、变量、表达式和参数都有各自的数据类型。MySQL 提供了丰富的数据类型,常见的有数值类型、字符类型、日期时间类型和 JSON 类型等。

(1)数值类型

MySQL 除了支持所有标准 SQL 数值数据类型,还扩展了部分数据类型。按数值的特点,可分为存放整数的整型、存放小数的定点数和浮点数类型。

整数类型主要用来存储精确整数数字的值,是常用的数据类型之一,具体见表 4.1.2。

微课 4-1
数据类型

表 4.1.2 整数数据类型

类型	字节数	范围(有符号)	范围(无符号)	解释
TINYINT	1 字节	(−128, 127)	(0, 255)	小整数值,如年龄、学分
SMALLINT	2 字节	$(-2^{15}, 2^{15}-1)$	$(0, 2^{16}-1)$	较大整数值
MEDIUMINT	3 字节	$(-2^{23}, 2^{23}-1)$	$(0, 2^{24}-1))$	大整数值
INT 或 INTEGER	4 字节	$(-2^{31}, 2^{31}-1)$	$(0, 2^{32}-1)$	中等范围的大整数值,如距离
BIGINT	8 字节	$(-2^{63}, 2^{63}-1)$	$(0, 2^{64}-1)$	极大整数值

定点数类型和浮点数类型在 MySQL 中用来表示小数。定点数类型在数据库中存放精确

的值,指的是 DECIMAL 型(NUMERIC 和 DECIMAL 在 MySQL 中视为相同的类型)。浮点数类型在数据库中存放的是近似值,包括单精度浮点数(FLOAT)和双精度浮点数(DOUBLE)。具体见表 4.1.3。

表 4.1.3 定点数类型和浮点数类型

类型	字节数	范围(有符号)	范围(无符号)	解释
DECIMAL(M,D)	$M+2$	依赖于 M 和 D 的值	依赖于 M 和 D 的值	精确的小数值,如货币数额、价格或科学数据
FLOAT(M,D)	4 字节	(−3.402 823 466 E+38, −1.175 494 351 E−38)	0 和 (1.175 494 351 E−38, 3.402 823 466 E+38)	单精度浮点数值,如成绩、温度等较小的小数
DOUBLE(M,D)	8 字节	(−1.797 693 134 862 315 7 E+308, −2.225 073 858 507 201 4 E−308)	0,(2.225 073 858 507 201 4 E−308, 1.797 693 134 862 315 7 E+308)	双精度浮点数值,如科学数据

 说明 »»»»»

(M,D)中 M 表示可以存储的十进制数的总位数,包括小数点左边和右边的位数。D 为小数位数,表示小数点右边可以存储的十进制数的最大位数,D 大于或等于 0,小于或等于 M。

(2)字符类型

字符类型是常用的数据类型之一,字符类型的数据通常被放在一对单引号(" ")中,包括以字符个数来限定数据长度的 CHAR 和 VARCHAR、以文本方式存放数据的 TEXT、以二进制方式存放数据的 BLOB、以字节为单位存储二进制数据的 BINARY 和 VARBINARY、以枚举方式列出可能取值的数据类型 ENUM 和 SET。

1)CHAR 和 VARCHAR

CHAR 和 VARCHAR 类型类似,都以字符个数来限定数据长度,常用来存储字符串数据,如姓名、邮编、身份证号等。区别是它们保存和检索的方式不同,最大长度和是否尾部空格被保留等方面也不同。CHAR 常用来存储长度可以固定的字符串变量,如身份证号(固定 18 位)、邮编(6 位)、手机号(11 位)等,而姓名、地址这些长度无法固定的数据则使用 VARCHAR 类型。具体见表 4.1.4。

表 4.1.4 CHAR 类型和 VARCHAR 类型

类型	长度	解释
CHAR(n)	0~255	定长字符串,当数据长度达不到最大长度时,在它们右侧填充空格以达到最大长度,如身份证号(固定 18 位)、邮编(6 位)、手机号(11 位)
VARCHAR(n)	0~65 535	变长字符串,只保存需要的字符数,不进行填充。若列值的长度超过声明的长度,将对值进行裁剪以使其合适,如姓名、地址、商品名称

 说明 »»»»»

n 表示用户要保存的最大字符数。

2)TEXT

TEXT 是以文本方式存储数据,常用于存储大型的文本数据,如新闻事件、博客、产品描述等。按文本的长短，有 4 种 TEXT 类型可选，分别为 TINYTEXT、TEXT、MEDIUMTEXT 和 LONGTEXT，具体见表 4.1.5。

表 4.1.5 TEXT 类型

类型	长度	解释
TINYTEXT	0～255 个字符	短文本字符串
TEXT	0～65 535 个字符	长文本数据
MEDIUMTEXT	0～16 777 215（$2^{24}-1$）个字符	中等长度文本数据
LONGTEXT	0～4 294 967 295（$2^{32}-1$）个字符	极大文本数据

3）BLOB

BLOB 常用来存储图片、视频、音频、附件等二进制数据。按数据长度，有 4 种类型可供选择，分别为 TINYBLOB、BLOB、MEDIUMBLOB 和 LONGBLOB，具体见表 4.1.6。

表 4.1.6 BLOB 类型

类型	大小	解释
TINYBLOB	0～255 字节	不超过 255 个字节的二进制数据
BLOB	0～65 535 字节（64 KB）	二进制形式的长数据
MEDIUMBLOB	0～16 777 215 字节（16 MB）	二进制形式的中等长度数据
LONGBLOB	0～4 294 967 295 字节（4 GB）	二进制形式的极长数据

4）BINARY 和 VARBINARY

BINARY 和 VARBINARY 类似于 CHAR 和 VARCHAR，区别是它们存储的是以字节为单位的二进制数据，具体见表 4.1.7。

表 4.1.7 BINARY 类型和 VARBINARY 类型

类型	存储长度	解释
BINARY(*n*)	*n*+4 个字节	定长二进制数据，*n* 的范围为 1～255，当数据长度达不到最大长度时，不足部分以 0 填充
VARBINARY(*n*)	实际长度+4 个字节	变长二进制数据，*n* 的范围为 1～65 535，只保存需要的长度，不进行填充

说明

n 表示用户要保存的最大字节数。

5）ENUM 类型和 SET 类型

它们是特殊的字符串数据列类型，其取值范围是一个预先定义好的列表，即以枚举方式列出所有可能的列值，这些值必须是确定的，不能是表达式或变量估值，并且每一个列值都需要放在一对单引号（"）中，列值和列值之间用逗号间隔，具体见表 4.1.8。

表 4.1.8　ENUM 类型和 SET 类型

类型	解释	示例
ENUM(列值 1, 列值 2,列值 3,…)	最多定义 65 535 种不同的列值字符串，从中做出选择，只能并且必须选择其中一种	表示性别字段，可使用 ENUM 数据类型，ENUM ('男', '女')只有两种选择，要么是"男"，要么是"女"
SET(列值 1,列值 2,列值 3,…)	最多可以有 64 个列值成员，可以选择其中 0 个到不限定的多个	表示兴趣爱好的字段，要求提供多选项选择，可使用 SET 数据类型，SET('篮球', '足球', '音乐', '电影', '看书', '画画', '摄影')，表示可以选择"篮球""足球""音乐""电影""看书""画画""摄影"中的 0 项或多项

（3）日期和时间类型

MySQL 中用来存放日期和时间数据所使用的类型有 DATETIME、DATE、TIMESTAMP、TIME 和 YEAR，它们都具有固定格式和范围。具体见表 4.1.9。

表 4.1.9　时间日期类型

类型	解释	示例
DATE	日期值，范围：1000-01-01/9999-12-31	'2023-02-21'表示 2023 年 2 月 21 日
TIME	时间值	'11:20:30'表示 11 时 20 分 30 秒
YEAR	年份值，范围：1901/2155	'2023'表示 2023 年
DATETIME	日期和时间值；范围：1000-01-01 00:00:00/9999-12-31 23:59:59	'2022-12-29 23:12:40'表示 2022 年 12 月 29 日 23 时 12 分 40 秒
TIMESTAMP	时间戳，记录数据最后修改的时间，1970-01-01 00:00:00/2037 年某时	'20230715 204609'表示 2023 年 7 月 15 日 20 时 46 分 9 秒

（4）JSON 数据类型

JSON（JavaScript Object Notation）起源于 JS（JavaScript），是轻量级数据交换格式，广泛应用于互联网应用服务之间的数据交换。主要有对象和数组两种数据结构，在形式上，对象使用花括号{}括起来，数组使用中括号[]括起来。两者可以相互嵌套，对象中可以包含数组，数组中又可以包含对象，且以键值对形式出现。

1）JSON 对象

一个标准的 JSON 对象包含一组键值对，键值对之间使用逗号分隔，键与值之间用冒号分隔。其中，键名必须加双引号括起来，键值如果是字符串型，必须加双引号（"）或单引号（'）。

{"键 1":"值 1", "键 2":"值 2",…}

下面为一个 JSON 对象信息。

{ "user_id":"a001",
　"username":"李晓铭",
　"login_date":"2023-01-12 15:23:36"
}

2）JSON 数组

当需要同时存储多个 JSON 对象或标量值时，可以构造一个 JSON 数组将它们集中起来统一管理，这些值用逗号分隔。

```
[{"键 1":"值 1",…},…]
```

下面的 JSON 数组存储了 3 个 JSON 对象信息。

```
[{
        "user_id": "a001",
        "username": "李晓铭",
        "login_date": "2023-01-12 15:23:36"
    },
    {
        "user_id": "a002",
        "username": "章雪",
        "login_date": "2023-02-14 12:42:10"
    },
    {
        "user_id": "a003",
        "username": "温禾",
        "login_date": "2023-02-23 18:28:10"
    }
]
```

小知识

JSON 类型的好处在于无须预先定义好所有的列及列对应的数据类型，数据本身就具有很好的描述性，打通了关系型数据和非关系型数据存储之间的界限，可以解决许多业务中的实际问题，如描述网上商城中的用户特征画像。

2. 创建数据表

使用 CREATE TABLE 语句可以从头创建新的数据表，基本书写格式如下。

微课 4-2
创建数据表

```
CREATE [TEMPORARY] TABLE [IF NOT EXISTS] 表名
(
    列名 1  数据类型 约束,
    列名 2  数据类型 约束,
    列名 3  数据类型 约束,
    …
    列名 n  数据类型 约束
)ENGINE=存储引擎;
```

模块 3 创建数据库系统

> **说明**
> - **TEMPORARY**：使用该关键字表示创建临时表。不加该关键字的表称为持久表。
> - **IF NOT EXISTS**：在创建表前加上一个判断，只有当该表不存在时才执行 CREATE TABLE 操作。使用该选项可避免出现表已经存在而无法再新建的错误。
> - **表名**：要创建的表名，表名必须符合标识符规则。
> - **列名**：表中列的名字。列名必须符合标识符规则，长度不能超过 64 个字符，且在表中要唯一。如果有 MySQL 保留字，则必须用单引号括起来。
> - **数据类型**：列的数据类型，有的数据类型需要指明长度 n，并用括号括起来。
> - **约束**：包括非空约束、默认值约束、主键约束、唯一性约束、外键约束、CHECK 约束等。
> - **存储引擎**：MySQL 8.0 中默认的存储引擎为 InnoDB，通常可以省略。

【**示例 4.1.1**】 在数据库 db_eshop_backup 中创建不带任何约束的商品类型表 category。

① 打开 Navicat，连接 MySQL 服务器，进入 Navicat Premium 主界面，双击打开要操作的数据库 db_eshop_backup，若已经被删除，则先新建一个同名数据库 db_eshop_backup，单击工具栏中的"新建查询"图标，右侧将出现"查询"窗口，在代码编辑区域输入如下 SQL 语句。

```
CREATE TABLE category
(
    category_id int COMMENT '商品类型编号',
    category_name varchar(20) COMMENT '商品类型名称',
    category_desc varchar(40) COMMENT '商品类型描述'
)ENGINE=InnoDB DEFAULT CHARSET=utf8mb4 COLLATE= utf8mb4_general_ci;
```

> **分析：**
> 在上述代码中，"COMMENT '商品类型编号'"表示对 category_id 字段增加注释"商品类型编号"，其他字段出现的 COMMENT 作用类似。ENGINE=InnoDB 表示采用的存储引擎是 InnoDB，InnoDB 是 MySQL 8.0 默认的存储引擎，所以 ENGINE=InnoDB 可以省略。DEFAULT CHARSET=utf8mb4 表示数据表采用的字符集是 utf8mb4，若没有设置，则使用服务器字符集。COLLATE=utf8mb4_general_ci 为字符集 utf8mb4 采用的校对规则，若没有设置，则使用服务器校对规则。

② 单击"查询"窗口工具栏中的"运行"图标，如图 4.1.1 所示。

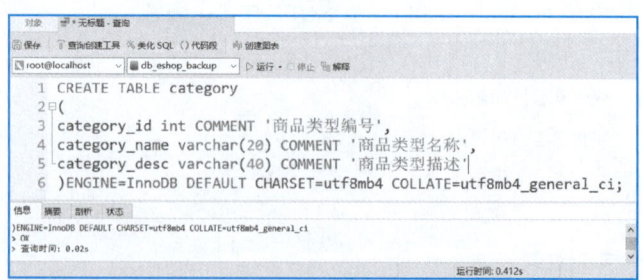

图 4.1.1
创建 category 表

③ 回到 Navicat Premium 主界面，选中数据库 db_eshop_backup 下的"表"，右击，在弹

出的快捷菜单中选择"刷新"命令，则在"连接"列表框右侧的空白区域出现 category，表示表创建完成，如图 4.1.2 所示。

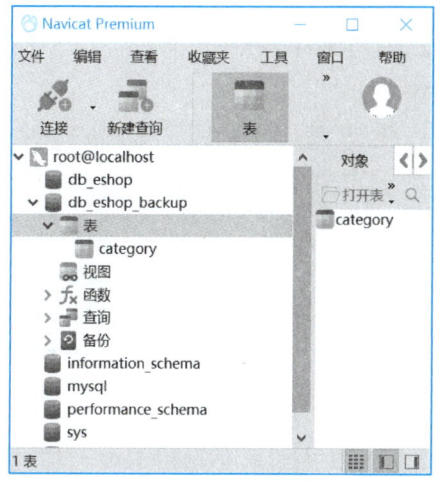

图 4.1.2
创建 category 表运行结果

【示例 4.1.2】 在数据库 db_eshop_backup 中创建用户登录信息存储表 userlogin。

```
USE db_eshop_backup;
CREATE TABLE userlogin
(
    userId INT NOT NULL PRIMARY KEY,
    logininfo JSON
)DEFAULT CHARSET=utf8mb4 COLLATE=utf8mb4_general_ci;
```

分析：
上述代码中，logininfo 列的数据类型为 JSON 类型。

素养小课堂

使用 SQL 语句创建数据表必须严格遵守 CREATE TABLE 语句的语法，关键字书写错误、多了逗号或少了空格都可能导致代码无法运行。因此在编写代码时，必须认真书写每一个关键字、字段名甚至标点符号，一丝不苟地对待每一段代码，这样才能高效地完成工作任务。我们在以后的学习和工作中也理应如此，认真对待每一个工作任务，一丝不苟地完成，在不断的项目实践中提升自我、完善自我。

3. 约束

约束是指存入数据表中数据列的取值所必须遵守的规则。当录入数据时，只有符合条件的值才会被接受。

（1）非空约束（NOT NULL）

设置了非空约束的列，表明该列的取值不允许为空。在创建表时，使用 NOT NULL 来指定。

【示例 4.1.3】 在数据库 db_eshop_backup 中创建商品类型表 category 1。

微课 4-3
创建非空约束

```
CREATE TABLE category1
(
    category_id int NOT NULL,
    category_name varchar(20) NOT NULL,
    category_desc varchar(40)
)DEFAULT CHARSET=utf8mb4 COLLATE=utf8mb4_general_ci;
```

分析：
① 空值通常表示未知、不可用或将在以后添加的数据。空值不能与数值数据 0 或字符数据类型的空字符混为一谈。任何两个空值都不相等。
② NOT NULL 表示该列的取值不能为空，没有设置，则表示该列的取值允许空值出现。

微课 4-4
创建唯一约束

（2）唯一约束（UNIQUE）

设置了唯一约束的列，在任何时候其取值都必须是唯一的，即在一个表中该列的任何两行都不能有相同的列值。如果该列允许 NULL 值，则 NULL 值只能出现一次。通常用它来实施数据的唯一性，一个表中可以为多个列设置唯一约束。

【示例 4.1.4】 在数据库 db_eshop_backup 中创建商品类型表 category2。

```
CREATE TABLE category2
(
    category_id int NOT NULL,
    category_name varchar(20) UNIQUE NOT NULL,
    category_desc varchar(40)
)DEFAULT CHARSET=utf8mb4 COLLATE=utf8mb4_general_ci;
```

分析：
列 category_name 设置了唯一约束，表示该列的取值不能有重复值。

微课 4-5
创建主键约束

（3）主键约束

定义主键约束可以唯一标识表中的每行记录。它与唯一约束类似，要求列的取值不重复，但其要求更严格，列的取值不允许为空，且一张表只能有一个主键约束。

可以使用以下两种方式定义主键约束。
① 在列定义时加上关键字 PRIMARY KEY，这种方式定义的约束称为列的完整性约束。
② 在语句最后加上一条 PRIMARY KEY(col_name,…)语句，该约束称为表的完整性约束。

【示例 4.1.5】 在数据库 db_eshop_backup 中创建表 category3，将商品类型编号 category_id 定义为主键。

```
CREATE TABLE category3
(
    category_id int NOT NULL PRIMARY KEY,
```

```
        category_name varchar(20) UNIQUE NOT NULL,
        category_desc varchar(40)
    )DEFAULT CHARSET=utf8mb4 COLLATE=utf8mb4_general_ci;
```

当表中的主键为复合主键时，即定义为主键约束的列包含多列时，主键约束只能定义为表的完整性约束。

【示例 4.1.6】 在数据库 db_eshop_backup 中创建订单明细表来记录每张订单的详细情况，包括订单编号、商品编号、订购数量，其中订单编号、商品编号构成复合主键。

```
CREATE TABLE order_item
(
        order_id int NOT NULL,
        goods_id int NOT NULL,
        order_number int,
        PRIMARY KEY (order_id,goods_id)
) DEFAULT CHARSET=utf8mb4 COLLATE=utf8mb4_general_ci;
```

分析：
这里订单明细表中订单编号和商品编号联合起来作为主键。如果作为主键一部分的列没有定义为 NOT NULL，MySQL 就自动将这个列定义为 NOT NULL，但是为了清楚起见，空值指定不省略。

（4）外键约束

定义外键约束主要用于建立表与表之间的联系，当一张表的列在另一张表中被引用时，就在这两张表之间建立了联系。被引用的数据表称为主表，被引用的数据列为主键或建立了唯一约束；引用数据的表为从表，引用数据的列为外键。本书举例所用的 db_eshop 数据库中，表和表之间是存在关联的。例如，只有商品表 goods 中存在的商品才可以被用户订购，因此，在订单明细表 order_item 中出现的商品必须是 goods 中存在的商品，即存储在 order_item 中的所有商品编号必须存在于 goods 的商品编号列中。这里的 goods（商品表）为主表，也称为被参照表或父表，goods_id（商品编号）为该表的主键，order_item（订单明细表）为从表，也称为参照表或子表，goods_id 在该表中是外键。通过这种方式来保证各张数据表中数据的一致性和正确性。在从表中定义外键约束的基本书写格式如下。

微课 4-6
创建外键约束

```
FOREIGN KEY(从表中的外键)
REFERENCES  主表的表名(主表中被参照的列名[|(长度)][(ASC|DESC)],…)
    [ON DELETE {RESTRICT|CASCADE|SET NULL|NO ACTION}]
    [ON UPDATE {RESTRICT|CASCADE|SET NULL|NO ACTION}]
```

- 从表中的外键：从表中参照列的列名。该列的所有列值在被参照列中必须全部存在。从表即参照表或子表。
- 主表：被参照的表名。

- ON DELETE|ON UPDATE：可以为每个外键定义参照动作。参照动作包含两部分，第 1 部分指定该参照动作应用哪一条语句，这里有两条相关的语句，即 UPDATE 和 DELETE 语句；第 2 部分指定采取哪个动作，可能采取的动作是 RESTRICT、CASCADE、SET NULL、NO ACTION 和 SET DEFAULT。
- RESTRICT：当要删除或更新主表中被参照列的外键中出现的值时，拒绝对主表进行删除或更新操作。
- CASCADE：当从主表删除或更新行时自动删除或更新从表中匹配的行。
- SET NULL：当从主表删除或更新行时，设置从表中与之对应的外键列值为 NULL。如果外键列没有指定 NOT NULL 限定词，就是合法的。
- NO ACTION：表示不采取行动，即如果有一个相关的外键值在被参照表中，删除或更新主表中对应的键值将不被允许，和 RESTRICT 一样。
- SET DEFAULT：作用和 SET NULL 一样，只不过 SET DEFAULT 是指定从表中的外键列值为默认值。
- 如果没有指定动作，两个参照动作就会默认使用 RESTRICT。

【示例 4.1.7】 在数据库 db_eshop_backup 中创建表 goods，字段包括商品编号、商品名称、商品类型编号，要求 goods 表中字段商品类型编号都必须来源于表 category3，实现主外键关联。参照动作为 RESTRICT。

```
CREATE TABLE goods
(
    goods_id int NOT NULL PRIMARY KEY,
    goods_name varchar(60) UNIQUE NOT NULL,
    category_id int,
    FOREIGN KEY(category_id)
        REFERENCES category3(category_id)
        ON DELETE RESTRICT
        ON UPDATE RESTRICT
)DEFAULT CHARSET=utf8mb4 COLLATE=utf8mb4_general_ci;
```

分析：

① 在上述语句中，定义外键的作用是：对插入到 goods 表中的每一个商品类型编号，都执行一次检查，查看这个编号是否在 category3 的商品类型编号列（主键）中出现过。出现过则接受更新，否则将收到一条出错消息，拒绝更新数据。这样可以确保插入外键中的每一个非空值都已经在被参照表中出现过。这也适用于使用 UPDATE 语句更新 goods 中的商品类型编号列值，确保了 goods 表中商品类型编号列的内容总是 category3 中商品类型编号列值的一个子集。也就是说，下面的 SELECT 语句不会返回任何行。

```
SELECT *
FROM goods
WHERE category_id   NOT IN( SELECT category_id FROM category3 );
```

② 上述语句，也确保了当删除或修改 category3 的商品类型编号列值时，如果该列值在参照表 goods 中的商品类型编号（外键）列也存在时，拒绝删除或修改。

【示例 4.1.8】 在数据库 db_eshop_backup 中创建带有参照动作 CASCADE 的表 order_item。

```
DROP TABLE IF EXISTS order_item;
CREATE TABLE order_item
(
        order_id int NOT NULL,
        goods_id int NOT NULL,
        order_number int DEFAULT NULL,
        PRIMARY KEY (order_id,goods_id)
        CONSTRAINT FK_goods_id FOREIGN KEY(goods_id)
                REFERENCES goods(goods_id)
                ON DELETE CASCADE
                ON UPDATE CASCADE
)DEFAULT CHARSET=utf8mb4 COLLATE=utf8mb4_general_ci;
```

分析:

第一条 DROP TABLE 语句作用为: 如果已存在表 order_item, 则先将其删除。

参照动作 CASCADE 的作用是在主表更新时, 从表产生连锁更新动作。当 goods 中有一条记录行的商品编号, 原值是为 3, 修改为 53, 则 order_item 中的商品编号列为 3 的值也相应改为 53。如果参照动作为 ON DELETE SET NULL, 则表示如果删除了 goods 中商品编号为 3 的一行记录, 则同时将 order_item 中所有商品编号为 3 的列值改为 NULL, 前提是该列允许存储 NULL 值。

小知识

当指定外键时, 需遵循以下规则。

① 被参照表必须已经创建, 或者必须是当前正在创建的表。后者是指参照表是同一张表。
② 必须为被参照表定义主键。
③ 必须在被参照表的表名后面指定列名 (或列的组合)。这个列 (或列的组合) 必须是这张表的主键或者被定义了唯一约束。
④ 外键中列的数目必须和被参照表中被参照列的数目相同。
⑤ 外键中列的数据类型必须和被参照表中被参照列的数据类型对应相同。

(5) 默认值约束

设置默认值约束, 是当用户向数据表中插入数据行时, 如果没有输入值或不允许为列输入值时, 由 MySQL 自动为该列赋予默认值。

【示例 4.1.9】 在数据库 db_eshop_backup 中创建表 category4, 要求"商品类型描述"字段的默认值为"家用电器"。

微课 4-7
创建默认值约束

```
CREATE TABLE category4
(
    category_id int NOT NULL PRIMARY KEY,
    category_name varchar(20) UNIQUE NOT NULL,
    category_desc varchar(40) DEFAULT '家用电器'
)DEFAULT CHARSET=utf8mb4 COLLATE=utf8mb4_general_ci;
```

分析：

商品类型描述列 category_desc 设置了默认值为"家用电器"，即用户向表 category4 插入数据时，如果没有给出商品类型描述，将给该列赋予默认值"家用电器"。

微课 4-8
创建 CHECK 约束

（6）CHECK 约束

CHECK 约束用来检查输入数据的取值是否满足约束条件，只有满足条件的值才接受。

【示例 4.1.10】 在数据库 db_eshop_backup 中创建表 orders，要求输入的订单状态（order_status）只能是 0 或 1（0 表示未处理，1 表示已处理）。

```
CREATE TABLE orders
(
    order_id INT NOT NULL AUTO_INCREMENT PRIMARY KEY,
    user_id INT,
    order_date DATETIME,
    order_status CHAR(1) CHECK(order_status='0' or order_status='1')
)DEFAULT CHARSET=utf8mb4 COLLATE=utf8mb4_general_ci;
```

分析：

① CHECK 约束将确保 orders 中的订单状态（order_status）列只出现 0 或 1 两种值。

② 列 order_id 后修饰有 AUTO_INCREMENT，表示该列具有自增属性，即列值将在该列的最大值基础上加 1，只有整型列才能设置该属性。

素养小课堂

数据完整性是指数据的精确性和可靠性，它是防止数据库中出现不符合语义的数据或错误的输入/输出数据而提出的。数据库采用多种方法来保证数据的完整性，约束就是其中一种行之有效的方法。它是指存入数据表中数据列的取值所必须遵守的规则，当录入、修改数据时，只有符合规则才会被接受。

对比到我们的学习、工作和生活中，"约束"无处不在。马路上"红绿灯"约束，保障我们的人、车有序通行；候车大厅里安全检查的有序排队"约束"让安保工作开展得更为顺利；车间里工人按照操作规程"约束"来开展工作，确保生产的正常进行。在学校学习，学校有相应的规章制度来约束我们的行为，违反校纪校规时，就会受到相应的惩罚。开始工作后，工作单位也会有相应的规章制度、工作规程，我们必须遵守。作为合格的公民，自觉遵守国家制定的法律法规，也是我们应尽的义务。增强"约束"意识，学会为自己的行为负责，成为更好的自己。

微课 4-9
创建 db_eshop 数据库中的数据表

 任务实施

根据对家电商城数据库的设计，对数据表的详细设计如下。

将商品类型表的表名定义为 category，其详细设计见表 4.1.10。

表 4.1.10 category 表

列名	数据类型	长度	是否允许为空	备注
category_id	INT		NOT NULL	商品类型编号，主键，自动增长
category_name	VARCHAR	20	NOT NULL	商品类型名称，唯一约束
category_desc	VARCHAR	40	NULL	商品类型描述

将用户表的表名定义为 users，其详细设计见表 4.1.11。

企业案例 4
创建智慧酒店管理
系统自助一体机
模块数据表

表 4.1.11　users 表

列名	数据类型	长度	是否允许为空	备注
user_id	INT		NOT NULL	用户编号，主键，自动增长
user_name	VARCHAR	20	NOT NULL	用户名，唯一约束
password	CHAR	8	NOT NULL	密码
address	VARCHAR	40	NOT NULL	用户地址
phone	CHAR	11	NOT NULL	联系电话
birthday	DATE	0	NULL	出生日期
email	VARCHAR	20	NULL	电子邮箱

将商品表的表名定义为 goods，其详细设计见表 4.1.12。

表 4.1.12　goods 表

列名	数据类型	长度	是否允许为空	备注
goods_id	INT		NOT NULL	商品编号，主键，自动增长
good_name	VARCHAR	60	NOT NULL	商品名称
goods_model	VARCHAR	30	NOT NULL	商品型号
category_id	INT		NOT NULL	商品类型编号，外键
goods_desc	VARCHAR	200	NULL	商品描述
stock_number	INT		NOT NULL	库存数量
goods_price	DECIMAL	(10,2)	NOT NULL	商品价格

将订单表的表名定义为 orders，其详细设计见表 4.1.13。

表 4.1.13　orders 表

列名	数据类型	长度	是否允许为空	备注
order_id	INT		NOT NULL	订单编号，主键，自动增长
user_id	INT		NOT NULL	用户编号，外键
order_date	DATETIME		NOT NULL	订购时间
total_price	DECIMAL	(10,2)	NOT NULL	订购总金额
order_status	CHAR	1	NOT NULL	订单状态，0 表示未审核，1 表示已审核，默认值为 0

将订单明细表的表名定义为 order_item，其详细设计见表 4.1.14。

表 4.1.14　order_item 表

列名	数据类型	长度	是否允许为空	备注	
order_id	INT		NOT NULL	订单编号，外键	主键
goods_id	INT		NOT NULL	商品编号，外键	
order_number	INT		NOT NULL	订购数量	

将管理员表的表名定义为 admin，该表的作用是实现网上商城系统的网站管理，其详细设计见表 4.1.15。

表 4.1.15 admin 表

列名	数据类型	长度	是否允许为空	备注
admin_id	INT		NOT NULL	管理员编号，主键，自动增长
admin_name	VARCHAR	15	NOT NULL	管理员名
admin_pwd	VARCHAR	15	NOT NULL	管理员密码

【任务 4.1.1】 使用 SQL 语句删除服务器中建好的数据库 db_eshop，再次新建该数据库，此时 db_eshop 是一个全新的数据库，在该数据库中创建如表 4.1.10 所示的商品类型表 category。

```
DROP DTATABASE IF EXISTS db_eshop;

CREATE DATABASE IF NOT EXISTS db_eshop
    DEFAULT CHARACTER SET utf8mb4
    DEFAULT COLLATE utf8mb4_general_ci;

CREATE TABLE category
(
    category_id int NOT NULL AUTO_INCREMENT,
    category_name varchar(20) UNIQUE NOT NULL,
    category_desc varchar(40) DEFAULT NULL,
    PRIMARY KEY(category_id)
)DEFAULT CHARSET=utf8mb4 COLLATE=utf8mb4_general_ci;
```

【任务 4.1.2】 使用 SQL 语句在数据库 db_eshop 中创建如表 4.1.11 所示的用户表 users。

```
CREATE TABLE users
(
    user_id int NOT NULL AUTO_INCREMENT PRIMARY KEY,
    user_name varchar(20) UNIQUE NOT NULL,
    password char(8) NOT NULL,
    address varchar(40) NOT NULL,
    phone char(11) NOT NULL,
    birthday date,
    email varchar(20)
)DEFAULT CHARSET=utf8mb4 COLLATE=utf8mb4_general_ci;
```

【任务 4.1.3】 使用 SQL 语句在数据库 db_eshop 中创建如表 4.1.12 所示的商品表 goods。

```
CREATE TABLE goods
(
```

```
    goods_id int NOT NULL AUTO_INCREMENT,
    goods_name varchar(60) NOT NULL,
    goods_model varchar(30) NOT NULL,
    category_id int NOT NULL,
    goods_desc varchar(200) DEFAULT NULL,
    stock_number int NOT NULL,
    goods_price decimal(10,2) NOT NULL,
    PRIMARY KEY(goods_id),
    FOREIGN KEY(category_id)
        REFERENCES category(category_id)
            ON DELETE CASCADE
            ON UPDATE CASCADE
)DEFAULT CHARSET=utf8mb4 COLLATE=utf8mb4_general_ci;
```

【任务 4.1.4】 使用 SQL 语句在数据库 db_eshop 中创建如表 4.1.13 所示的订单表 orders。

```
CREATE TABLE orders
(
    order_id int NOT NULL AUTO_INCREMENT,
    user_id int NOT NULL,
    order_date datetime NOT NULL,
    total_price decimal(10,2) DEFAULT NULL,
    order_status char(1) DEFAULT '0' CHECK(order_status='0' or order_status='1'),
    PRIMARY KEY(order_id),
    CONSTRAINT FK_userid FOREIGN KEY(user_id)
        REFERENCES users(user_id)
)DEFAULT CHARSET=utf8mb4 COLLATE=utf8mb4_general_ci;
```

【任务 4.1.5】 使用 SQL 语句在数据库 db_eshop 中创建如表 4.1.14 所示的订单明细表 order_item。

```
CREATE TABLE order_item
(
    order_id int NOT NULL,
    goods_id int NOT NULL,
    order_number int NOT NULL,
    PRIMARY KEY(goods_id,order_id),
    CONSTRAINT FK_order_id FOREIGN KEY(order_id) REFERENCES orders(order_id),
    CONSTRAINT FK_goods_id FOREIGN KEY(goods_id) REFERENCES goods(goods_id)
    ON DELETE CASCADE
    ON UPDATE CASCADE
)DEFAULT CHARSET=utf8mb4 COLLATE=utf8mb4_general_ci;
```

【任务 4.1.6】 使用 SQL 语句在数据库 db_eshop 中创建如表 4.1.15 所示的管理员表 admin。

```
CREATE TABLE admin
(
    admin_id int NOT NULL AUTO_INCREMENT,
    admin_name varchar(15) NOT NULL,
    admin_pwd varchar(15) NOT NULL,
    PRIMARY KEY(admin_id)
)DEFAULT CHARSET=utf8mb4 COLLATE=utf8mb4_general_ci;
```

任务拓展

复制表

当需要建立的数据表与已有的数据表结构相同时，可以采用复制表的方法复制现有数据表的结构，也可以复制表的结构和数据。基本书写格式如下。

```
CREATE TABLE [IF NOT EXISTS] 新表名
    [LIKE 参照表名]
    |[AS (SELECT 语句)]
```

 说明 »»»»»»

- 使用 LIKE 关键字创建一个与参照表名相同结构的新表，列名、数据类型、空指定和索引也复制，但是表的内容不会复制，因此创建的新表是一个空表。
- 使用 AS 关键字可以复制表的内容，但索引和完整性约束是不会复制的。SELECT 语句表示一个表达式，如可以是一条 SELECT 语句。

【拓展 4.1.1】在数据库 db_eshop 中，用复制的方式创建一个名为 goods_copy1 的表，表结构直接取自 goods 表，另外再创建一个名为 goods_copy2 的表，其结构和内容（数据）都取自 goods 表。

① 创建 goods_copy1 表。

```
CREATE TABLE goods_copy1 LIKE goods;
```

② 创建 goods_copy2 表。

```
CREATE TABLE goods_copy2
    AS (SELECT * FROM goods);
```

任务 4.2　管理数据表

 任务分析

数据表创建后，想要查看是否符合设计要求，可以进行数据表的查看。若不符合，可对

它进行修改或删除。

知识储备

1. 查看表

（1）显示数据表名称

创建数据表后，可以使用 SHOW TABLES 查询当前数据库中所有数据表的名称。

```
USE 数据库名;
SHOW TABLES;
```

微课 4-10
查看数据表

【示例 4.2.1】 查看 db_eshop_backup 数据库中数据表的情况。

```
USE db_eshop_backup;
SHOW TABLES;
```

（2）显示数据表结构

DESCRIBE 语句用于显示表中各列的信息，其运行结果等同于 SHOW columns FROM 语句。语法格式如下。

```
{DESCRIBE|DESC} 表名 [列名|通配符]
```

 说明 »»»»»

- DESCRIBE|DESC：DESC 是 DESCRIBE 的简写，两者用法相同。
- 列名|通配符：可以是一个列名称，或一个包含%和_通配符的字符串，用于获得名称与给出字符串相匹配的各列的输出。没有必要在引号中包含字符串，除非其中包含空格或其他特殊字符。

【示例 4.2.2】 用 DESC 语句查看 goods 表中列的信息。

```
DESC goods;
```

运行结果如图 4.2.1 所示。

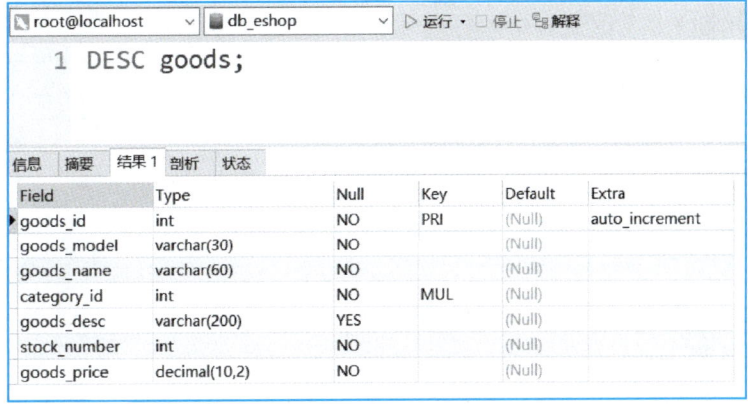

图 4.2.1
示例 4.2.2 的运行结果

微课 4-11
修改数据表 —— 修改列

2. 修改表

如果创建的表不符合要求，可以使用 ALTER TABLE 语句修改表。

① 使用 ALTER TABLE 语句为表新增数据列，基本书写格式如下。

> ALTER [IGNORE] TABLE 表名 ADD 新增列的列名 数据类型 [FIRST|AFTER 参照列的列名]

说明 »»»»»»

- IGNORE：是 MySQL 相对于标准 SQL 的扩展。若在修改后的新表中存在重复关键字，如果没有指定 IGNORE，当重复关键字错误发生时，操作失败。如果指定了 IGNORE，则对于有重复关键字的行只使用第一行，其他有冲突的行被删除。
- FIRST|AFTER 参照列的列名：表示新增列添加到参照列的前面或后面，如果不指定，则添加到最后。

【示例 4.2.3】在数据库 db_eshop_backup 中先使用 CREATE TABLE 语句创建 goods_ref 表，其中包含以下列：商品编号、商品名称、商品类型编号、商品描述、库存数量；然后通过修改表的方式在 "商品名称（goods_name）" 列后面增加新列 "最低库存（min_stock）"，数据类型为 INT；在所有列的后面增加 "商品价格（price）" 列，该列的数据类型为 FLOAT。

```
CREATE TABLE goods_ref
(
    goods_id int NOT NULL,
    goods_name varchar(60) NOT NULL,
    category_id int NOT NULL,
    goods_desc varchar(200) DEFAULT NULL,
    stock_number int NOT NULL
)DEFAULT CHARSET=utf8mb4 COLLATE=utf8mb4_general_ci;

ALTER TABLE goods_ref
    ADD min_stock INT AFTER goods_name,
    ADD price FLOAT;
```

② 使用 ALTER TABLE 语句为表删除数据列，基本书写格式如下。

> ALTER [IGNORE] TABLE 表 DROP [COLUMN] 列名

说明 »»»»»»

列名即为要删除列的列名。

【示例 4.2.4】修改数据库 db_eshop_backup 中的 goods_ref 表，删除其中的 "最低库存（min_stock）" 列。

```
ALTER TABLE goods_ref
    DROP min_stock;
```

③ 使用 ALTER TABLE 语句修改表中列的数据类型，基本书写格式如下。

```
ALTER [IGNORE] TABLE  表名
    MODIFY [COLUMN] 列定义 [FIRST|AFTER 列名]        /*修改列类型*/
```

【示例 4.2.5】 修改数据库 db_eshop_backup 中的 goods_ref 表，将"商品价格（price）"列的数据类型修改为 INT。

```
ALTER TABLE goods_ref
    MODIFY price INT;
```

④ 使用 ALTER TABLE 语句为表中的列重命名，基本书写格式如下。

```
ALTER   [IGNORE] TABLE  表名
    CHANGE [COLUMN] 旧列名 列定义 [FIRST|AFTER 列名]    /*对列重命名*/
```

【示例 4.2.6】 修改数据库 db_eshop_backup 中的 goods_ref 表，将"商品价格"字段名 price 修改为 goods_price，数据类型修改为 DECIMAL。

```
ALTER TABLE goods_ref
    CHANGE COLUMN price goods_price DECIMAL(10,2);
```

⑤ 使用 ALTER TABLE 语句设置表中某列非空（非空约束），基本书写格式如下。

```
ALTER   [IGNORE] TABLE 表名 MODIFY 列名 数据类型 NOT NULL;
```

【示例 4.2.7】 修改数据库 db_eshop_backup 中的 goods_ref 表，设置"商品价格"列非空。

```
ALTER TABLE goods_ref
    MODIFY goods_price DECIMAL(10,2) NOT NULL;
```

微课 4-12
修改数据表——
管理约束

⑥ 使用 ALTER TABLE 语句为表添加唯一约束，基本书写格式如下。

```
ALTER TABLE 表名 ADD [CONSTRAINT] 约束名 UNIQUE KEY(列名);
```

【示例 4.2.8】 修改数据库 db_eshop_backup 中的 goods_ref 表，为"商品名称"列设置唯一约束。

```
ALTER TABLE goods_ref
    ADD CONSTRAINT UN_name UNIQUE KEY(goods_name);
```

分析：
CONSTRAINT 为约束关键字，UN_name 为约束名。

⑦ 使用 ALTER TABLE 语句为表添加主键约束，基本书写格式如下。

ALTER TABLE 表名 ADD [CONSTRAINT] 约束名 PRIMARY KEY (列名);

【示例 4.2.9】修改数据库 db_eshop_backup 中的 goods_ref 表，为该表添加主键 (goods_id)。

ALTER TABLE goods_ref
    ADD CONSTRAINT PK_goods_id PRIMARY KEY(goods_id);

⑧ 使用 ALTER TABLE 语句为表添加外键约束，基本书写格式如下。

ALTER TABLE 表名 ADD [CONSTRAINT] 约束名 FOREIGN KEY (列名) reference_definition;

【示例 4.2.10】修改数据库 db_eshop_backup 中的 goods_ref 表，为其中的 category_id 建立外键约束，它参照 category3 中 category_id 列，参照动作为 CASCADE。

ALTER TABLE goods_ref
    ADD CONSTRAINT FK_category_id FOREIGN KEY(category_id)
    REFERENCES category3(category_id)
      ON DELETE CASCADE
      ON UPDATE CASCADE;

⑨ 使用 ALTER TABLE 语句为表中的列添加默认值约束，基本书写格式如下。

ALTER TABLE 表名 ALTER 列名 SET DEFAULT 默认值;

【示例 4.2.11】修改数据库 db_eshop_backup 中的 goods_ref 表，为"商品描述"列设置默认值为"品牌家用电器，放心选购"。

ALTER TABLE goods_ref
    ALTER goods_desc SET DEFAULT '品牌家用电器，放心选购';

⑩ 使用 ALTER TABLE 语句为表中的列添加 CHECK 约束，基本书写格式如下。

ALTER TABLE 表名 ADD [CONSTRAINT] 约束名 CHECK(条件表达式);

【示例 4.2.12】修改数据库 db_eshop_backup 中的 goods_ref 表，要求输入的商品价格必须大于或等于 0。

ALTER TABLE goods_ref
    ADD CONSTRAINT CK_price CHECK(goods_price>=0);

⑪ 使用 ALTER TABLE 语句删除表中的约束。

【示例 4.2.13】修改数据库 db_eshop_backup 中的 goods_ref 表，删除"商品名称"列的唯一约束 UN_name。

ALTER TABLE goods_ref
    DROP INDEX UN_name;

> **分析：**
> 唯一约束在 MySQL 中的体现就是为该列建立索引，因此删除唯一约束实际上是删除索引。

3. 修改表名

可以直接用 RENAME TABLE 语句更改表的名字。基本书写格式如下。

```
RENAME TABLE 旧表名 1 TO 新表名 1
    [,旧表名 2 TO 新表名 2] …
```

【示例 4.2.14】 将数据库 db_eshop_backup 中的 goods_ref 表重命名为 goods_copy3。

```
RENAME TABLE goods_ref TO goods_copy3;
```

4. 删除表

删除数据表，可以使用 DROP TABLE 语句。基本书写格式如下。

```
DROP TABLE [IF EXISTS] 表名 1 [,表名 2] …
```

微课 4-13
删除数据表

> **说明**
> - 表名：要删除的数据表的表名。
> - IF EXISTS：避免要删除的表不存在时，出现错误信息。

【示例 4.2.15】 删除数据库 db_eshop_backup 中的表 goods_copy3。

```
DROP TABLE goods_copy3;
```

> **分析：**
> 上述命令将表 goods_copy3 的描述、完整性约束、索引及相关的权限等一并删除。

任务实施

【任务 4.2.1】 修改 db_eshop 数据库中的 orders 表，设置用户下单时间（order_date）字段默认为系统当前时间。

```
ALTER TABLE orders
    MODIFY COLUMN order_date datetime DEFAULT now();
```

任务拓展

使用 Navicat 图形管理工具实现数据表的创建

【拓展 4.2.1】 在数据库 db_eshop_backup1 中创建商品表 goods。
步骤如下。
① 打开 Navicat，连接 MySQL 服务器，进入 Navicat Premium 主界面，展开"连接"列

表框中的连接名，双击打开要操作的数据库 db_eshop_backup1，选中"表"，右击，在快捷菜单中选择"新建表"命令，如图 4.2.2 所示，新建表界面如图 4.2.3 所示。

图 4.2.2
选择"新建表"命令

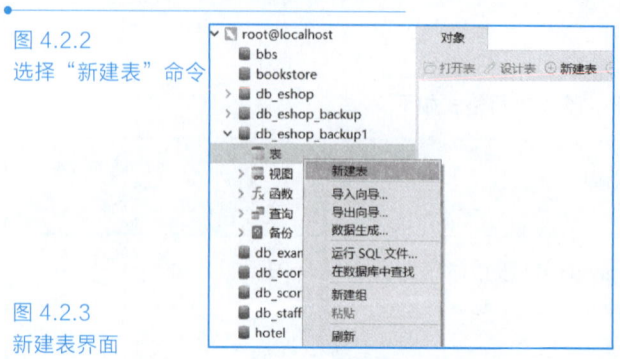

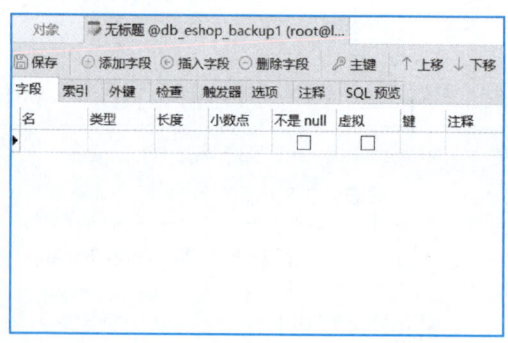

图 4.2.3
新建表界面

② 在新建表界面中对列的属性进行设置，一列即一个字段，"名"即列名，"类型"为列的数据类型，"长度"为该列数据值最多容纳的长度，"注释"为列的说明，"默认"即默认值，"字符集"为列所采用的字符集，"排序规则"为对应的校对规则。每设置完一个字段，单击工具栏中的"添加字段"按钮即可新增一列，单击"插入字段"按钮即可在指定列的后面插入一列，而单击"删除字段"按钮则可删除不需要的列。新建的数据表 goods 如图 4.2.4 所示，新建的数据表 category 如图 4.2.5 所示。

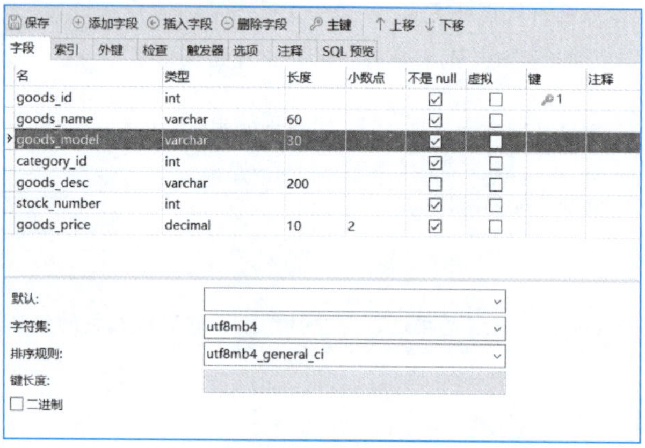

图 4.2.4
新建数据表 goods

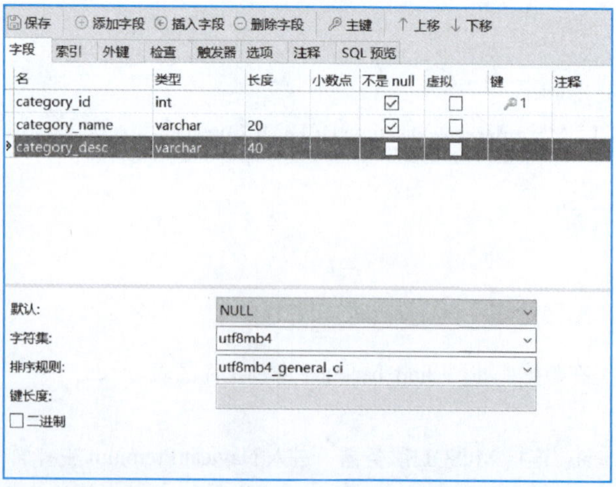

图 4.2.5
新建数据表 category

③ 切换到"外键"选项卡，可为数据表添加外键。"名"为外键名，"字段"为设置外键的列，"被引用的模式"为被参照表所在的数据库，"被引用的表（父）"为被参照的数据表，"被引用的字段"为被参照的数据列，"删除时"和"更新时"为设置参考动作，goods 表中的 category_id 列参照了 category 表中的 category_id 列，如图 4.2.6 所示。

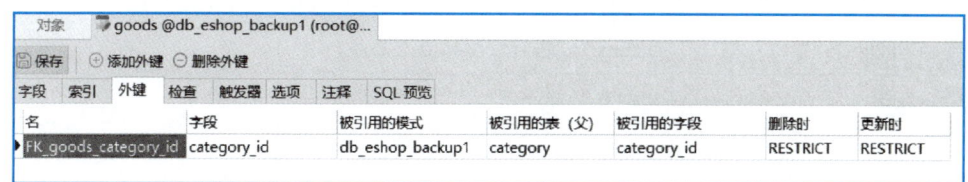

图 4.2.6
为数据表设置外键

④ 当所有的设置完成后，单击工具栏中的"保存"按钮完成数据表的创建与设置。

———————————— 任 务 小 结 ————————————

① MySQL 中的数据类型。
② 使用 CREATE TABLE 命令创建表。
③ 使用 SHOW TABLES 命令查询当前数据库中已创建表的名称。
④ 使用 DESCRIBE 命令用于显示表中各列的信息。
⑤ 使用 ALTER TABLE 命令修改表。
⑥ 使用 DROP TABLE 命令删除表。
⑦ 创建主键约束。
⑧ 创建唯一约束。
⑨ 创建外键约束。
⑩ 创建非空约束。
⑪ 创建默认值约束。
⑫ 创建 CHECK 约束。

———————————— 课 堂 实 训 ————————————

【实训目的】

① 掌握 MySQL 的各种数据类型。
② 掌握使用 SQL 命令创建表的方法。
③ 掌握使用 SQL 命令管理表的方法。
④ 掌握使用 SQL 命令创建和管理约束的方法。

【实训内容】

① 根据学生成绩管理数据库的关系模式与 E-R 图设计，分析出学生成绩管理数据库中包括学生表、课程表、成绩表，各数据表的具体结构见表 4.3.1～表 4.3.3。

表 4.3.1　学生表（T_student）

编号	字段名称	字段类型	字段意义	备注
1	stuId	char(10)	学号	主键
2	stuName	varchar(25)	学生姓名	非空
3	birthday	datetime	出生日期	
4	sex	char(2)	性别	
5	major	varchar(30)	专业	非空
6	phone	varchar(11)	电话号码	
7	address	varchar(50)	地址	

表 4.3.2　课程表（T_course）

编号	字段名称	字段类型	字段意义	备注
1	courseId	int	课程ID	主键，自增
2	courseName	varchar(25)	课程名称	非空
3	classHour	int	课时数	非空
4	credit	int	学分	非空
5	term	int	开课学期	非空

表 4.3.3　成绩表（T_score）

编号	字段名称	字段类型	字段意义	备注
1	stuId	char(10)	学号	主键，外键
2	courseId	int	课程ID	主键，外键
3	score	float	成绩	非空

请使用 SQL 语句完成学生表的创建，由于 db_score 数据库中已有完整的表结构与数据，故都在备份数据库 db_score_backup 中创建。

```sql
USE db_score_backup;
CREATE TABLE T_student(
    stuId CHAR (10) NOT NULL PRIMARY KEY,
    stuName VARCHAR (25) NOT NULL,
    birthday datetime,
    sex CHAR (2),
    major VARCHAR (30) NOT NULL,
    phone VARCHAR (11),
    address VARCHAR (50)
);
```

② 显示学生表的结构。

> DESC T_student;

③ 复制学生表，名称为 T_student_copy。

> CREATE TABLE T_student_copy LIKE T_student;

使用查看表结构命令可以看到，复制的新表 T_student_copy 和原表 T_student 的结构完全一致。

④ 重命名刚才复制的学生表，名称为 T_student_new。

> RENAME TABLE T_student_copy TO T_student_new;

⑤ 删除刚才重命名的数据表 T_student_new。

> DROP TABLE T_student_new;

【实训练习】

① 请使用 SQL 语句完成课程表 T_course 的创建。
② 请使用 SQL 语句完成成绩表 T_score 的创建。
③ 请使用 SQL 语句复制成绩表结构到一个新表 T_score_new，查看新表结构，然后删除新表。

---------- 思考与探索 ----------

一、选择题

1. 在创建表时，不允许某列为空可以使用（   ）（单选）。
   A. NOT NULL   B. NO NULL
   C. NOT BLANK   D. NO BLANK

2. 下列 SQL 语句中，创建关系数据表的是（   ）（单选）。
   A. ALTER   B. CREATE
   C. UPDATE   D. INSERT

3. 下列不属于设计表时要明确的项目是（   ）（单选）。
   A. 列的名称   B. 列的数据类型和宽度
   C. 表中的数据   D. 表间的关系

4. 在设计表时，对于"出生日期（1999-09-09）"列最合适的数据类型是（   ）（单选）。
   A. DATETIME   B. CHAR
   C. INT   D. VARCHAR

5. 定义（   ）约束可以唯一标识表中的每行记录。它要求列的取值非空且不重复（单选）。
   A. 主键   B. 唯一   C. 非空   D. 外键

6. MySQL 数据库采用多种方法来保证数据的完整性，其中包含有（   ）（多选）。

A. 创建主键约束   B. 创建 CHECK 约束
C. 创建外键约束   D. 创建触发器

二、填空题

1. 在 CREATE TABLE 语句中，通常使用_____关键字来指定主键。
2. 在 MySQL 中，使用_____语句来查看数据表的结构。
3. 在 MySQL 中，_____类型主要用来存储精确整数数字的值。
4. 一个标准的 JSON 对象包含一组键值对，键值对之间使用_____分隔。

三、应用题

1. 请在数据库 db_staff 中，使用 SQL 语句创建两张表，结构见表 4.4.1 和表 4.4.2。

表 4.4.1　员工表（employee）

编号	字段名称	字段类型	字段意义	备注
1	empId	int	员工 ID	主键，自增
2	empName	varchar(25)	员工姓名	非空
3	birthday	datetime	出生日期	非空
4	sex	char(2)	性别	必须是男或者女，默认是男
5	deptId	int	部门 ID	外键，部门表
6	phone	varchar(18)	电话号码	非空
7	address	varchar(50)	地址	

表 4.4.2　部门表（dept）

编号	字段名称	字段类型	字段意义	备注
1	deptId	int	部门 ID	主键，自增
2	deptName	varchar(25)	部门名称	非空
3	phone	varchar(18)	部门电话	

2. 请在数据库 db_staff 中，查看数据表的情况。

模块 4 访问数据库内容

任务 5
管理数据表中的数据

工作能力

管理数据表中的数据,作为数据库系统开发人员,应具备以下工作能力。
- 能使用 MySQL 命令实现插入数据操作。
- 能使用 MySQL 命令实现修改数据操作。
- 能使用 MySQL 命令实现删除数据操作。

工作素养

- 具备数据管理责任意识。
- 具备规范管理数据表中数据的能力。

工作情境

用户在家电商城购物时,需要注册并提交个人信息,已经注册的会员可以对自己的基本信息进行修改。管理员需要核实用户信息,删除非法用户,添加商品信息,更新已有商品的库存信息等。用户和管理员的这些操作最终都将转换为对 db_eshop 数据库中相关数据表中数据记录的插入、修改、删除操作。具体分以下任务来完成。
- 插入数据。
- 修改数据。
- 删除数据。

任务 5.1 插入数据

任务分析

作为数据库开发人员，创建好数据库和表后，需要对表中的数据进行维护，包括向表中插入、删除、修改数据。在操作前，要使用 USE 语句将操作的数据库指定为当前数据库。

知识储备

在维护数据时，数据库开发人员经常需要插入数据记录，可以以行为单位一次插入一行记录，也可以一次插入多行记录，还可以将 SELECT 语句的查询结果批量插入数据表中。

微课 5-1
插入数据

1. 插入记录

当数据库和数据表创建好以后，将向数据表中插入数据，可以通过 INSERT 语句向表中插入一行或多行数据。基本书写格式如下。

```
INSERT [INTO] 表名[(列名 1,列名 2,…)]
VALUES({表达式|DEFAULT},…),(…),…
```

说明

- 表名：用于存储数据的数据表的表名。
- 列名：需要插入数据的列名。如果要给所有列都插入数据，列名可以省略；如果只给表的部分列插入数据，需要指定这些列。对于没有指出的列，将按下面的原则来处理。
  a. 具有 auto_increment 属性的列，系统生成序号值来唯一标记列。
  b. 具有默认值的列，其值为默认值。
  c. 没有默认值的列，若允许为空值，则其值为空值；若不允许为空值，则出错。
  d. 类型为 TIMESTAMP 的列，系统自动赋值。
- VALUES 子句：包含各列需要插入的数据清单，数据的顺序要与列的顺序相对应。若表名后不给出列名，则在 VALUES 子句中要给表中的每一列赋值，如果列值为空，则其值必须置为 NULL，否则会出错。

2. 插入多条记录

向数据表中插入多条记录，基本书写格式如下。

```
INSERT [INTO]  表名[(列名清单)]
VALUES(列值清单 1),(列值清单 2),…,(列值清单 n)
```

说明

- 列名清单指要插入数据的数据列的列名。
- 列值清单是指与列名对应的属性值。

3. 插入子查询结果

子查询可以嵌套在 INSERT 语句中，用以生成要插入的批量数据，基本书写格式如下。

```
ISNERT [INTO] 表名(列名 1,列名 2,…)
    子查询语句；
```

 任务实施

【任务 5.1.1】 向 db_eshop 数据库中的表 category（表中列包括商品类型编号、商品类型名称、商品类型描述）插入如下一行记录。

```
1, 冰箱, 家用电器
```

（1）方式 1

```
USE db_eshop;
INSERT INTO category VALUES (1,'冰箱','家用电器');
```

分析：
此方式在表名后省略了列名，需要按表中列的顺序依次给各个属性赋值。

（2）方式 2

```
INSERT INTO category(category_name)
VALUES('洗衣机');
```

分析：
此方式省略了列名 category_id 和 category_desc，在表 category 中 category_id 列为标识列，且设置为自动增长（auto_increment），系统将自动赋值，category_desc 列允许为空，则其值为空值不需要设置。

（3）方式 3

```
INSERT INTO category
SET category_name='空调', category_desc='空调有多种类型可供选择';
```

分析：
使用 SET 语句分别给列赋值。

【任务 5.1.2】 向表 category 中连续插入 3 条记录，语句如下。

```
INSERT INTO category(category_name)
VALUES('电视'),
    ('厨房大电器'),
    ('生活电器');
```

任务执行后，表 category 中的数据如图 5.1.1 所示。

图 5.1.1
表 category 中的数据

【任务 5.1.3】 在数据库 db_eshop 中创建一个与表 category 结构完全一样的表 category_backup。

```
CREATE TABLE category_backup LIKE category;
```

分析：
上述语句是创建了一个和 category 表结构完全一样的表，名称为 category_backup。

将表 category 中的空调类型信息插入到表 category_backup 中。

```
INSERT INTO  category_backup
SELECT *
FROM category
WHERE category_id=3;
```

分析：
上述语句将 SELECT 语句的查询结果插入表 category_backup 中。

【任务 5.1.4】 在数据库 db_eshop_backup 中向用户登录信息表 userlogin 中插入两条记录。

```
USE db_eshop_backup;
INSERT INTO userlogin
VALUES
(1,'{"telphone":"150××××3426",
    "wxchat":"明小鸣",
    "QQ":"879××××722"}'),
(2,'{"telphone":"188××××8738"}');
```

微课 5-2
插入 JSON 数据

添加数据如图 5.1.2 所示。
查看插入效果，可输入如下语句。

```
SELECT * FROM userlogin;
```

运行结果如图 5.1.3 所示。

模块 4　访问数据库内容

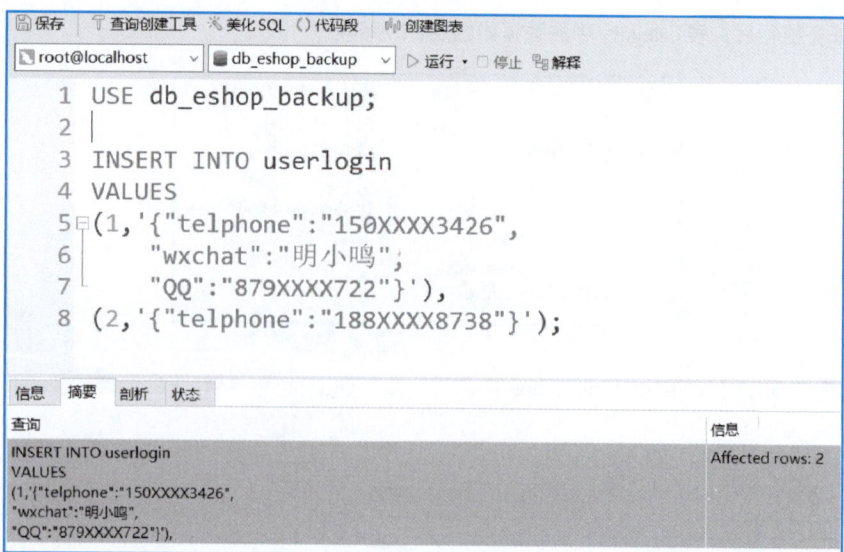

图 5.1.2
添加数据

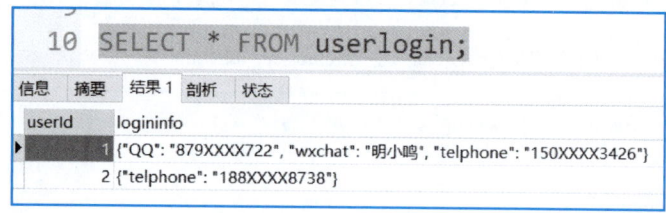

图 5.1.3
数据插入效果

> **分析：**
> 表 userlogin 中 logininfo 列存储的是用户的登录方式信息，采用 JSON 数据类型。上述语句插入了 2 个用户的登录信息，用户 1 有 3 种登录方式：手机验证码登录、微信登录、QQ 登录，而用户 2 只有手机验证码登录这一种方式。

 任务拓展

插入图片

MySQL 还支持图片的插入，图片以路径形式来存储，即采用插入图片存储路径的方式来实现图片的插入，其中插入图片的字段的数据类型可设置为 VARCHAR。

【拓展 5.1.1】 向商品表中插入一行数据，其中商品描述中包含该商品的相关图片，其存储路径为 E:\IMAGE\logo.jpg。

```
1,RSQ-LN-008,林内 16L 燃气热水器,5,logo.jpg ,10,4799
```

输入 SQL 语句如下。

```
USE db_eshop;
INSERT INTO goods
values(1,'RSQ-LN-008','林内 16L 燃气热水器',5,'E:\IMAGE\logo.jpg',10,4799);
```

打开表 goods 即可看到新添加的数据记录，如图 5.1.4 所示。

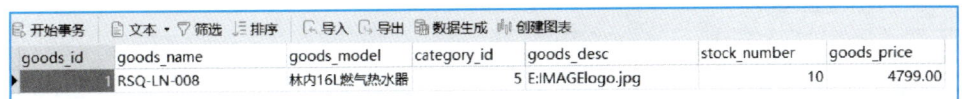

图 5.1.4
插入图片数据记录

分析：

通过插入图片本身也可以实现图片的存储，实现方法为：将存储图片的字段的数据类型设置为 BLOB，使用 LOAD_FILE(file_name) 函数将图片直接存储在数据库服务器中。此种方式往往会因为数据库文件较大，影响数据的检索速度，且读取程序繁琐，应尽量避免使用。

任务 5.2　修改数据

 任务分析

当商品、用户、订单等数据表中需要维护的数据发生变化时，需要使用更新数据命令来修改表中的数据。

 知识储备

1. 修改表数据

要修改表中的数据，可以使用 UPDATE 语句。该语句可以用来修改单张表中的数据，也可以修改多张表中的数据。基本书写格式如下。

```
UPDATE 表名
SET 列名 1=表达式 1,列名 2=表达式 2,…
WHERE 条件
```

微课 5-3
修改表数据

 说明 ▶▶▶▶▶▶

- SET 子句将根据 WHERE 子句中指定的条件对符合条件的数据进行修改。若语句中不设定 WHERE 子句，则更新所有行。
- 列名 1、列名 2…为要修改列值的列名，表达式 1、表达式 2…可以是常量、变量或表达式。可以同时修改所在数据行的多个列值，中间用逗号隔开。
- 更新后的数据不能违反表中创建的约束条件。

2. 修改 JSON 类型列数据

JSON 类型列数据的修改与普通数据类似，只是需要和 JSON 类型操作函数结合起来使用。基本书写格式如下。

```
UPDATE 表名
```

微课 5-4
修改 JSON 类型
列数据

```
    SET JSON 类型列名=JSON 类型操作函数名(列名,路径,值，...)
    [WHERE  条件];
```

- JSON 类型操作函数如下。
  a. JSON_INSERT(j,路径,值,…)用于插入新的键值。
  b. JSON_REPLACE(j,路径,值,…)用于替换 JSON 中已有的键值。
  c. JSON_SET(j,路径,值,…)用于设置键值，若已存在，则对原有键值进行修改，若不存在，则加入新的键值。
  d. JSON_REMOVE(j)用于删除已有的键值。
  其中，j 指要操作的 JSON 数据列的列名或存储了 JSON 数据的变量名。
- 路径指要操作的数据项所在的键路径，由路径的范围和一个或多个路径分支组成。路径的范围指要搜索或操作的 JSON 数据，用前导字符 "$" 来表示，路径分支用 "." 分隔，通常以 "$.键名" 形式给出。如果有多层 JSON 对象嵌套，访问内层 JSON 数据时，以 "." 分隔从外向内依次写出该数据项上的所有键名。

 任务实施

【任务 5.2.1】 在数据库 db_eshop 中将商品表 goods 中所有商品的库存数量都增加 50，在做此任务前，已经全部导入 db_eshop 各表数据，表数据从电子资源 db_eshop.sql 中获取。

```
USE db_eshop;
UPDATE goods
SET stock_number= stock_number+50;
```

分析：
该语句没有使用 WHERE 子句，会让表中所有记录行中的 stock_number 值都增加 50。

【任务 5.2.2】 在数据库 db_eshop 中将姓名为"李志军"的用户的联系电话改为 189××××6764，密码修改为 111111。

```
UPDATE users
    SET phone='189××××6764', password='111111'
    WHERE user_name='李志军';
```

【任务 5.2.3】 在数据库 db_eshop_backup 中将用户登录信息表 userlogin 中 userId 为 2 的手机号修改为 151××××7698。

```
USE db_eshop_backup;
UPDATE userlogin
SET logininfo=JSON_SET(logininfo,'$."telephone"'," 151××××7698")
WHERE userId=2;
```

分析：

上述语句先找到 userId 为 2 的记录，再使用 JSON_SET()函数来设置该条记录中 logininfo 列所包含的 telephone 数据项对应的值。其中括号中的 logininfo 为要操作的 JSON 数据列的列名，$."telephone"为 telephone 键对应的路径，151××××7698 为要设置的值。

素养小课堂

管理数据表中的数据涉及数据记录的添加、修改和删除，这些操作都会使数据库中的数据记录发生变化，从而对业务产生影响，尤其是核心数据和关键数据的操作管理，稍有不慎，就可能造成严重的后果。作为数据操作人员，确保数据安全、数据操作准确无误是工作职责所在，理应谨慎对待，避免出现误操作、删库或数据泄露事件。

不光是数据管理有风险，人生管理也是如此，在漫漫人生路上，我们做的每一件事情，实际上都是对人生数据库的事件数据进行添加、修改或者删除，同样需要谨慎对待，学会对自己负责。人生管理，细微之处见真章。

任务拓展

使用 Navicat 图形工具实现数据管理

【拓展 5.2.1】 对用户表 users 进行数据管理。

步骤如下。

① 打开 Navicat，连接 MySQL 服务器。

② 展开 db_eshop 数据库下的表，选中要进行数据管理的表，右击，在快捷菜单中选择“打开表”命令，即可看到 users 表中所有的数据信息。

- 插入记录：先将光标移至数据要插入位置的上一条记录，选中该记录，单击界面左下方工具栏中的 + 按钮，即可在该记录下方新增一行，如图 5.2.1 所示。用户可以逐列输入对应的字段值，输入完成后单击 ✓ 按钮，即可将输入的数据存入数据表中。
- 修改记录：先找到要修改数据所在的位置，双击编辑区，输入新值，修改完成后，单击 ✓ 按钮，即可让修改后的新值存入数据表。
- 删除记录：先找到要删除的记录，选中该记录行，单击左下 − 按钮，在弹出的“确认删除”提示框中单击“删除一条记录”按钮，如图 5.2.2 所示，即可实现该条记录的删除。

user_id	user_name	password	address	phone	birthday	email
21	张小数	abc123	北京市朝阳区	138XXXX2912	2002-05-15	zhangxiaoshu@126.com
22	罗盈盈	abc123	湖北武汉市	191XXXX0295	2002-07-23	luoyingying@126.com
23	张章	abc123	湖南岳阳市	198XXXX8922	2003-04-21	zhangzhang@126.com
24	谭鑫新	abc123	湖南湘潭市	182XXXX8917	2008-10-12	tanxinxin@126.com
25	王莱	abc123	湖北武汉市	182XXXX2050	2003-12-09	wanglai@126.com
26	黄小花	abc123	四川泸州市	151XXXX3452	2002-11-18	huangxiaohua@126.com
27	李晓梅	abc123	四川眉山市	178XXXX8391	2001-10-21	lixiaomei@126.com
28	赵磊磊	abc123	浙江绍兴市	181XXXX5432	2003-06-12	zhaoleilei@126.com
29	孙小小	abc123	浙江温州市	173XXXX4566	1998-12-10	sunxiaoxiao@126.com
30	程小城	abc123	浙江宁波市	198XXXX2182	1999-03-23	chengxiaoc@126.com
31	李小梦	abc123	湖南常德市	158XXXX9202	2004-12-11	lixiaomeng@163.com

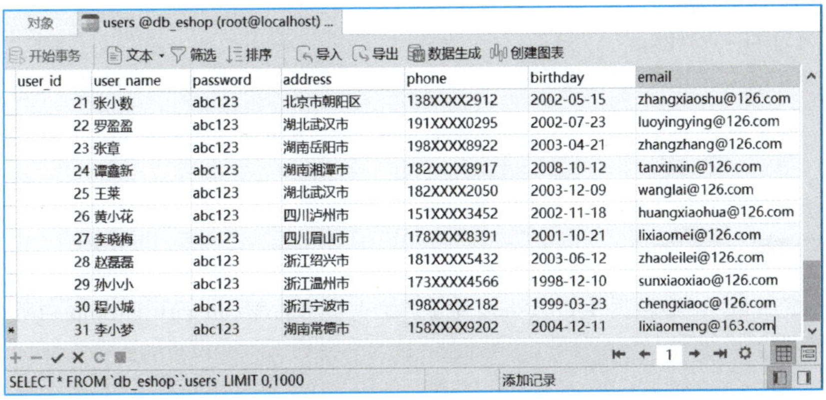

图 5.2.1
数据编辑界面

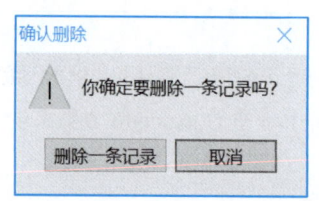

图 5.2.2
"确认删除"提示框

任务 5.3　删除数据

 任务分析

在数据维护的过程中，发现某些商品停产了需要下架，这时需要删除该商品的信息。

微课 5-5
删除数据

知识储备

当不再需要数据表中的数据时，可以删除数据以节约存储空间。删除数据最小的单位是一行。

DELETE 语句可以用于删除表中的一行或多行数据，基本书写格式如下。

> DELETE　FROM　表名
> [WHERE　条件]

 说明 »»»»»

- FROM 子句用于说明从何处删除数据，表名指要删除数据的表名。
- WHERE 子句包含的内容为指定的删除条件。若省略 WHERE 子句，则表示删除该表的所有行。
- 删除数据记录要确保该数据记录没有被其他表引用。

 任务实施

【任务 5.3.1】 在数据库 db_eshop 中将表 users 中姓名为"李志军"的用户信息删除。

> USE db_eshop;
> DELETE FROM users
> WHERE user_name='李志军';

【任务 5.3.2】 在数据库 db_eshop 中将商品表 goods 中库存数量小于 2 的所有行删除。

> DELETE FROM goods
> WHERE stock_number<2;

【任务 5.3.3】 在数据库 db_eshop 中删除之前备份的表 category_backup 中所有的商品类型信息。

> DELETE FROM category_backup;

分析：
该语句会将表 category_backup 中的所有商品类型信息都删除，清空表数据要慎重使用。

任务拓展

使用 TRUNCATE TABLE 语句删除表数据

使用 TRUNCATE TABLE 语句将删除指定表中的所有数据，因此也称为清除表数据语句。基本书写格式如下。

TRUNCATE TABLE 表名

说明 »»»»»»

使用 TRUNCATE TABLE 命令，ANTO_INCREAMENT 计数器被重新设置为该列的初始值。对于有主外键关联以及参与了索引和视图的表，不能使用 TRUNCATE TABLE 语句，而应使用 DELETE 语句。

【拓展 5.3.1】 删除表 category_backup 中的所有商品类型信息。

USE db_eshop;
TRUNCATE TABLE category_backup;

------------------ 任 务 小 结 ------------------

① 使用 INSERT…VALUES 命令是向表中添加数据记录。
② 使用 UPDATE 命令可以修改表中的数据。
③ 使用 DELETE 命令可以删除表中的数据。
④ 使用 TRUNCATE 命令可以清空表中的数据。

------------------ 课 堂 实 训 ------------------

【实训目的】

① 掌握使用 SQL 语句添加表数据的方法。
② 掌握使用 SQL 语句修改表数据的方法。
③ 掌握使用 SQL 语句删除表数据的方法。

【实训内容】

① 请使用命令删除学生成绩管理数据库 db_score 中成绩表、课程表、学生表中的所有数据。

DELETE FROM T_score;
DELETE FROM T_student;
DELETE FROM T_course;

② 请使用命令向学生表中添加表 5.4.1 所示的数据。

表 5.4.1 学生表（T_student）数据

stuId	stuName	birthday	sex	major	phone	address
2021010101	王菲菲	2003-12-11	女	软件技术	159×××7678	湖南长沙岳麓区
2021020101	张慧华	2003-02-03	女	电子商务	139×××7865	四川成都锦江区
2022010101	周兴华	2004-10-13	男	软件技术	155×××7908	湖南娄底娄星区
2021030101	张楠	2003-06-07	男	计算机网络	189×××8987	上海闵行区
2021010302	张学峰	2003-04-21	男	软件技术	155×××6545	北京海淀区
2020030101	王章	2002-09-09	女	计算机网络	135×××9087	四川成都双流区
2021020201	吴慧敏	2003-11-16	女	电子商务	130×××6543	北京朝阳区
2020010102	马玉	2002-08-19	女	软件技术	131×××7879	北京昌平区

添加学生表数据的 SQL 语句如下。

```
USE db_score;
INSERT INTO T_student
VALUES
    ('2021010101','王菲菲','2003-12-11','女','软件技术','159×××7678','湖南长沙岳麓区'),
    ('2021020101','张慧华','2003-02-03','女','电子商务','139×××7865','四川成都锦江区'),
    ('2022010101','周兴华','2004-10-13','男','软件技术','155×××7908','湖南娄底娄星区'),
    ('2021030101','张楠','2003-06-07','男','计算机网络','189×××8987','上海闵行区'),
    ('2021010302','张学峰','2003-04-21','男','软件技术','155×××6545','北京海淀区'),
    ('2020030101','王章','2002-09-09','女','计算机网络','135×××9087','四川成都双流区'),
    ('2021020201','吴慧敏','2003-11-16','女','电子商务','130×××6543','北京朝阳区'),
    ('2020010102','马玉','2002-08-19','女','软件技术','131×××7879','北京昌平区');
```

③ 请使用命令向课程表中添加表 5.4.2 所示的数据。

表 5.4.2 课程表（T_course）数据

courseId	courseName	classHour	credit	term
1	电子商务概论	64	4	1
2	Java 核心技术	128	8	2
3	数据结构	64	4	3
4	计算机网络	96	6	2
5	计算机基础	32	2	1
6	Java 框架技术	128	8	4

添加课程表数据的 SQL 语句如下。

```
INSERT INTO T_course ( courseId,courseName, classHour, credit, term )
```

```
VALUES
    ( 1,'电子商务概论', 64, 4, 1 ),
    ( 2,'Java 核心技术', 128, 8, 2 ),
    ( 3,'数据结构', 64, 4, 3 ),
    ( 4,'计算机网络', 96, 6, 2 ),
    ( 5,'计算机基础', 32, 2, 1 ),
    ( 6,'Java 框架技术', 128, 8, 4);
```

④ 将学号为 2022010101 的学生的出生日期改为 2004-03-13，地址改为"湖南娄底涟源市"。

```
UPDATE   T_student
SET   birthday = '2004-03-13',address = '湖南娄底涟源市'
WHERE   stuId = '2022010101';
```

⑤ 将学生表中专业列中的"计算机网络"修改为"计算机网络技术"。

```
UPDATE   T_student
SET   major = '计算机网络技术'
WHERE   major = '计算机网络'
```

⑥ 将课程表中课程编号为 4 的课程名称修改为"计算机网络基础"，开课学期改为 1。

```
UPDATE   T_course
SET   courseName = '计算机网络基础',term = 1
WHERE   courseId = 4
```

⑦ 在课程表中删除课程名称为"Java 框架技术"的课程。

```
DELETE FROM T_course
WHERE courseName = 'Java 框架技术'
```

【实训练习】

① 请使用命令向学生成绩管理数据库的成绩表中添加表 5.4.3 所示的数据。

表 5.4.3　成绩表（T_score）数据

stuId	courseId	score
2021020101	1	87
2021020201	1	56
2021010101	2	92
2022010101	2	64
2021010302	2	43
2020010102	3	75

续表

stuId	courseId	score
2021010101	3	83
2022010101	3	67
2021030101	4	78
2020030101	4	86
2021010101	5	83
2021020101	5	96
2022010101	5	68
2021030101	5	78
2021010302	5	82

② 将学号为 2022010101 的学生课程 ID 为 3 的成绩修改为 68。

③ 将成绩表 T_score 的数据复制到新表 T_score_new 中。

④ 删除新成绩表 T_score_new 中学号为 2021030101 的学生课程 ID 为 5 的成绩。

思考与探索

一、选择题

1. 在 MySQL 中，通常使用（　　）语句向表中插入一行或多行数据（单选）。
   A. SELECT　　B. INSERT　　C. DELETE　　D. UPDATE

2. 在 MySQL 中，通常使用（　　）语句修改单个表中的数据（单选）。
   A. SELECT　　B. INSERT　　C. DELETE　　D. UPDATE

3. 在 MySQL 中，通常使用（　　）语句删除表中的一行或多行数据（单选）。
   A. SELECT　　B. INSERT　　C. DELETE　　D. UPDATE

4. 下列有关插入数据说法错误的是（　　）（单选）。
   A. 可以以行为单位一次插入一行记录，也可以一次插入多行记录
   B. 可以将 SELECT 语句的查询结果批量插入数据表中
   C. 如果只给表的部分列插入数据，需要指定这些列
   D. 如果要给所有列都插入数据，列名也必须指定

5. 在 MySQL 中，可以使用（　　）函数将图片存储在数据库服务器中（单选）。
   A. LOAD_FILE　　　　　　　B. TRIM
   C. REPLACE　　　　　　　　D. BLOB

6. 下列有关修改数据说法错误的是（　　）（单选）。
   A. 更新后的数据不能违反表中创建的约束条件
   B. 若语句中不设定 WHERE 子句，则更新所有行
   C. 表达式可以是常量、变量或表达式
   D. 不可以同时修改所在数据行的多个列值

二、填空题

1. 采用插入图片存储路径的方式来实现图片的插入，其中插入图片的字段的数据类型可以设置为_____类型。
2. 在 MySQL 中，可以同时修改所在数据行的多个列值，中间用_____隔开。
3. 当不再需要数据表中的数据时，可以删除数据以节约存储空间。删除数据最小的单位是_____。
4. _____语句将删除指定表中的所有数据，也称为清除表数据语句。

三、应用题

请在员工信息管理数据库 db_staff 中，完成以下练习。

（1）请使用命令将员工表和部门表的原有数据清空。

（2）请使用命令向数据库的表中添加以下数据，具体见表 5.5.1 和表 5.5.2。

表 5.5.1 员工表（employee）数据

empId	empName	birthday	sex	deptId	phone	address
1	葛大伟	1986-08-09	男	1	188××××9898	芙蓉区光华小区 3 栋
2	张凡凡	1996-11-23	女	2	138××××7898	芙蓉区明珠国际 18 栋
3	陈意礼	1994-04-06	男	1	139××××7590	锦江区山城水秀小区 1 栋
4	章星	1997-11-11	女	1	135××××8787	芙蓉区科教大厦
5	李柏嵩	1993-07-24	男	1	156××××6878	雨花区双流小区 5 栋
6	王一一	1992-09-11	女	3	155××××2345	高新区云景里小区 3 栋
7	李元	1978-01-10	男	2	133××××8979	锦江区金融国际 33 楼

表 5.5.2 部门表（dept）数据

deptId	deptName	phone
1	财务部	88××××98
2	人事部	88××××97
3	业务部	88××××96

（3）修改姓名为"章星"的出生日期为 1997-01-11，电话号码为 135××××7878。

（4）删除姓名为"李柏嵩"的员工信息。

（5）把表 employee 中的男性员工信息放入一个新表 employeeMan 中。

任务 6
查询与统计数据

工作能力

查询与统计数据，作为数据库系统开发人员，应具备以下工作能力。
- 能运用 SELECT 语句实现单表查询。
- 能运用 SELECT 语句实现多表查询。
- 能运用 SELECT 语句实现数据的排序、分类和统计。

工作素养

- 具备书写规范的 SQL 查询语句的能力。
- 具备多维分析和解决复杂查询问题的能力。

工作情境

家电商城系统中存储了各类信息，如商品基本信息、用户基本信息、商品订购信息等，其中商品表中就存放了商品编号、商品型号、商品名称、商品类型、商品价格、商品库存等基本信息。在实际系统使用过程中，用户只对部分信息感兴趣，如在浏览商城商品时看到的是商品的型号、名称和价格，在这种情况下，就需要在原有商品表中查询指定的数据列信息，即单表查询。当用户只根据商品类型去搜索商品时，就需要将商品表和商品类型表联合起来进行查询才能得到相关信息，即多表查询。当销售人员需要统计每种类型的商品的销售情况时，则会用到查询语句中的分类汇总。为满足不同用户的需求，开发团队可将任务分解为以下子任务。
- 单表查询。
- 多表查询。
- 分类汇总。

任务 6.1 单表查询

任务分析

小李和小张都是家电商城的顾客，他们希望查看选购商品的相关信息，如商品型号、描述、价格等；采购部老汪则希望查看商品的库存来制订采购计划。作为数据库开发人员，需要书写查询语句来获取客户想要的数据。当查询的数据来源于单张数据表时，通常进行单表查询。

知识储备

创建数据库的主要目的是存储、查询和管理数据，能按需求查询数据是数据库的重要功能之一，可使用 SELECT 语句来实现。

SELECT 语句可用于查询数据，实质是从一张或多张表中选择特定的行和列，生成一张临时表的结果。常用的 SELECT 语句书写格式如下。

微课 6-1
单表查询——
指定列（1）

```
SELECT  字段列表      /*要查询的列，列名之间用逗号间隔*/
FROM    表的列表      /*要查询的列来自哪些表*/
WHERE   查询条件      /*查询要满足的条件*/
```

说明 »»»»»

- 字段列表：用于给出哪些数据应该返回，可以是多个列名或表达式。列名和列名之间用逗号间隔，表达式可以是列名、函数或常数的列表。
- 表的列表：可以是表名或视图名，它们之间用逗号间隔。
- WHERE 子句：用于给出限制查询的条件或多个表的连接条件（在后面多表查询中将具体讲解）。
- SELECT 语句除了用于数据查询，还可用于为局部变量赋值或者调用一个函数。

1. 显示表的所有列

在字段列表中使用*，可以从 FROM 子句指定的表或视图中查询并返回所有列。

【示例 6.1.1】 查询商品表 goods 中的所有信息。

```
SELECT * FROM goods;
```

查询结果如图 6.1.1 所示。

2. 查询指定的列

在 SELECT 语句中可以指定要查询的列，各列名之间通过逗号分隔。

【示例 6.1.2】 在用户表 users 中查询注册用户的用户名、地址、联系电话。

```
SELECT user_name,address,phone
FROM users;
```

查询结果如图 6.1.2 所示。

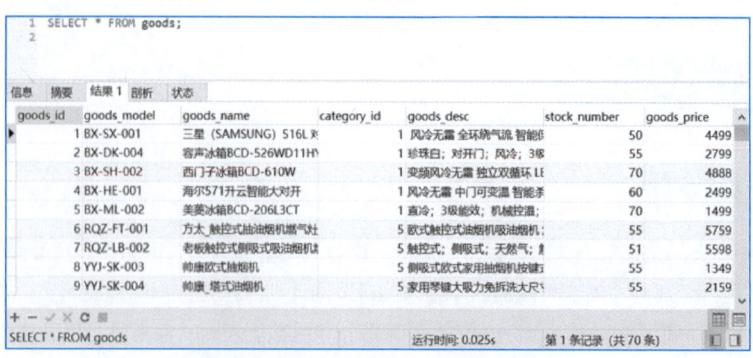

图 6.1.1
示例 6.1.1 查询结果

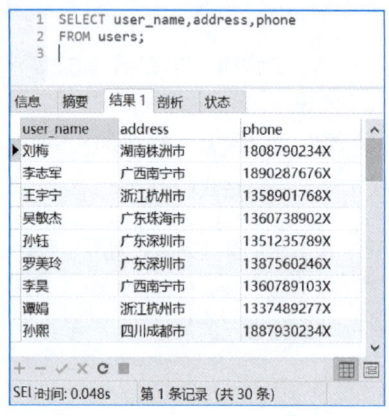

图 6.1.2
示例 6.1.2 查询结果

3. 改变查询结果的列标题

若在查看查询结果时希望使用自定义的列标题，可使用 AS 子句来更改。

【示例 6.1.3】 在商品表 goods 中查询所有商品的商品名称和商品价格。

```
SELECT
    goods_name AS '商品名称',
    goods_price AS '商品价格'
FROM goods;
```

查询结果如图 6.1.3 所示。

分析：
改变的只是查询结果显示的列标题，并没有改变数据表中的列名，在 WHERE 子句中不允许使用列别名。在 MySQL 中使用的所有符号均在英文半角输入状态下完成。

4. 查询 JSON 类型列

如果想读取 JSON 类型列中 JSON 对象的某个数据项值，可以使用"列名->>路径"来指定，形式为"列名->>"$.键名""。其中，列名为 JSON 类型列对应的列名，"$"表示当前正在使用的 JSON 文档或 JSON 对象，键名为 JSON 对象中数据项对应的键名，双引号""""可以替换为单引号"'"。

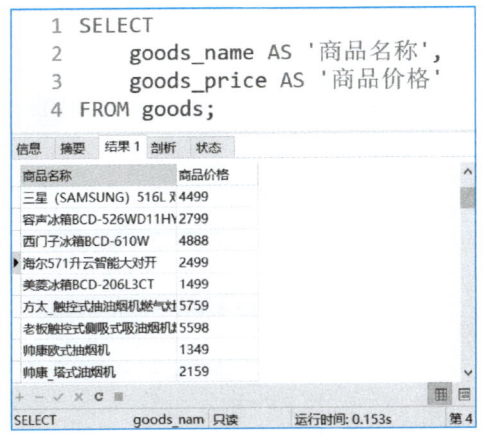

图 6.1.3
示例 6.1.3 查询结果

【示例 6.1.4】 查询用户登录信息表 userlogin 中的手机号、微信号。

SELECT
    userId,
    logininfo->>"$.telphone" AS phone,
    logininfo->>"$.wxchat" AS weixin
FROM userlogin;

查询结果如图 6.1.4 所示。

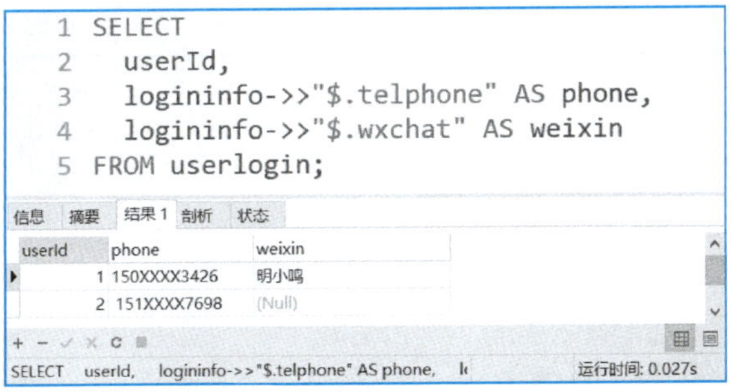

图 6.1.4
示例 6.1.4 查询结果

分析：

上述语句中的 "logininfo->>"$.telphone"" 对应取 logininfo 列中 telphone 属性值为查询结果列，取别名为 phone；"logininfo->>"$.wxchat"" 对应取 logininfo 列中 wxchat 属性值为查询结果列，取别名为 weixin。

除上述方法外，也可以使用 JSON_EXTRACT(列名,路径[,路径] …)函数来实现，作用是从 JSON 类型列中返回数据，其中列名为 JSON 类型列的列名，路径为键路径，使用 "$.键名" 来表示。示例 6.1.4 也可以使用下面的代码来实现，结果同上。

SELECT
userId,
JSON_EXTRACT(logininfo,"$.telphone") AS phone,
JSON_EXTRACT(logininfo,"$.wxchat") AS weixin
FROM userlogin;

127

微课 6-2
单表查询——
指定列（2）

5. 限制查询结果返回记录的行数

若在查询时只希望看到返回结果的部分记录行，可使用 LIMIT 子句来限定。基本书写格式如下。

LIMIT 行数

或

LIMIT 起始行的偏移量,返回的记录行数

 说明 »»»»»»

偏移量和行数都必须是非负的整数常数；起始行的偏移量指返回结果的第一行记录在数据表中的绝对位置，注意数据表初始记录行的偏移量为 0；返回记录的行数指返回多少行记录。例如 LIMIT 4，指返回 SELECT 语句结果集中最前面的 4 行，而 LIMIT 2,4 则表示从第 3 行记录开始共返回 4 行记录。

【示例 6.1.5】查询用户表 users 中靠前的 4 位用户信息。

SELECT *
FROM users
LIMIT 4;

查询结果如图 6.1.5 所示。

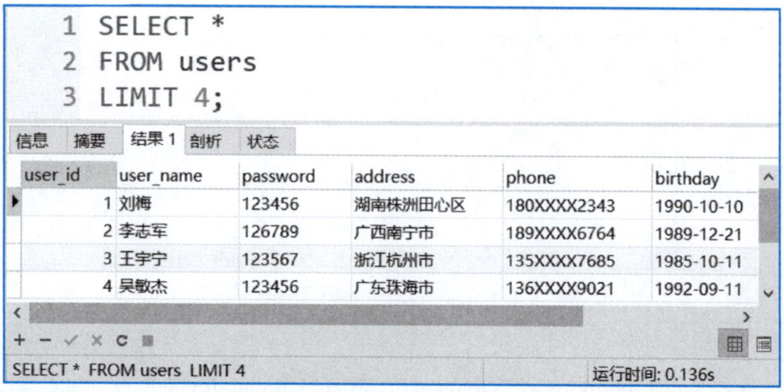

图 6.1.5
示例 6.1.5 查询结果

【示例 6.1.6】查询用户表中从第 3 条记录开始的 4 行记录。

SELECT *
FROM users
LIMIT 2,4;

查询结果如图 6.1.6 所示。

分析：
2 表示起始记录行的下标，4 表示返回 4 条记录。

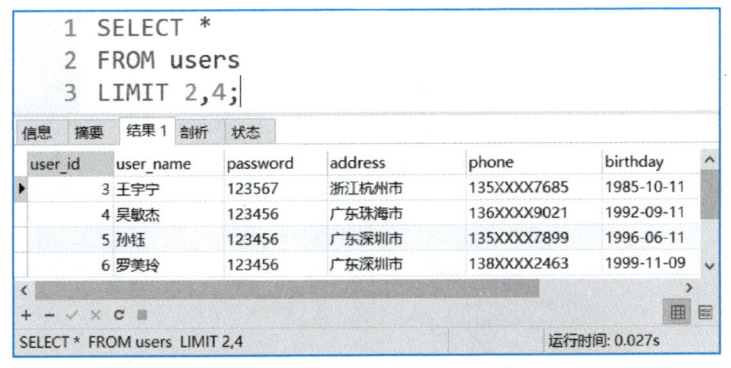

图 6.1.6
示例 6.1.6 查询结果

6．消除查询结果的重复行

将 DISTINCT 关键字写在 SELECT 字段列表所有列名的前面，可以消除 DISTINCT 后面列值中的重复行。

【示例 6.1.7】查询商品表中商品类别的编号，要求消除结果集中的重复行。

SELECT DISTINCT category_id
FROM goods;

查询结果如图 6.1.7 所示。

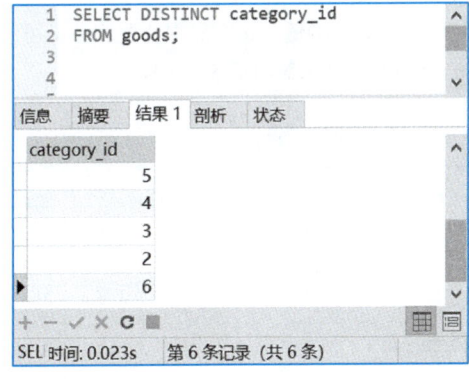

图 6.1.7
示例 6.1.7 查询结果

7．使用计算列

在查询数据时，有时需要对查询结果进行计算，在 SELECT 语句中可以使用算术运算符（如+、-、/、%等）来对查询结果进行计算。

【示例 6.1.8】查询商品表中商品名称、商品价格、打 8 折后的商品价格。

SELECT
　　goods_name '商品名称',
　　goods_price '商品原价',
　　goods_price*0.8 '折后价'
FROM goods;

查询结果如图 6.1.8 所示。

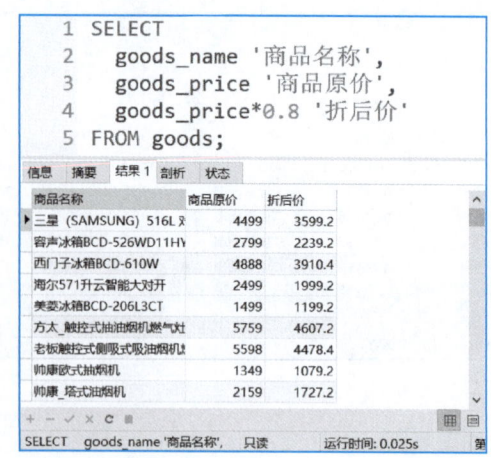

图 6.1.8
示例 6.1.8 查询结果

8. 使用 WHERE 子句限制查询条件

微课 6-3
使用 WHERE 子句限制查询条件 ——比较运算符

WHERE 子句用来限制查询结果的数据行，WHERE 后面是条件表达式，查询结果必须是满足条件表达式的记录行。

条件表达式通常由一个或多个逻辑表达式组成，而逻辑表达式通常会涉及比较运算符、逻辑运算符、模式匹配等。

（1）比较运算符

比较运算符用于比较两个表达式的值，运算结果为逻辑值，可以是 1（真）、0（假）及 NULL（不确定）。MySQL 支持的比较运算符见表 6.1.1。

表 6.1.1　比较运算符

运　算　符	含　义	运　算　符	含　义
=	等于	<=	小于或等于
>	大于	<>、!=	不等于
<	小于	<=>	相等或都等于空
>=	大于或等于		

运用比较运算符语句的基本书写格式如下。

> 表达式　比较运算符　表达式

 说明 »»»»»

- 表达式是除 TEXT 和 BLOB 类型外的表达式。
- 当两个表达式值均不为空值（NULL）时，除了"<=>"运算符，其他比较运算符返回逻辑值 TRUE（真）或 FALSE（假）；而当两个表达式值中有一个为空值或都为空值时，将返回 UNKOWN。

【示例 6.1.9】查询商品表 goods 中商品编号为 2 的商品情况。

```
SELECT *
FROM goods
```

WHERE goods_id=2;

查询结果如图 6.1.9 所示。

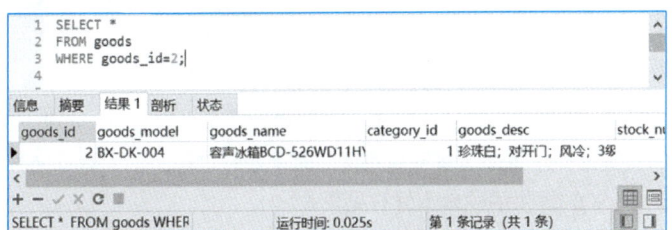

图 6.1.9
示例 6.1.9 查询结果

【示例 6.1.10】 查询商品表 goods 中商品价格大于 5000 的商品名称、商品价格。

SELECT goods_name,goods_price
FROM goods
WHERE goods_price>5000;

查询结果如图 6.1.10 所示。

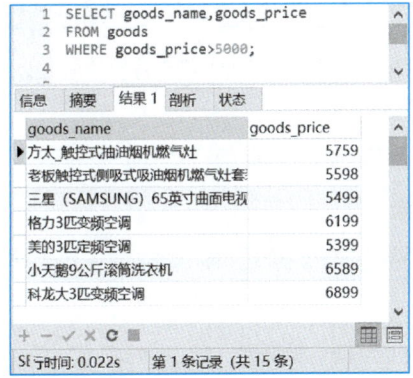

图 6.1.10
示例 6.1.10 查询结果

【示例 6.1.11】 查询商品表 goods 中商品描述为 NULL 的商品名称、商品价格、商品描述。

SELECT goods_name,goods_price,goods_desc
FROM goods
WHERE goods_desc<=>NULL;

查询结果如图 6.1.11 所示。

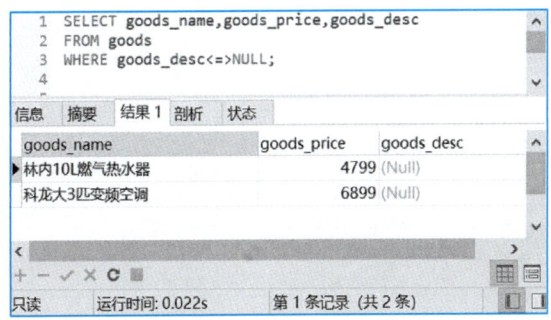

图 6.1.11
示例 6.1.11 查询结果

131

> **分析：**
> "<=>"是 MySQL 中一个特殊的等于运算符，当两个表达式彼此相等或都等于空值时，它的值为 TRUE，其中有一个空值或都是非空值但不相等时，该条件判定结果为 FALSE，没有 UNKOWN 的情况。

（2）逻辑运算符

在 SQL 中，可以将多个判定运算结果通过逻辑运算符（如 AND、OR、XOR 和 NOT）组成更为复杂的查询条件。逻辑运算符可用于对某个条件进行测试，运算结果为 TRUE（1）或 FALSE（0）。MySQL 提供的逻辑运算符见表 6.1.2。

表 6.1.2 逻辑运算符

运算符	表达式	功能
AND	A AND B	表达式 A 和 B 的值都为真时，整个表达式结果为真
OR	A OR B	表达式 A 或 B 的值为真时，整个表达式结果为真
NOT	NOT A	表达式 A 的值为真，整个表达式的结果为假；表达式 A 的值为假时，整个表达式的结果为真
IN	A IN(a1,a2,a3,⋯)	如果 A 的值与集合中的任意值相等，则返回真
BETWEEN	C BETWEEN A AND B	如果 C 的值在 A 和 B 之间，则返回真（包含与 A 或 B 相等的情况）

【示例 6.1.12】 查询订单表 orders 中 2023 年 3 月份的所有订单。

方法 1 如下。

微课 6-4
使用 WHERE 子句限制查询条件——逻辑运算符

```
SELECT *
FROM orders
WHERE order_date>='2023-03-01' AND order_date<='2023-03-31';
```

方法 2 如下。

```
SELECT *
FROM orders
WHERE order_date between '2023-03-01' AND '2023-03-31';
```

查询结果如图 6.1.12 所示。

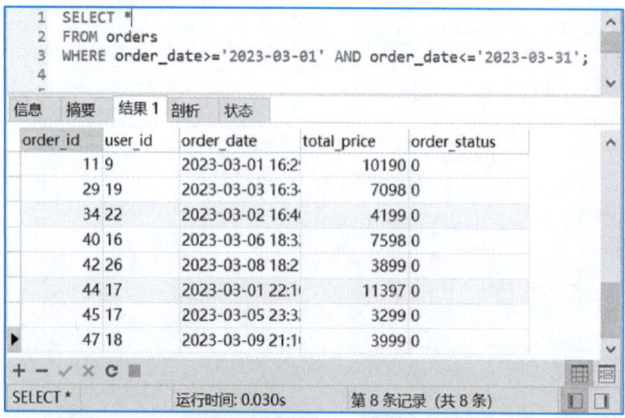

图 6.1.12
示例 6.1.12 查询结果

【示例 6.1.13】 查询订单表 orders 中订单总额低于 1000 元或超过 20000 元的订单信息。

SELECT *
FROM orders
WHERE total_price>20000 OR total_price<1000;

查询结果如图 6.1.13 所示。

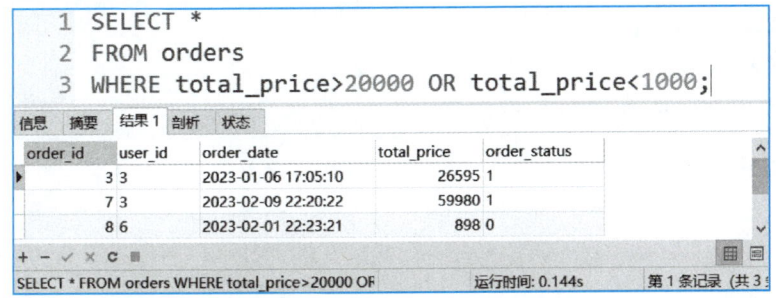

图 6.1.13
示例 6.1.13 查询结果

【示例 6.1.14】 查询商品编号为 25、39、6 的商品信息。
方法 1 如下。

SELECT *
FROM goods
WHERE goods_id IN(25,39,6);

方法 2 如下。

SELECT *
FROM goods
WHERE goods_id=25 OR goods_id=39 OR goods_id=6;

查询结果如图 6.1.14 所示。

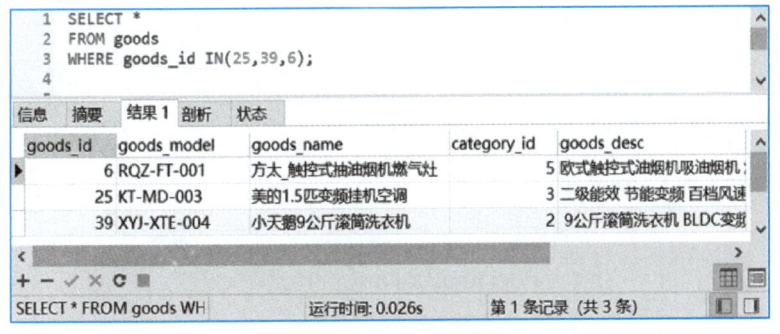

图 6.1.14
示例 6.1.14 查询结果

（3）模式匹配

模式匹配主要用于模糊查询。当无法给出精确的查询条件，给出的只是某些列值的一部分时，这时的查询不要求与列值完全相等，称为模糊查询，如要查找用户表中姓"李"的客户的相关信息。

微课 6-5
使用 WHERE 子句
限制查询条件——
模式匹配

模式匹配会用到 LIKE 运算符。LIKE 运算符用于指出一个字符串与指定字符串是否相匹配，需要与通配符一起使用。常用通配符有_和%，"%"代表 0 个或多个字符，"_"代表单个字符。基本书写格式如下。

表达式 [NOT] LIKE 表达式

【示例 6.1.15】 查询用户表 users 中姓"李"的客户信息。

SELECT *
FROM users
WHERE user_name LIKE '李%';

查询结果如图 6.1.15 所示。

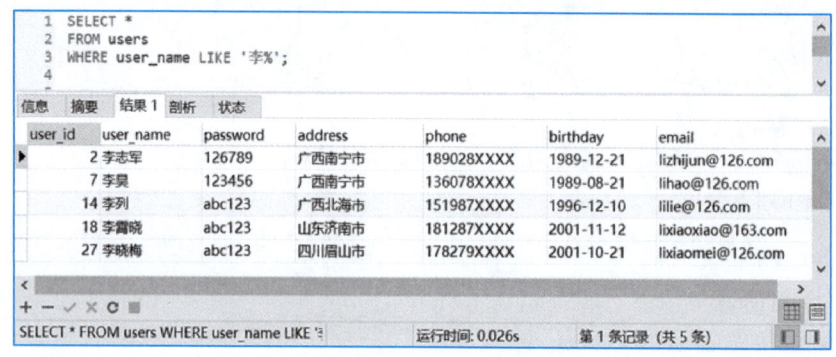

图 6.1.15
示例 6.1.15 查询结果

分析：
由于 MySQL 默认不区分大小写，要区分大小时需要更换字符集的校对规则。

如果给出的查询条件本身包含特殊符号中的一个或全部（如_或%），此时必须使用转义字符来实现查询。

【示例 6.1.16】 查询商品表 goods 中商品名中包含"_"的商品名称、商品价格。

SELECT goods_name,goods_price
FROM goods
WHERE goods_name LIKE '%#_%' ESCAPE '#';

查询结果如图 6.1.16 所示。

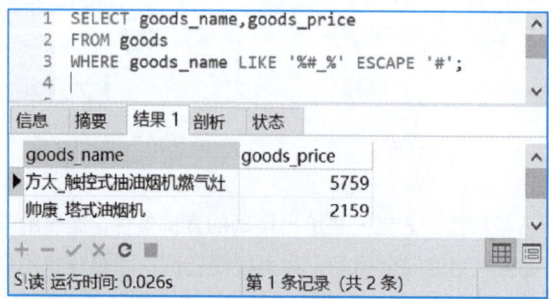

图 6.1.16
示例 6.1.16 查询结果

> **分析：**
> 此处#为转义字符，使得"#"后面的"_"失去了原来的意义，变成了普通的下画线_。

（4）空值比较

空值表示未知的不确定的值，不是空格，也不是空字符串。当需要判定一个表达式的值是否为空值时，可以使用 IS NULL 关键字。其基本语法如下。

微课 6-6
使用 WHERE
子句限制查询条
件——空值比较

> 表达式 IS [NOT] NULL

当不使用 NOT 时，若表达式为空值，返回 TRUE，否则返回 FALSE；当使用 NOT 时，结果刚好相反。

【示例 6.1.17】 查询商品描述为空的商品信息。

> SELECT *
> FROM goods
> WHERE goods_desc IS NULL;

查询结果如图 6.1.17 所示。

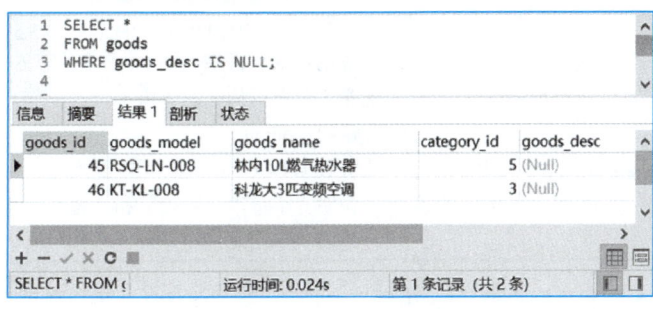

图 6.1.17
示例 6.1.17 查询结果

9．使用函数查询数据

函数是完成特定功能的一组 SQL 语句的集合。在数据查询中经常会使用函数来实现一些复杂运算。MySQL 提供了丰富的内置函数，如字符串函数、日期和时间函数、聚合函数等。

（1）字符串函数

字符串函数主要针对字符型数据进行操作和运算。在实际开发中，为了实现某些复杂的查询功能，常常需要对字符型数据进行适当处理和变换，此时就会用到字符串函数。要注意的是，字符串函数中包含的字符串必须用单引号括起来。表 6.1.3 列出一些常用的字符串函数。

微课 6-7
使用字符串函数查询数据

表 6.1.3　字符串函数

函　　数	功　　能	示　　例
ASCII(字符串表达式)	返回字符串表达式最左端字符的 ASCII 值。返回值为整数	SELECT ASCII('elephant'); 说明：返回字母 e 的 ASCII 码值 101
CHAR(整型表达式)	返回整型 ASCII 码转换的字符	SELECT CHAR(65); 说明：返回 ASCII 码值为 65 的字符 A

续表

函　　数	功　　能	示　　例
LEFT(字符串表达式,长度)	返回从字符串表达式左边开始指定长度个字符	SELECT　LEFT('telephone',3); 说明：返回 telephone 左边开始 3 个字符 返回：tel
RIGHT(字符串表达式,长度)	返回从字符串表达式右边开始指定长度个字符	SELECT　RIGHT('telephone',3); 说明：返回 telephone 右边开始 3 个字符 返回：one
TRIM（字符串表达式）	返回删除字符串首部和尾部的所有空格	SELECT TRIM('　　I like MySQL!　　'); 说明：删除 I like MySQL!前后的所有空格 返回：I like MySQL!
LTRIM(字符串表达式)	删除字符串中前面的空格,返回值为字符串	SELECT LTRIM('　　I like MySQL!'); 说明：删除 I like MySQL!前面的所有空格 返回：I like MySQL!
RTRIM(字符串表达式)	删除字符串中尾部的空格,返回值为字符串	SELECT RTRIM('I like MySQL!　　'); 说明：删除 I like MySQL!后面的所有空格 返回：I like MySQL!
REPLACE(字符串 1,字符串 2,字符串 3)	用字符串 3 替换字符串 1 中出现的字符串 2，返回替换后的字符串	SELECT REPLACE('Welcome tk BEIJING!','k','o'); 说明：将 Welcome tk BEIJING 中出现的 k 替换成 o 返回：Welcome to BEIJING!
SUBSTRING(字符串表达式,指定位置,长度)	返回字符串表达式从指定位置开始指定长度的子串	SELECT SUBSTRING('telephone',5,5); 说明：取字符串 telephone 中从第 5 个字符 p 开始连着 5 个字符构成的子串 返回：phone
CONCAT(字符串 1,字符串 2,..字符串 n)	返回字符串 1、字符串 2，…，字符串 n 连接起来构成的字符串	SELECT CONCAT('中国','北京'); 说明：字符串"中国"和"北京"连接起来 返回：中国北京

【示例 6.1.18】 显示用户表 users 中用户姓名，一列显示姓氏，另一列显示名字。

> SELECT　SUBSTRING(user_name,1,1) AS 姓,
> 　　　　SUBSTRING(user_name,2,Length(user_name)-1) AS 名
> FROM users
> ORDER BY user_name;

运行结果如图 6.1.18 所示。

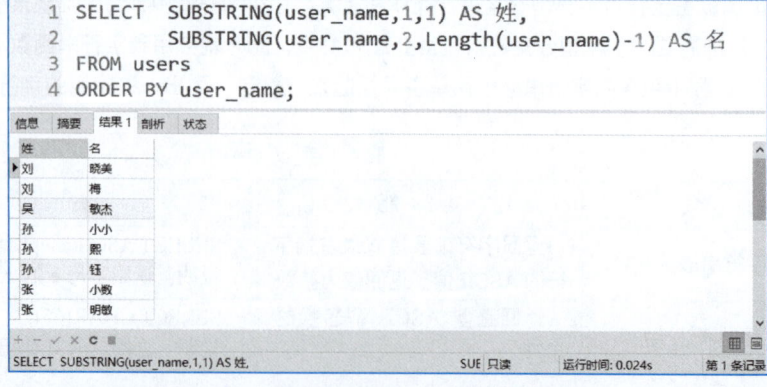

图 6.1.18
示例 6.1.18 运行结果

> **分析：**
> 上述语句仅适用于姓名为中文名，且姓氏仅包含单个字的情况。LENGTH 函数的作用是返回一个字符串的长度。

（2）日期和时间函数

MySQL 中有很多日期和时间数据类型，因此有较多操作日期和时间的函数。表 6.1.4 列出一些常用的日期和时间函数。

微课 6-8
使用日期时间函数查询数据

表 6.1.4 日期和时间函数

函　　数	功　　能	示　　例
NOW()	获得当前的日期和时间，以 YYYY-MM-DD HH:MM:SS 格式返回当前的日期和时间	SELECT NOW(); 返回：2023-03-09 20:26:13
CURTIME()	返回当前的时间	SELECT CURTIME(); 返回：20:26:35
CURDATE()	返回当前的日期	SELECT CURDATE(); 返回：2023-03-09
YEAR()	分析一个日期值并返回其中关于年的部分	SELECT YEAR(20230311142800),YEAR('2022-11-22'); 返回：2023 和 2022
MONTH()	以数值格式返回参数中月的部分	SELECT MONTH (20230311142800); 返回：3
DAY()	返回指定日期代表月份中的某一天（1 到 31 之间的数字）	SELECT DAY(20230311142800) 返回：11
MONTHNAME()	以字符串格式返回参数中月的部分	SELECT MONTHNAME('2023-01-22'); 返回：January
DAYNAME()	以字符串格式返回星期名	SELECT DAYNAME('2023-01-22'); 返回：Sunday
WEEK()	返回指定的日期是一年的第几个星期	SELECT WEEK(20230311142800); 返回：10
YEARWEEK()	返回指定的日期是哪一年的哪一个星期	SELECT YEARWEEK('2023-01-22'); 返回：202304，表示 2023 年第 4 周
HOUR()	返回时间值的小时部分	SELECT HOUR(155300); 返回：15
MINUTE()	返回时间值的分钟部分	SELECT MINUTE('13:43:00'); 返回：43
SECOND()	返回时间值的秒钟部分	SELECT SECOND(132415); 返回：15

【**示例 6.1.19**】 查询用户表 users 中各个用户的年龄。

```
SELECT user_name AS 姓名,YEAR(NOW())-YEAR(birthday) AS 年龄
    FROM users;
```

查询结果如图 6.1.19 所示。

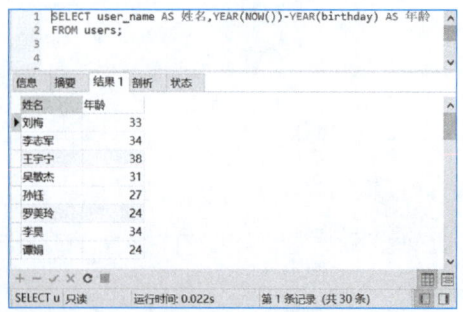

图 6.1.19
示例 6.1.19 查询结果

微课 6-9
使用聚合函数查询数据

（3）聚合函数

聚合函数也称统计函数，它是对一组值进行计算并返回一个数值。表 6.1.5 列出了一些常用的聚合函数。

表 6.1.5 常用的聚合函数

函　数	功　能	示　例
COUNT(*)或 COUNT(表达式)	返回一组数据的总行数 ● COUNT(*)返回总行数，包括含有空值的行 ● COUNT(表达式)将去掉表达式的值为空的那些行	查看注册用户的人数 SELECT COUNT(*) FROM users; 表示计算 users 表的总行数 SELECT COUNT(user_id) FROM users; 表示去掉 user_id 值为空后的总行数
MAX(表达式)	返回一组数据的最大值	在订单表中查询最高的订单金额 SELECT MAX(total_price) FROM orders;
MIN(表达式)	返回一组数据的最小值	在订单表中查询最低的订单金额 SELECT MIN(total_price) FROM orders;
SUM(表达式)	返回一组数据的和	在订单表中查询所有订单金额的和 SELECT SUM(total_price)　FROM orders;
AVG(表达式)	返回一组数据的平均值	在订单表中查询平均订单金额 SELECT AVG(total_price) FROM orders;

【示例 6.1.20】 统计订单表中已经处理过的订单数目。

```
SELECT COUNT(order_id) AS '已处理过的订单数目'
FROM orders
WHERE order_status=1;
```

分析：
order_status 为 1 表示订单已经处理过或已发货。

运行结果如图 6.1.20 所示。

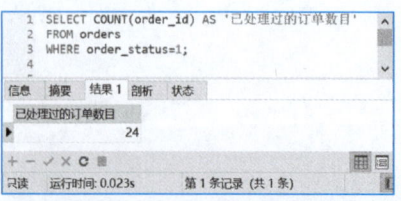

图 6.1.20
示例 6.1.20 运行结果

138

（4）JSON 函数

在 MySQL 数据库中，如果要查询或处理 JSON 类型的数据，常常要使用 JSON 函数。表 6.1.6 列出了一些常用的 JSON 函数。

微课 6-10
使用 JSON 函数查询数据

表 6.1.6　常用的 JSON 函数

函　　数	功　　能
JSON_OBJECT([key,val[, key, val]…])	创建包含指定键值对的 JSON 对象
JSON_ARRAY([val[,val] …])	创建包含指定元素的 JSON 数组
JSON_KEYS(json_doc[, path])	取 JSON 文档指定路径下的键名
JSON_VALUE(json_doc,path)	取 JSON 文档指定路径下的所有键值
JSON_EXTRACT(json_doc, path[,path] …)	检索 JSON 文档指定路径下的键值
JSON_ARRAYAGG(expr)	将结果集 expr 聚合成 JSON 数组
JSON_TABLE(json_doc,path COLUMNS(列定义列表)[AS] 列别名)	解析 JSON 文档，根据指定的路径，按照列定义列表将 JSON 对象转换为关系表

【示例 6.1.21】 JSON 函数示例。

（1）JSON_OBJECT()函数

```
SELECT JSON_OBJECT("sno",'s001',"sname",'王凡');
```

运行结果如图 6.1.21 所示。

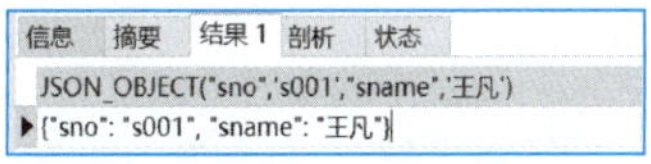

图 6.1.21
JSON_OBJECT 函数示例

分析：
该函数将两个键 sno、sname 和它们对应的值 s001、王凡构建成一个 JSON 对象。

（2）JSON_ARRAY()函数

```
SELECT JSON_ARRAY("sno",'s001',"sname",'王凡');
```

运行结果如图 6.1.22 所示。

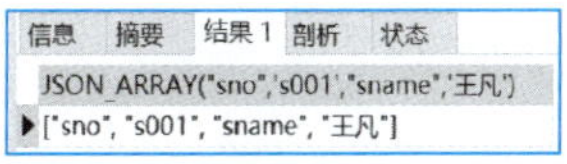

图 6.1.22
JSON_ARRAY 函数示例

分析：
该函数将两个键 sno、sname 和它们对应的值 s001、王凡构建成一个 JSON 数组。

（3）JSON_KEYS()函数

```
SET @userinfo='{"name":[{"uid":19,"uname":"王凡"},{"uid":20,"uname":"李晓"}]}';
```

SELECT JSON_KEYS(@userinfo,"$.name[0]");

运行结果如图 6.1.23 所示。

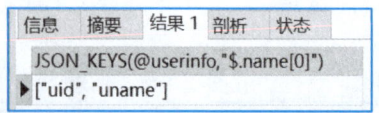

图 6.1.23
JSON_KEYS 函数示例

分析：

@userinfo 为用户变量，即用户使用自己定义的变量，在整个连接过程中都有效。MySQL 中用户变量不用事先声明，直接使用"@变量名"即可，其数据类型根据赋给它的值而随时变化。

第一条语句中 uid 为 19、uname 为王凡的 JSON 对象和 uid 为 20、uname 为李晓的 JSON 对象共同构成一个 JSON 数组，该数组又作为键 name 对应的值，共同构成新的 JSON 对象，并赋值给用户变量@userinfo，即@userinfo 存放的是一个 JSON 对象。

JSON_KEYS()函数的作用为获取@userinfo 指定路径"$.name[0]"下的键名，"$.name[0]"表示取 name 键的第一个数据元素。

（4）JSON_VALUE()函数

SET @userinfo='{"name":[{"uid":19,"uname":"王凡"},{"uid":20,"uname":"李晓"}]}';
SELECT JSON_VALUE(@userinfo,"$.name[0]");

运行结果如图 6.1.24 所示。

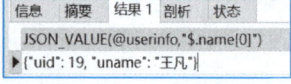

图 6.1.24
JSON_VALUE 函数示例

分析：

上述语句与前面相似，用户变量@userinfo 取值与前面相同。JSON_VALUE()函数的作用为获取@userinfo 指定路径"$.name[0]"下的键值，"$.name[0]"表示取 name 键的第一个数据元素。

（5）JSON_EXTRACT()函数

SET @userinfo='{"name":[{"uid":19,"uname":"王凡"},{"uid":20,"uname":"李晓"}]}';
SELECT JSON_EXTRACT(@userinfo,"$.name[0]");

运行结果如图 6.1.25 所示。

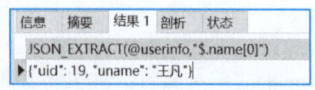

图 6.1.25
JSON_EXTRACT 函数示例

分析：

上述语句中的用户变量@userinfo 取值与前面相同。该函数将检索@userinfo 指定路径"$.name[0]"下的键值，"$.name[0]"表示取 name 键的第一个数据元素。

【示例 6.1.22】 将 category 表中商品类别编号小于 3 的每一行记录生成一个 JSON 对象。

```
SELECT
    JSON_OBJECT("category_id",category_id,
                "category_name",category_name,
                "category_desc",category_desc)
FROM category
WHERE category_id<3;
```

运行结果如图 6.1.26 所示。

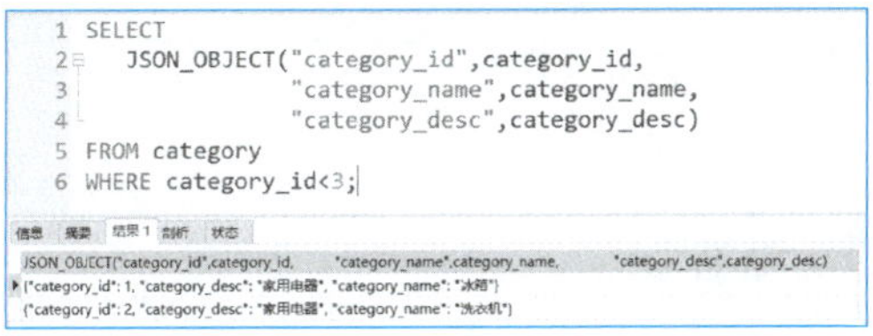

图 6.1.26
示例 6.1.21 运行结果

分析：

在 category 表中检索出商品类别编号小于 3 的记录，使用 JSON_OBJECT()函数将结果记录中的列名和各列值分别以键值对的形式组合成 JSON 对象。

【示例 6.1.23】 将 category 表中商品类别编号小于 3 的记录生成一个 JSON 数组。

```
SELECT
    JSON_ARRAYAGG(JSON_OBJECT("category_id", category_id,
                              "category_name", category_name,
                              "category_desc",category_desc)) AS cgjson
FROM category
WHERE category_id<3;
```

运行结果如图 6.1.27 所示。

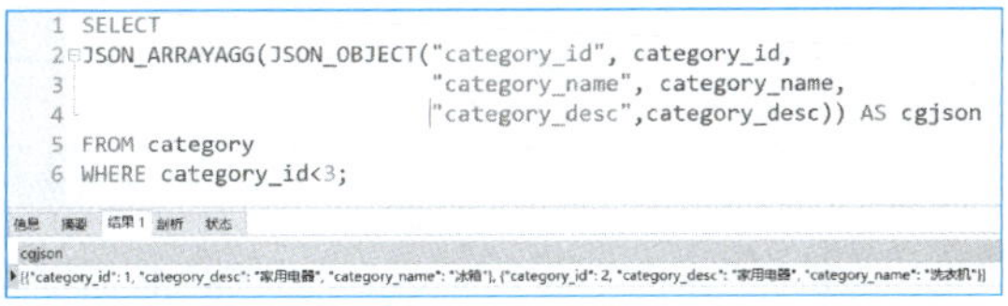

图 6.1.27
示例 6.1.22 运行结果

分析：

使用 JSON_ARRAYAGG()函数将商品类别编号小于 3 的结果集聚合为一个 JSON 数组，该结果中包含两个 JSON 对象。

在实际开发中，如果需要直接将查询结果集返回给应用程序使用，通常需要对其进行封装。以示例 6.1.23 为例，具体如下。

```
SELECT
```

模块 4　访问数据库内容

```
            @cj:=JSON_ARRAYAGG(JSON_OBJECT("category_id", category_id,
                                          "category_name",category_name,
                                          "category_desc",category_desc))
FROM category
WHERE category_id<3;

SET @categoryjson=CONCAT('{"category":',@cj,'}');
SELECT @categoryjson;
```

运行结果如图 6.1.28 所示。

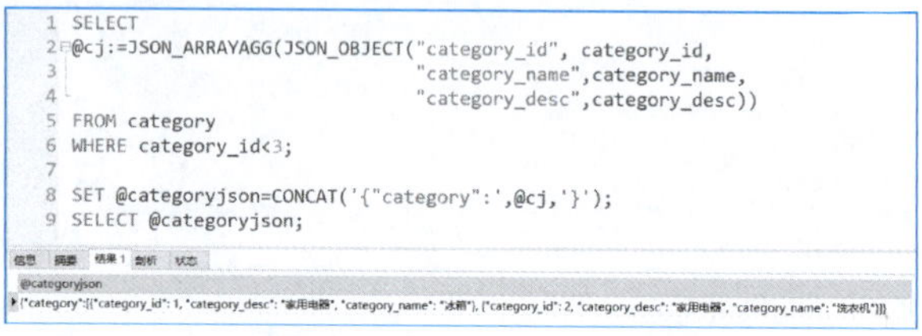

图 6.1.28
封装结果集

将上文生成的@categoryjson 变量值还原为关系表并查询出来。

```
SELECT *
FROM JSON_TABLE(@categoryjson,
                '$.category[*]' COLUMNS(
                    category_id INT PATH '$.category_id',
                    category_name VARCHAR(40) PATH '$.category_name'))
                AS test;
```

运行结果如图 6.1.29 所示。

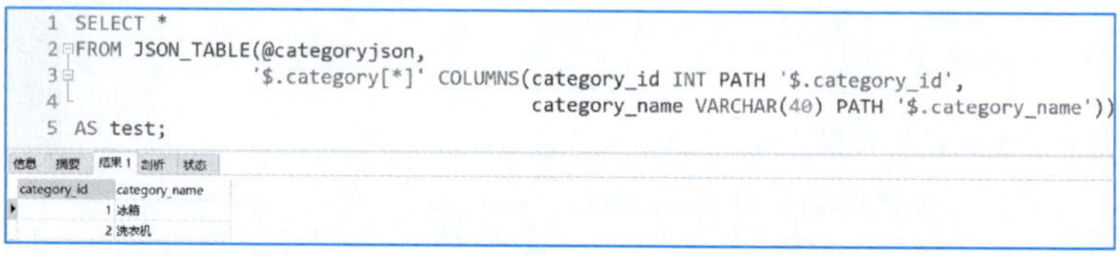

图 6.1.29
还原关系表

分析：
JSON_TABLE()函数的作用：解析 JSON 文档，根据指定路径，按照列定义列表将 JSON 对象转换为关系表。
上述语句中，指定从@categoryjson 的 JSON 文档中按'$.category[*]'路径提取数据。COLUMNS()函数中定义了两个列：其中 category_id 为 INT 类型，对应 category 对象中的 category_id 列；category_name 为 VARCHAR(40)，对应 category 对象中的 category_name 列。变量@categoryjson 对应的 JSON 文档转换成二维的关系表。

 **任务实施**

【任务 6.1.1】 统计订单表 orders 中订单金额在 10000 元以上的订单数目。

142

```
SELECT COUNT(order_id) AS '订单金额在 10000 元以上的订单数目'
FROM orders
WHERE total_price>10000;
```

运行结果如图 6.1.30 所示。

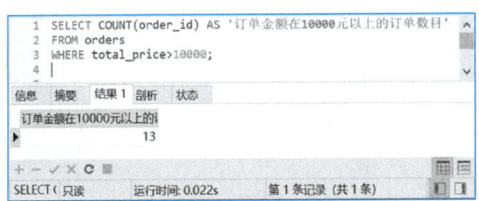

图 6.1.30
任务 6.1.1 运行结果

素养小课堂

无规矩不成方圆，无规范不能协作。对软件开发而言，适当的规范和标准绝不是消灭代码内容的创造性、优雅性，而是限制过度个性化，以一种普遍认可的方式一起编程，降低故障率，提升协作效率。代码规范是对每个程序员的要求，假设只是按照自己的喜好来编写代码，那么很可能出现的问题就是相互读不懂对方的代码，这样会给后续软件维护造成巨大的障碍。

任务拓展

关系运算基础（一）

MySQL 是一个关系数据库管理系统，而关系数据库建立在关系模型基础之上，具有严格的数据理论基础——关系代数。对于数据的操作，关系代数中除了集合的交、并、补运算之外，还定义了专门的关系运算：选择、投影。关系运算的特点是：运算的对象和结果都是表。

1. 选择运算

选择又称限制，它是在关系表中选择满足条件的行构成新表来作为运算结果。运算符号表示为$\sigma_F(R)$。

其中σ是选择运算符，下标 F 为条件表达式，R 为被操作的表。

【拓展 6.1.1】 商品表见表 6.1.7，需要在商品表中找出商品类型编号为 2 的商品信息。

表 6.1.7 商品表（goods）

商品编号 （goods_id）	商品名称（goods_name）	商品类型编号 （category_id）	商品价格 （goods_price）	型号（goods_model）	库存数量 （stock_number）	商品描述（goods_desc）
2	容声冰箱 BCD-526WD11HY	1	2799	BX-DK-004	55	能效；电脑控温；自动除霜
3	西门子 10 千克滚筒洗衣机	2	4499	XYJ-SM-002	51	家居互联远程操控，特渍洗程序，256 种水位调节，90℃高温筒清洁，LED 全触控界面

运算式可表示为：σ_F（商品表）。

上式中 F 为：商品类型编号=2，该选择运算的结果见表 6.1.8。

表 6.1.8　选择运算结果

商品编号（goods_id）	商品名称（goods_name）	商品类型编号（category_id）	商品价格（goods_price）	型号（goods_model）	库存数量（stock_number）	商品描述（goods_desc）
3	西门子 10 千克滚筒洗衣机	2	4499	XYJ-002	20	家居互联远程操控，特渍洗程序，256 种水位调节，90℃高温筒清洁，LED 全触控界面

2．投影运算

投影运算是从关系表中选择出若干属性值组成新的关系表。

【拓展 6.1.2】查询商品的商品名称、商品价格、商品描述，即求 goods 关系上商品名称、商品价格和商品描述 3 个属性上的投影。

$$\prod_{\text{商品名称，商品价格，商品描述}}（\text{商品表}）$$

该运算得到表 6.1.9 所示的新表。

表 6.1.9　投影运算结果

商品名称（goods_name）	商品价格（goods_price）	商品描述（goods_desc）
容声冰箱 BCD-526WD11HY	2799	能效；电脑控温；自动除霜
西门子 10 千克滚筒洗衣机	4499	家居互联远程操控，特渍洗程序，256 种水位调节，90℃高温筒清洁，LED 全触控界面

选择和投影都属于单目运算，运算对象是一个表。选择运算是从行的角度进行的运算，投影操作是从列的角度进行的运算。

任务 6.2　多表查询

任务分析

在家电商城系统中，公司营销部希望从各用户的购买记录中分析出用户的购买兴趣，从而制定对应的销售策略。这就需要查询用户购买商品的详细信息，涉及多张数据表。

知识储备

在实际应用中，需要查询的数据往往在一张表中得不到，需要涉及多张表，这可以通过连接查询或子查询来实现。

1．连接查询

连接查询是通过各张表之间公共列的关联来查询数据，分为交叉连接、内连接、外连接。

（1）交叉连接

两张表做交叉连接会将第一张表的所有行与第二张表的所有行一一组合来构成查询结果，产生结果记录的行数为这两张表记录行数的乘积。这样连接输出的结果称为笛卡尔积。交叉连接可以通过在 FROM 子句中直接写出连接的表名或使用 CROSS JOIN 关键字两种方式实现。

微课 6-11
交叉连接

【示例 6.2.1】 在家电商城数据库中，查看订单表和订单明细表可能的组合情况。

方式 1 如下。

```
SELECT orders.order_id,user_id,orders.order_date,goods_id,
order_item.order_id,order_item.order_number
FROM orders,order_item;
```

方式 2 如下。

```
SELECT orders.order_id,user_id,orders.order_date,goods_id,
order_item.order_id,order_item.order_number
FROM orders CROSS JOIN order_item;
```

分析：

查询结果如图 6.2.1 所示。orders 表中有 50 行记录，order_item 表中有 66 行记录，最终结果集有 50×66=3300 行记录；orders 表中 order_id 为 1 的记录与 order_item 表中的 66 行记录分别组合，然后用 order_id 为 2 的记录与 order_item 表中的 66 行记录分别组合，依次类推，直到 orders 表中的所有记录与 order_item 表中的所有记录都组合完一遍。分析结果，不难发现许多数据行是没有意义的数据行，如结果集中的第一行数据，显示如下。

order_id	user_id	order_date	goods_id	order_id(1)	order_number
50	26	2023-01-15	11	30	1

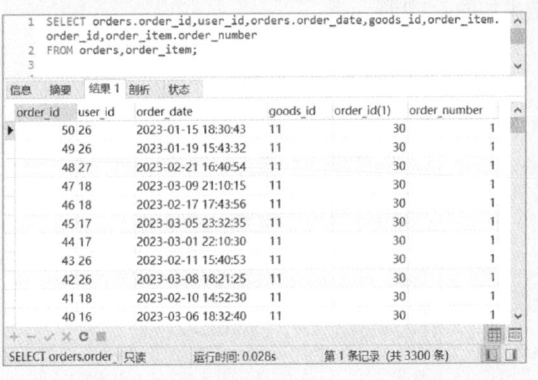

图 6.2.1
示例 6.2.1 交叉连接查询结果

该行数据第一列 order_id 为 50 来源于 orders 表，而第 5 列 order_id(1)值为 30 来源于 order_item 表，在实际应用中这样的数据是无用的，只有当 orders 表中的 order_id 和 order_item 表中的 order_id 一致时才能真正确定这张订单的详细信息，即具体订购了哪些商品、订购数量等。而且如果数据增多，查询花费的时间将成倍增加（计算机不同，查询时间会有区别）。例如，orders 表增加到 100 行记录，order_item 表记录数增加到 1000 行，交叉连接后产生的结果记录行将是 100×1000=100000。因此，交叉连接在实际中很少使用。

145

微课 6-12
内连接

（2）内连接

在交叉连接查询结果的基础上只保留满足连接条件的数据行，消除没有具体意义的数据行，可以通过内连接来实现。内连接可以在 WHERE 子句中指出连接条件，也可使用 INNER JOIN 关键字来实现。

【示例 6.2.2】使用内连接来查询用户的订单情况，包括用户编号、商品编号、订购数量、订购时间。

方式 1 如下。

```
SELECT user_id,goods_id,order_item.order_number,orders.order_date
FROM orders, order_item
WHERE orders.order_id=order_item.order_id;
```

分析：

FROM 子句中指出要查询的字段所在的表，表名之间用逗号间隔。当两张表包含相同字段时，可以使用"表名.列名"来区分。

方式 2 如下。

```
SELECT user_id,goods_id,order_item.order_number,orders.order_date
FROM orders INNER JOIN order_item
ON orders.order_id=order_item.order_id;
```

分析：

上述语句是在 ON 关键字后面指定两张表的连接条件，返回满足条件的行。INNER 可以省略，是系统默认的。若还有其他不属于表连接的条件，可以书写在 WHERE 子句中。

查询结果如图 6.2.2 所示。

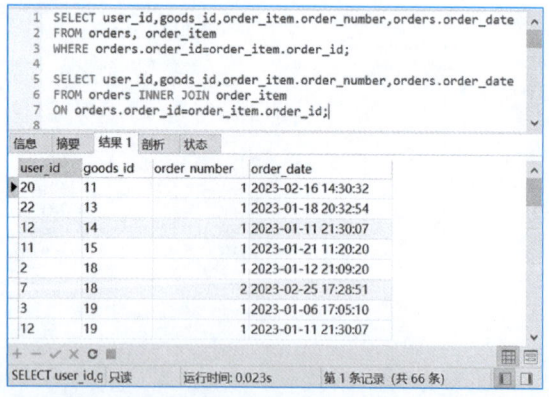

图 6.2.2
示例 6.2.2 内连接查询结果

【示例 6.2.3】使用 JOIN 关键字实现：查询用户订购的商品名称、订购数量和订购时间。

```
SELECT user_id,goods.goods_name,order_item.order_number,orders.order_date
FROM orders INNER JOIN order_item ON orders.order_id=order_item.order_id
    INNER JOIN goods ON order_item.goods_id=goods.goods_id;
```

查询结果如图 6.2.3 所示。

图 6.2.3
示例 6.2.3 使用 JOIN 对 3 张表连接查询结果

分析：
　　此例使用 JOIN 对 3 张表进行连接查询，具体的做法是表和表之间两两连接，先让两张表使用 JOIN 关键字连接，在 ON 后指出连接条件，然后再使用 JOIN 连接第 3 张表，在 ON 后指出与第 3 张表的连接条件。

　　内连接中还有一种特殊情况，可以将一张表与其自身进行连接，称为自连接。若要在一张表中查找具有相同列值的行，则可以使用自连接。使用自连接时，需要为表指定两个别名，对所有列的引用均要指定别名来限定。

【**示例 6.2.4**】 查询订单表中订单号不同但订购商品相同的订单情况（如订单编号、商品编号、订购数量）。

> SELECT a.order_id,a.goods_id,a.order_number,b.order_id,b.order_number
> FROM order_item AS a JOIN order_item AS b
> ON a.order_id!= b.order_id AND a.goods_id=b.goods_id;

查询结果如图 6.2.4 所示。

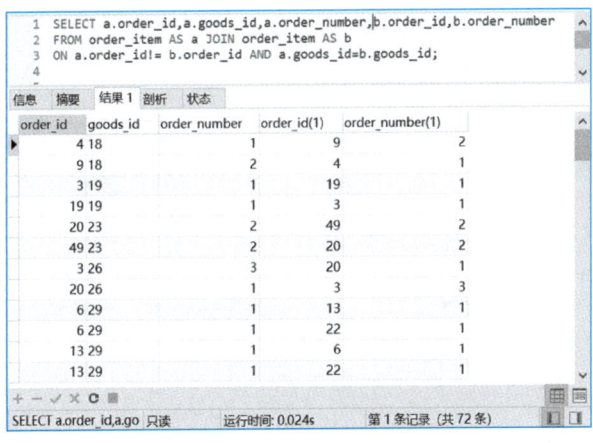

图 6.2.4
示例 6.2.4 自连接查询结果

（3）外连接
　　在某些情况下，使用内连接查询会出现查询信息不完整的情况。例如，查询所有商品被订购的情况时，要求包含被订购过的商品情况，也要包括从未被订购过的商品情况。使用内

微课 6-13
外连接

连接查询语句如下。

> SELECT goods.goods_id,goods_name,order_id,order_number
> FROM goods JOIN order_item
>   ON goods.goods_id=order_item.goods_id;

查询结果如图 6.2.5 所示，最终的结果记录行数为 66 行。对照商品表，表中有 70 条记录，即 70 种商品，但在该查询结果中，许多商品的订购情况没有列出。例如，没有找到商品编号为 1 的商品订购情况，原因是没有订单订购此商品，不满足表 goods 与表 order_item 的连接条件：goods.goods_id=order_item.goods_id，所以它的信息没有出现在结果集中。可以看出，内连接查询把表 goods 中存在但没有订单订购的商品信息过滤掉了。

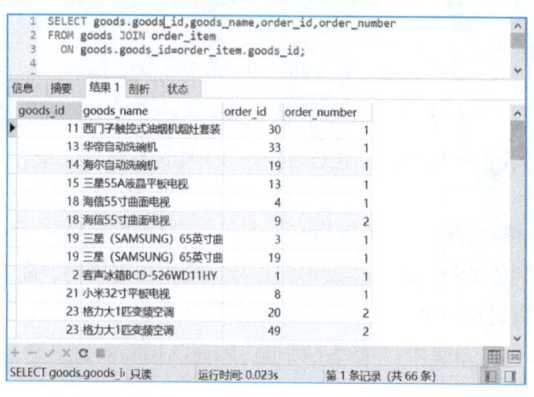

图 6.2.5
内连接查询结果

使用外连接可以解决此类问题。外连接包括左外连接（LEFT OUTER JOIN）、右外连接（RIGHT OUTER JOIN），其中 OUTER 关键字可以省略。

① 左外连接：结果表中除匹配行外，还包括左表中有的但右表中不匹配的行，对于这样的行，从右表选择列的列值设置为 NULL。

【示例 6.2.5】 查询所有商品的订购情况，若从未被订购，也要包括该情况。

> SELECT goods.goods_id,goods_name,order_id,order_number
> FROM goods LEFT OUTER JOIN order_item
>   ON goods.goods_id=order_item.goods_id;

查询结果如图 6.2.6 所示。

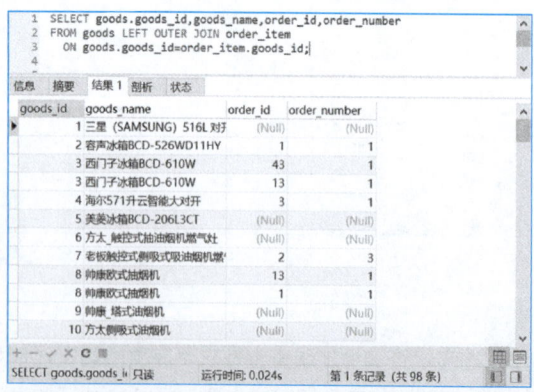

图 6.2.6
示例 6.2.5 左外连接查询结果

> **分析：**
> 结果中包含未被订购过的商品信息，相应的订单编号、订购数量的字段值为 NULL。

② 右外连接：结果表中除匹配行外，还包括右表中有的但左表中不匹配的行，对于这样的行，从左表中选择列的列值将设置为 NULL。

【示例 6.2.6】查询所有用户的订购商品情况，包括订单编号、订购时间、用户姓名。若用户没有订购商品，也要包含该情况。

```
SELECT orders.order_id,order_date,user_name
FROM orders RIGHT OUTER JOIN users
ON orders.user_id=users.user_id;
```

若某用户从未购买过商品，相应的订单编号、订购时间的字段值均为 NULL。查询结果如图 6.2.7 所示。

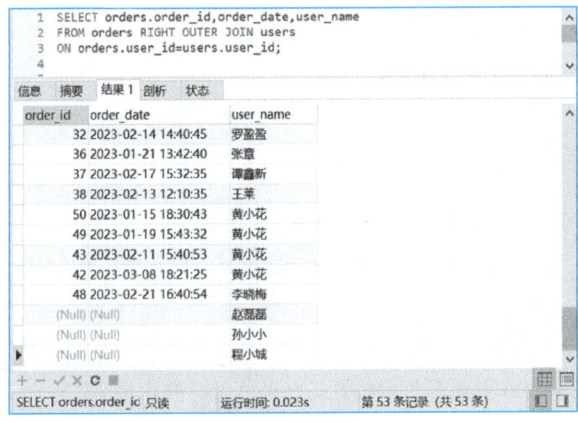

图 6.2.7
示例 6.2.6 右外连接查询结果

2. 子查询

在书写查询条件时，可以使用另一个查询的结果作为条件的一部分，执行时可以先通过一个查询得到一个结果集，而后将这个结果集作为下一步查询的条件，进而完成整个查询，这称为子查询。子查询可以在 SELECT、INSERT、UPDATE 或 DELETE 语句或其他子查询中嵌套使用。按照使用运算符或谓词的不同，子查询可分为 IN 子查询、比较子查询和 EXISTS 子查询。

（1）IN 子查询

IN 子查询使用 IN 运算符判断一个给定值是否存在于子查询结果集中，当表达式与子查询结果表中的某个值相等时，表示该记录满足条件；若使用了 NOT，则刚好相反。

【示例 6.2.7】查询用户名为"李志军"的订单信息（不排除同名的情况）。

微课 6-14
子查询——
IN 子查询

```
SELECT *
FROM orders
WHERE user_id IN ( SELECT user_id
                   FROM users
                   WHERE user_name='李志军');
```

查询结果如图 6.2.8 所示。

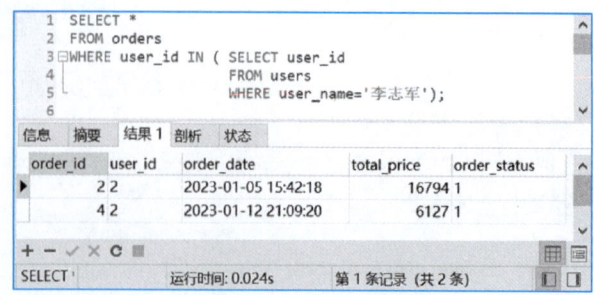

图 6.2.8
示例 6.2.7 查询结果

分析：
语句中小括号内的子查询称为内部查询，括号外面的语句称为外部查询。先执行内部查询，如下。

SELECT user_id FROM users WHERE user_name='李志军';

得到李志军的用户编号，然后将其作为外部查询的条件，若订单表中某行的用户编号与子查询结果表中的值相等，则该行就被选择。

素养小课堂

该任务可以使用连接查询来实现吗？对比看看哪种方式更高效。

在使用查询语句进行信息检索时，查询效率直接影响客户体验，因此寻求效率更优的解决方案一直是开发人员努力的方向。

在以后工作中，面对要解决的项目问题，要敢于尝试多种方法，从不同的角度来思考和解决问题，往往会有意想不到的收获。许多发明创造都是在科学家的不断尝试中出现的，项目开发经验也是在不断尝试中逐渐积累起来的。

【示例 6.2.8】查找购买了"空调"商品的用户信息。

SELECT *
FROM users
WHERE user_id IN
　　(SELECT user_id FROM orders WHERE order_id　IN
　　　　(SELECT order_id FROM order_item WHERE goods_id IN
　　　　　　(SELECT goods_id FROM goods WHERE goods_name LIKE '%空调%')));

查询结果如图 6.2.9 所示。

（2）比较子查询

比较子查询是 IN 子查询的扩展，形式如下。

表达式 比较运算符 ALL | SOME | ANY (SELECT 语句)

微课 6-15
子查询——比较子查询

它是将表达式的值与子查询的结果按照 ALL、SOME、ANY 限制进行比较运算。ALL 指定表达式要与子查询结果集中的每个值都进行比较，只有当表达式与每个值的比较都满足关系时，才返回 TRUE，否则返回 FALSE。SOME 和 ANY 表示表达式只要和子查询结果集中的某个值满足比较关系即可返回 TRUE，否则返回 FALSE。

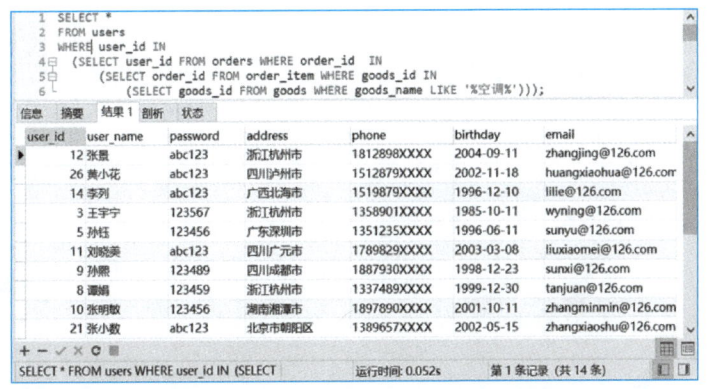

图 6.2.9
示例 6.2.8 查询结果

【示例 6.2.9】 查找购买了商品编号为 25 的商品的用户信息。

SELECT *
FROM users
WHERE user_id = ANY (SELECT user_id
　　　　　　　　　　　　FROM orders
　　　　　　　　　　　　WHERE order_id IN(SELECT order_id
　　　　　　　　　　　　　　　　　　　　　　FROM order_item
　　　　　　　　　　　　　　　　　　　　　　WHERE goods_id=25));

查询结果如图 6.2.10 所示。

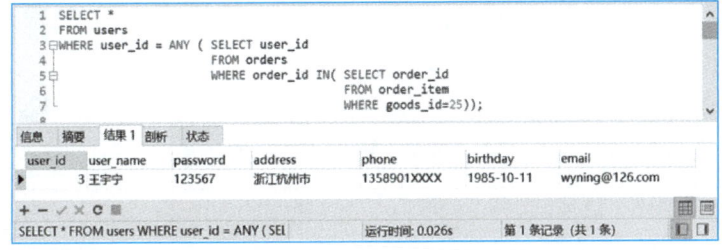

图 6.2.10
示例 6.2.9 查询结果

分析：
ANY 表示只要 users 表中的 user_id 与子查询结果集中的某个 user_id 满足相等的关系时，这条用户信息会出现在最后的查询结果集中。

【示例 6.2.10】 查询商品表中所有比"洗衣机"类商品价格都高的商品基本信息（如商品编号、商品名称、商品价格）。

SELECT goods_id,goods_name,goods_price
FROM goods
WHERE goods_price>ALL (SELECT goods_price
　　　　　　　　　　　　FROM goods WHERE category_id=(SELECT category_id
　　　　　　　　　　　　　　　　　　　　　　　　　　　FROM category

WHERE category_name='洗衣机'));

查询结果如图 6.2.11 所示。

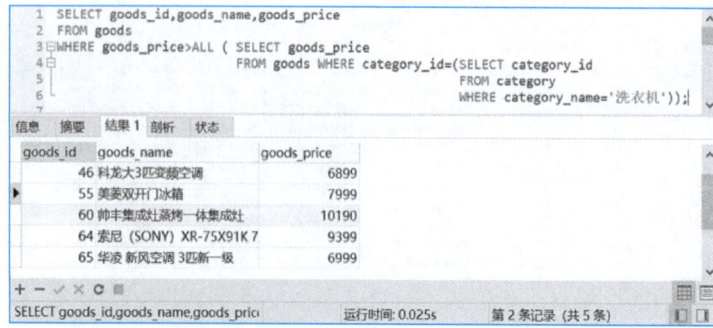

图 6.2.11
示例 6.2.10 查询结果

分析：
ALL 表明外部查询中的 goods_price 要与子查询结果集中的每种洗衣机商品的 goods_price 值都进行比较，当全都满足大于关系时，这条记录信息才会出现在最后的查询结果集中。

微课 6-16
子查询——EXISTS 子查询

（3）EXISTS 子查询

带 EXISTS 关键字的子查询不返回任何实际数据，它关注的是子查询是否有记录返回，若子查询的结果集不为空，EXISTS 子查询返回 TRUE，否则返回 FALSE。NOT EXISTS 返回值与 EXISTS 刚好相反。

【示例 6.2.11】查询订单金额在 15000 元以上的用户信息。

SELECT *
FROM users
WHERE EXISTS (SELECT * FROM orders
            WHERE user_id=users.user_id AND total_price>15000);

查询结果如图 6.2.12 所示。

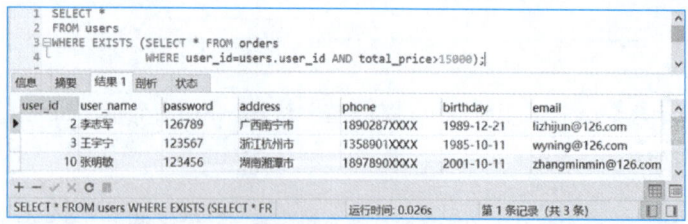

图 6.2.12
示例 6.2.11 查询结果

分析：
本例中的子查询与前面不同，在前面的子查询中，内层查询只处理了一次，得到一个结果集后，再依次处理外层查询；本例子查询的条件中使用了限定形式的列名引用 users.user_id，表示该用户编号列出自 users 表，表明内层查询与 users.user_id 有关，子查询不能单独执行，需要与外层查询结合起来处理多次，而外层查询中 users 表的不同行的用户编号值也不同。这类子查询中的查询条件要依赖于外层查询中某些值称为相关子查询。其处理过程是，查找外层查询中 users 表的第一行，根据该行的 user_id 列值处理内层查询，若结果集不为空，则 WHERE 条件为真，就把该行的用户信息取出作为结果集中的一行；然后再找 users 表的第 2、3、…行，重复上述处理过程，直到 users 表的所有行都查找完为止。

任务实施

【任务 6.2.1】查询订购了"空调"且订购数量大于或等于 3 台的用户编号、订购的商品名称、订购数量、订购时间。

```
SELECT user_id,g.goods_name,oi.order_number,o.order_date
FROM orders   AS o
    INNER JOIN order_item   AS oi ON o.order_id=oi.order_id
    INNER JOIN goods AS g ON oi.goods_id=g.goods_id
WHERE goods_name LIKE '%空调%' AND order_number>=3;
```

查询结果如图 6.2.13 所示。

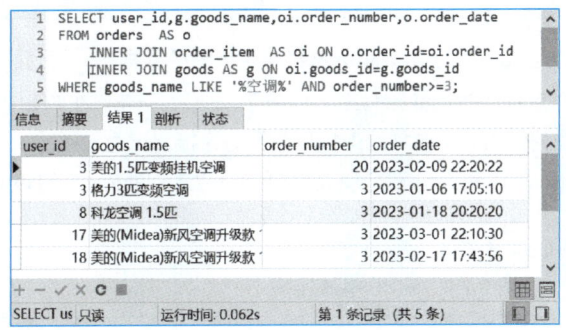

图 6.2.13
任务 6.2.1 查询结果

分析：

在上述查询语句中，在表名后面使用 AS 关键字可以定义表的别名，如用 o 来作为 orders 表的别名，用 oi 作为 order_item 表的别名，用 g 作为 goods 表的别名；在 ON 后面指出表与表之间连接的条件，其他条件均写在 WHERE 子句中。

任务拓展

关系运算基础（二）

关系运算中除选择、投影外，还包括连接运算。连接运算是从两张表的笛卡尔积中选取满足给定条件的行构成新表。

1. 等值连接

将每张表中的每行都与其他表中的每行交叉以产生所有可能的组合，列包含所有表中出现的列,即笛卡尔积。例如,关系表 R(见表 6.2.1)有 3 行 3 列,关系表 S(见表 6.2.2)有 2 行 2 列,表 R 和表 S 做笛卡尔积运算后将产生 6 行 5 列的临时表(见表 6.2.3)。

表 6.2.1　关系表 R

A	B	C
1	a	Y
3	b	N
6	f	Y

表 6.2.2　关系表 S

B	E
a	M
b	N

表 6.2.3　R、S 笛卡尔乘积产生的临时结果

A	R.B	C	S.B	E
1	a	Y	a	M
1	a	Y	b	N
3	b	N	a	M
3	b	N	b	N
6	f	Y	a	M
6	f	Y	b	N

从表 6.2.3 不难看出,笛卡尔乘积运算将产生大量的数据行,得到的数据行数为每张表的数据行数之积,而这样产生的数据绝大多数是没有意义的。为了便于管理,设定连接条件,即两张表的某些列值相等,这样的连接称为**等值连接**,记为 $R\bowtie_F S$。

【拓展 6.2.1】若表 R 和 S 分别见表 6.2.1 和表 6.2.2,则 $R\bowtie_F S$ 见表 6.2.4,其中 F 为:R.B=S.B。

表 6.2.4　R、S 等值连接

A	R.B	C	S.B	E
1	a	Y	a	M
3	b	N	b	N

2. 自然连接

数据库中最常用的是自然连接,它也是一种特殊的等值连接。它要求两张关系表中有共同属性(列)。它的运算结果是在两张表进行等值连接后去除重复的属性列后形成的新表,记为:$R\bowtie S$。

【拓展 6.2.2】若表 R 和 S 分别见表 6.2.1 和表 6.2.2,则 $R\bowtie S$ 见表 6.2.5。

表 6.2.5　R、S 等值连接

A	R.B	C	E
1	a	Y	M
3	b	N	N

在实际的数据库管理系统中,表的连接大多为自然连接,在本书中如果不特别指明,"连

接"均指自然连接。

任务 6.3　分类汇总与排序

任务分析

在家电商城系统中，销售人员需要统计每种商品的订购数量，这需要把商品编号相同的数据放在一组，有几个商品编号就分成几个小组，然后在每组组内统计订购数量的和。

知识储备

1. GROUP BY 子句

在实际应用中，常常需要将查询对象按照一定的条件划分为若干小组，然后对小组内部的数据进行汇总统计，这可以使用 GROUP BY 子句实现。GROUP BY 可以根据一个或多个列进行分组，也可以根据表达式进行分组，常和聚合函数一起使用。

【示例 6.3.1】按商品类别统计商品表 goods 中各类商品的商品种数。

微课 6-17
分类汇总

```
SELECT category_id AS '类别编号',COUNT(*) AS '商品种数'
FROM goods
GROUP BY category_id;
```

运行结果如图 6.3.1 所示。

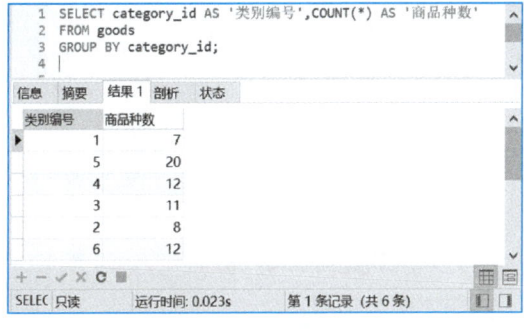

图 6.3.1
示例 6.3.1 运行结果

分析：

运行结果显示了商品类别编号和每种类别包含的商品种数，需要按照商品类别编号先分组，然后统计各个分组的记录的总行数。

【示例 6.3.2】按商品编号分类统计各个商品的订单数和订单的订购总量。

```
SELECT goods_id '商品编号',COUNT(*) '订单数',SUM(order_number) '订购总量'
FROM order_item
GROUP BY goods_id;
```

运行结果如图 6.3.2 所示。

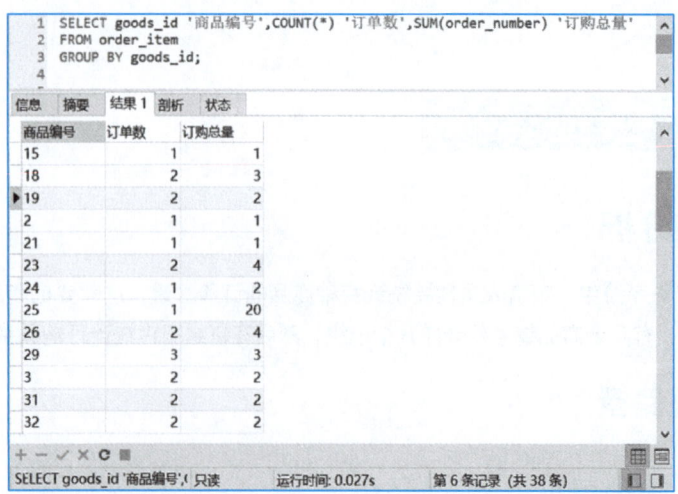

图 6.3.2
示例 6.3.2 运行结果

分析：
运行结果显示了按照商品编号进行分组，得到了每种商品的订单数以及订购数量总和。

2. HAVING 子句

HAVING 子句写在 GROUP BY 子句后，用于过滤分组后的结果。与 WHERE 子句类似，不同的是 WHERE 子句是在 FROM 子句中选择行，而 HAVING 子句是在 GROUP BY 子句后选择行。

【示例 6.3.3】查询 orders 表中平均订单金额在 10000 元以上的用户编号和平均订单金额。

SELECT user_id,AVG(total_price)
FROM orders
GROUP BY user_id
HAVING AVG(total_price)>10000;

查询结果如图 6.3.3 所示。

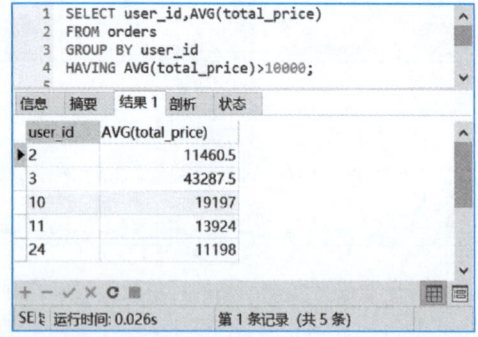

图 6.3.3
示例 6.3.3 查询结果

分析：
"平均订单金额在 10000 元以上"是分组统计后的条件，需要用 HAVING 子句来指定，HAVING 子句中的条件通常是统计函数。

【示例 6.3.4】 查询 orders 表中至少下了 2 次（包含 2 次）订单且每笔订购金额在 5000 元以上的用户编号。

```
SELECT user_id AS '用户编号',COUNT(*) AS '下订单的数目'
FROM orders
WHERE total_price>5000
GROUP BY user_id
HAVING COUNT(*)>=2;
```

查询结果如图 6.3.4 所示。

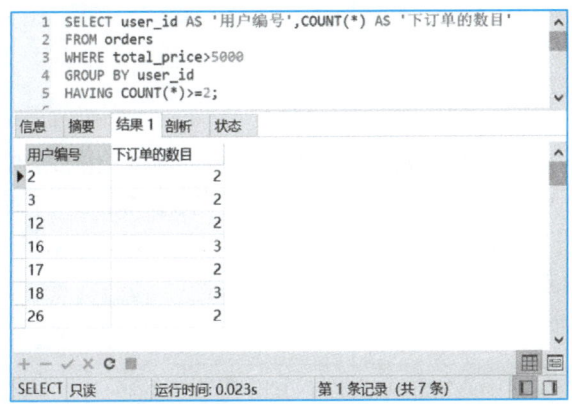

图 6.3.4 示例 6.3.4 查询结果

分析：
查询将订单表中订单金额大于 5000 元的记录按用户编号进行分组，对每组记录进行统计，选出记录数大于或等于 2 的用户编号形成结果集。

WHERE 语句与 HAVING 子句的区别如下。
- WHERE 语句是对分组前的记录进行筛选，HAVING 子句是对分组后的结果记录集筛选。
- WHERE 语句的查询条件不能包含聚合函数，HAVING 子句可以使用聚合函数作为条件。
- WHERE 语句跟在 FROM 语句后面，而 HAVING 子句跟在 GROUP BY 子句后面。

3. ORDER BY 子句

在查询时，常常需要按照一定的顺序显示查询结果，此时可以使用 ORDER BY 子句。在 ORDER BY 子句中指出排序的依据，可以是一列或多列，还可指定按升序、降序排列，关键字 ASC 表示升序排列，DESC 表示降序排列，系统默认为 ASC。

微课 6-18 排序

【示例 6.3.5】 将商品表 goods 中的数据记录按商品价格从高到低排列。

```
SELECT goods_name,goods_price
FROM goods
ORDER BY goods_price DESC;
```

运行结果如图 6.3.5 所示。

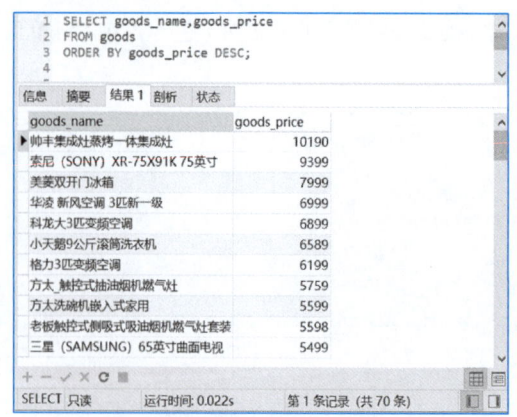

图 6.3.5
示例 6.3.5 运行结果

4．窗口函数

微课 6-19
使用窗口函数分析数据

在查询中，若希望对数据库数据进行实时分析处理，可使用窗口函数。窗口函数也称为联机分析处理（Online Analytical Processing，OLAP）函数，常常适用于对分组统计结果中每一条记录逐条进行计算的场景。窗口可以理解为记录集合，窗口函数即满足某种条件的记录集合上执行的特殊函数。

基本书写格式如下。

> 窗口函数名([字段名]) OVER([PARTITION BY <用于分组的列名>]
> [ORDER BY <用于排序的列名> [DESC]]
> [<窗口分区>]) [[AS] 别名]

 说明 》》》》》

- OVER 关键字：指定函数执行的窗口范围。
- PARTITION BY 子句：按照指定字段分组，窗口函数在各分组分别执行。
- ORDER BY 子句：按照指定字段排序。

MySQL 8.0 中有专门的窗口函数，按照功能可划分为序号函数、前后函数、分布函数、头尾函数、其他函数，具体见表 6.3.1。此外，普通的聚合函数也可作为窗口函数来使用。

表 6.3.1 常用的部分窗口函数

函数类型	函数名	功能
序号函数	ROW_NUMBER()	对查询结果分组，并对分组后的每一行数据进行标号，顺序排序，如 1、2、3、4、5
	RANK()	对查询结果分组，并对分组后的每一行数据进行标号，并列排序，跳过重复序号，如 1、1、3、4、4
	DENSE_RANK()	对查询结果分组，并对分组后的每一行数据进行标号，并列排序，不跳过重复序号，如 1、1、2、3、3
前后函数	Lag(field,n,default)	在一次查询中取当前行的同一字段（field 参数）的前面第 n 行数据，如果没有，使用 default 参数代替

续表

函数类型	函数名	功能
前后函数	LEAD (field,n,default)	在一次查询中取当前行的同一字段（field 参数）的后面第 n 行数据，如果没有，使用 default 参数代替
分布函数	百分位 PERCENT_RANK()	计算分组内每一行的百分比排名
头尾函数	取值函数 FIRST_VALUE()	取分组内第一行的值
	取值函数 LAST_VALUE()	取分组内最后一行的值
其他函数	NTILE(n)	分箱函数，将分组中已排序的行划分为大小尽可能相等的 n 个已排名组

【示例 6.3.6】查询商品表 goods，分析各类别中每种商品的库存量排名，列出商品编号、商品名称、商品类型编号、库存量和库存量排名。

```
SELECT goods_id,goods_name,category_id,stock_number,
        ROW_NUMBER() OVER(PARTITION BY category_id ORDER BY stock_number DESC)
                AS stock_order1,
        RANK() OVER(PARTITION BY category_id ORDER BY stock_number DESC)
                AS stock_order2,
        DENSE_RANK() OVER(PARTITION BY category_id ORDER BY stock_number DESC)
                AS stock_order3
FROM goods;
```

查询结果如图 6.3.6 所示。

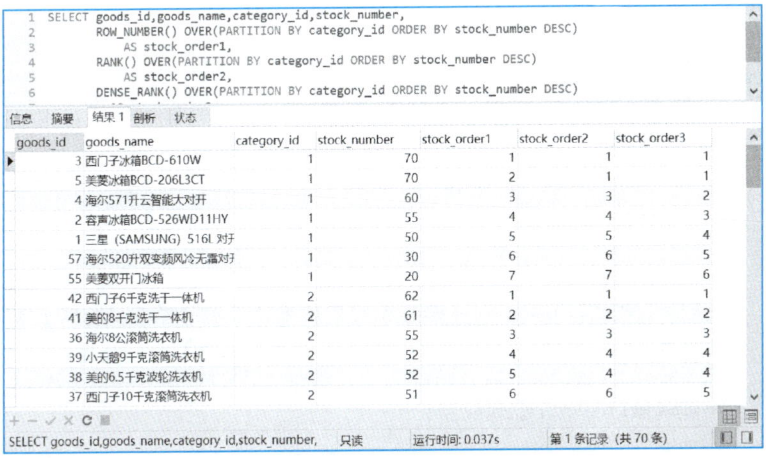

```
SELECT goods_id,goods_name,category_id,stock_number,
        ROW_NUMBER() OVER(PARTITION BY category_id ORDER BY stock_number DESC)
            AS stock_order1,
        RANK() OVER(PARTITION BY category_id ORDER BY stock_number DESC)
            AS stock_order2,
        DENSE_RANK() OVER(PARTITION BY category_id ORDER BY stock_number DESC)
```

信息　摘要　结果 1　剖析　状态

goods_id	goods_name	category_id	stock_number	stock_order1	stock_order2	stock_order3
3	西门子冰箱BCD-610W	1	70	1	1	1
5	美菱冰箱BCD-206L3CT	1	70	2	1	1
4	海尔571升云智能大对开	1	60	3	3	2
2	容声冰箱BCD-526WD11HY	1	55	4	4	3
1	三星（SAMSUNG）516L 对开	1	50	5	5	4
57	海尔520升双变频风冷无霜对开	1	30	6	6	5
55	美菱双开门冰箱	1	20	7	7	6
42	西门子6千克洗干一体机	2	62	1	1	1
41	美的8千克洗干一体机	2	61	2	2	2
36	海尔8公滚筒洗衣机	2	55	3	3	3
39	小天鹅9千克滚筒洗衣机	2	52	4	4	4
38	美的6.5千克波轮洗衣机	2	52	5	4	4
37	西门子10千克滚筒洗衣机	2	51	6	6	5

SELECT goods_id,goods_name,category_id,stock_number,　只读　运行时间: 0.037s　第 1 条记录（共 70 条）

图 6.3.6
示例 6.3.6 查询结果

分析：

ROW_NUMBER()、RANK()、DENSE_RANK()函数都是按照商品类型编号 category_id 对商品表 goods 进行分组，然后组内按照库存数量 stock_number 排序，为每行分配一个序号。stock_order1 为使用 ROW_NUMBER()函数的排名结果，顺序排序；stock_order2 为使用 RANK()函数的排名，并列排序，跳过重复序号；stock_order3 为使用 DENSE_RANK()函数的排名结果，并列排序，不跳过重复序号。

小知识

窗口函数相当于对 WHERE 或 GROUP BY 子句处理后的结果进行操作，因此通常按照 SQL 语句的执行顺序，一般放在 SELECT 子句中。

窗口函数与聚合函数的区别：聚合函数是将若干条记录聚合，结果为一条记录；窗口函数是每条记录都执行，执行完结果记录的条数和执行前一致。

【示例 6.3.7】 将订单表 orders 中的记录按订购总金额分成 5 组。

```
SELECT *,
    NTILE(5) OVER(PARTITION BY user_id ORDER BY total_price) AS group_no
FROM orders;
```

运行结果如图 6.3.7 所示。

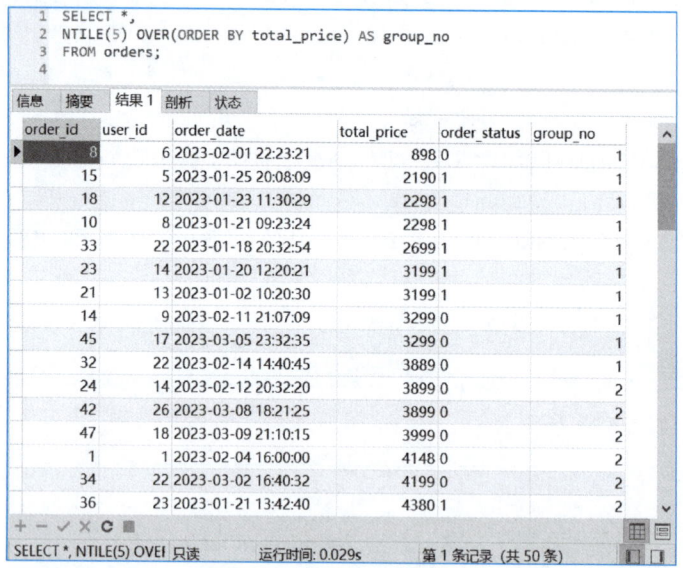

图 6.3.7
示例 6.3.7 运行结果

分析：

此查询中，函数 NTILE(5)的作用是将按订单总金额升序排列的订单记录平均分成 5 组，group_no 为每行记录对应的组号。

该函数也称分桶函数，在数据分析中应用较多，它把有序的数据集合平均分配到指定数量（N）的桶中，将桶号分配给每一行。当数据量大时，常常需要将数据平分到 N 个并行的进程分别处理，以提高效率，此时可使用该函数对数据进行分组。特别要注意的是，由于记录数不一定被 N 整除，因此数据不一定完全平均分配。

【示例 6.3.8】 查询订单表 orders，统计分析各个用户截止到各下单时间的累计订单总金额。

```
SELECT user_id,
    SUM(total_price) OVER (PARTITION BY user_id ORDER BY order_date)
      AS tol_price
FROM orders;
```

查询结果如图 6.3.8 所示。

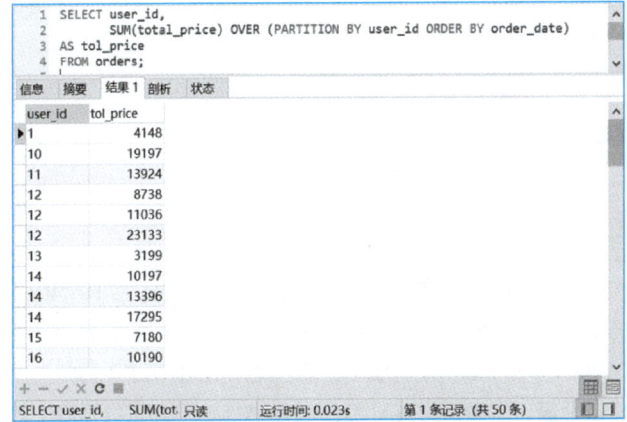

图 6.3.8
示例 6.3.8 查询结果

分析：

此查询中，聚合函数 SUM() 作为窗口函数来使用，将订单表 orders 按用户编号 user_id 分组，组内按订购时间 order_date 排序，并统计截止到各记录的下单时间为止，该用户下过的所有订单的总金额。例如，user_id 为 12 的用户，截止到第 1 次下单时间，订单总金额为 8738，截止到第 2 次下单时间，订单总金额在 8738 的基础上累加到 11036，截止到第 3 次下单时间为止，订单总金额在第 2 次 11036 的基础上累加到 23133。

任务实施

【任务 6.3.1】按商品类别分类统计 goods 表中商品的库存数。

```
SELECT category_id,SUM(stock_number) AS '库存数'
FROM goods
GROUP BY category_id
WITH ROLLUP;
```

运行结果如图 6.3.9 所示。

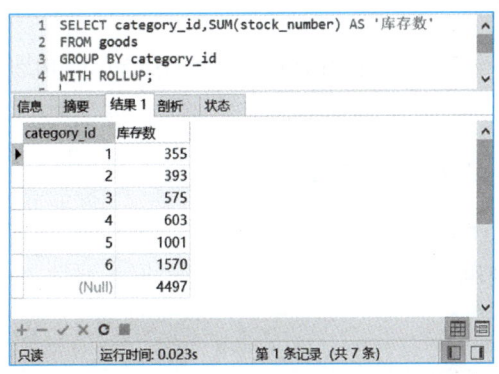

图 6.3.9
任务 6.3.1 运行结果

161

> **分析：**
> 从任务 6.3.1 的运行结果可以看出，语句中使用了带 ROLLUP 操作符的 GROUP BY 子句，结果集中不仅包含由 GROUP BY 提供的正常行，还包含汇总行。

 任务拓展

HANDLER 语句

SELECT 语句通常返回一个记录行的集合，即一个临时表。而 HANDLER 语句提供另外一种查询数据的方式，它能一行一行地浏览表中的数据，是 MySQL 专用的语句，不属于 SQL 标准。它可用于 MyISAM 和 InnoDB 引擎中的表。使用 HANDLER 语句浏览数据必须先使用 HANDLER OPEN 打开表，然后使用 HANDLER READ 语句浏览打开表中的记录行，浏览完后使用 HANDLER CLOSE 语句关闭之前打开的表。

1. 打开数据表

使用 HANDLER OPEN 语句打开数据表。基本书写格式如下。

    HANDLER 表名 OPEN;

2. 浏览表中的行

使用 HANDLER READ 语句浏览打开表中的记录行。基本书写格式如下。

    HANDLER 表名 READ {FIRST | NEXT}
        WHERE 条件

 说明 »»»»»
- FIRST | NEXT：FIRST 表示读取第一行，NEXT 表示读取下一行。
- WHERE 子句：返回满足特定条件的行，同 SELECT 语句中的 WHERE 子句类似。

3. 关闭打开的表

记录行读取完后，最后必须使用 HANDLER CLOSE 语句关闭之前打开的表。基本书写格式如下。

    HANDLER 表名 CLOSE;

【拓展 6.3.1】逐行读取商品表 goods 中商品价格大于 5000 的商品信息。
首先打开表，具体如下。

    USE eshop;
    HANDLER goods OPEN;

读取满足条件的第一行数据，具体如下。

HANDLER goods READ FIRST
WHERE goods_price>5000;

运行结果如图 6.3.10 所示。

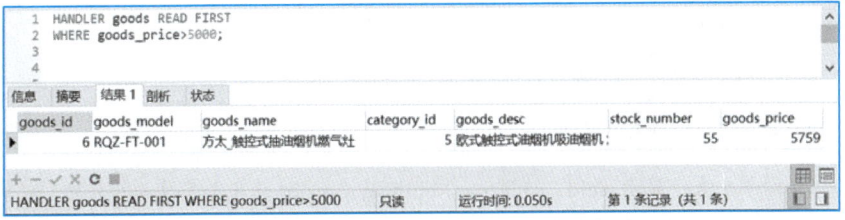

图 6.3.10
读取第一行数据

读取下一行数据，具体如下。

HANDLER goods READ NEXT;

运行结果如图 6.3.11 所示。

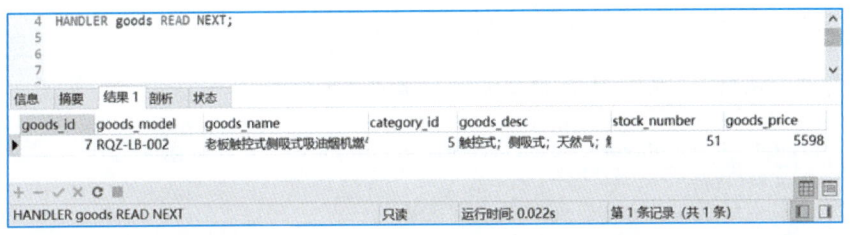

图 6.3.11
读取下一行数据

关闭该表，具体如下。

HANDLER goods CLOSE;

任 务 小 结

① SELECT...FROM 语句查询指定列，还可以为查询结果定制列名。
② WHERE 子句过滤满足条件的行。
③ LIMIT 可以限制查询结果的行数。
④ 使用 LIKE 进行模糊查询。
⑤ 查询中使用常用函数。
⑥ 查询中使用逻辑运算符和比较运算符。
⑦ 多表连接查询。
⑧ 子查询。
⑨ 排序与分类汇总。

课 堂 实 训

【实训目的】

① 掌握使用 SQL 语句实现简单查询。

② 掌握使用 SQL 语句实现多表查询。
③ 掌握使用 SQL 语句实现排序分类汇总。

【实训内容】

1. 在学生成绩管理数据库 db_score 中实现简单查询
① 查询学生表，显示所有数据。

```
SELECT * FROM T_student;
```

② 查询学生表，显示 stuId、stuName、birthday、major 这几个字段，并且分别使用别名学号、姓名、出生日期、专业来表示。

```
SELECT  stuId AS '学号',stuName AS '姓名',birthday AS '出生日期',major AS '专业' FROM T_student;
```

③ 查询学生表，显示所有姓"张"的同学的信息。

```
SELECT  *  FROM  T_student  WHERE  stuName LIKE '张%';
```

④ 查询课程表，显示"Java 核心技术"课程的基本信息。

```
SELECT  *  FROM  T_course  WHERE  courseName = 'Java 核心技术';
```

⑤ 查询成绩表，显示大于 80 分的所有成绩。

```
SELECT  *  FROM  T_score  WHERE  score>80;
```

2. 在学生成绩管理数据库中实现多表查询
① 查询显示每个学生的选课信息，要求显示学生的学号、姓名、课程编号、成绩。

```
SELECT T_student.stuId,stuName,courseId,score FROM T_student,T_score
WHERE T_student.stuId=T_score.stuId;
```

② 查询显示姓"王"的同学的所有选课信息。

```
SELECT T_student.stuId,stuName,courseId,score FROM T_student
INNER JOIN T_score ON T_student.stuId=T_score.stuId
WHERE  stuName like '王%';
```

③ 查询显示所有未及格的学生的信息，要求显示学生的学号、姓名、课程名称、成绩。

```
SELECT T_student.stuId,stuName,courseName,score FROM T_student
INNER JOIN T_score ON T_student.stuId=T_score.stuId
INNER JOIN T_course ON T_score.courseId=T_course.courseId
WHERE score<60;
```

④ 查询成绩表中没有选课的学生，显示学号、姓名、课程编号、成绩列。

```
SELECT T_student.stuId,stuName,courseId,score FROM T_student
```

```
LEFT JOIN T_score ON T_student.stuId=T_score.stuId
WHERE courseId IS NULL;
```

⑤ 查询女生的所有选课成绩,显示学号、姓名、性别、专业、课程名称、成绩。

```
SELECT T_student.stuId,stuName,sex,major,courseName,score
FROM T_student,T_score,T_course
WHERE T_student.stuId=T_score.stuId
      AND T_score.courseId=T_course.courseId
      AND sex='女';
```

⑥ 查询"计算机基础"这门课的最高成绩的学生信息。

```
SELECT a.*,c.coursename,b.score
FROM t_student a,t_score b,t_course c
WHERE a.stuid=b.stuid AND b.courseid=c.courseid
      AND c.coursename='计算机基础'
              AND b.score=(
              SELECT max(score) FROM t_score s,t_course co
                  WHERE s.courseid=co.courseid
                      AND co.coursename='计算机基础');
```

3. 在学生成绩管理数据库中实现排序分类汇总

① 查询学生表,按照出生日期从大到小的排列顺序,只显示从第3~6条记录。

```
SELECT * FROM T_student ORDER BY birthday LIMIT 2,4;
```

② 查询成绩表,显示成绩从高到低的排列顺序。

```
SELECT * FROM T_score ORDER BY score DESC;
```

③ 统计学生表中男生和女生的人数。

```
SELECT sex AS '性别',count(*) AS '人数' FROM T_student GROUP BY sex
```

④ 统计每门课程的选课人数,以及每门课程的最高分、最低分、平均分。

```
SELECT
courseId AS '课程编号',count(*) AS '选课人数',
MAX(score) AS '最高成绩',MIN(score) AS '最低成绩',AVG(score) AS '平均成绩'
FROM T_score GROUP BY courseId;
```

⑤ 根据成绩表查询每门课程的选课人数,只显示选课人数大于2的信息。

```
SELECT courseId AS '课程编号',count(*) AS '选课人数'
FROM T_score GROUP BY courseId HAVING count(*)>2;
```

【实训练习】

① 查询课程表，显示所有数据。
② 查询课程表，显示课时数为 64～128 的课程信息。
③ 查询课程表，按照课时数从低到高的顺序排列。
④ 查询学生表，显示住址在上海的所有学生的基本信息。
⑤ 查询学生表，显示每类专业的学生人数，只显示学生人数至少有两个的信息。
⑥ 查询显示选课信息，要求显示学号、课程名、成绩。
⑦ 查询选修了第 2 学期课程的所有学生的基本信息以及成绩。

---- 思考与探索 ----

一、选择题

1. 在 MySQL 中，通常使用（　　）语句来进行数据的检索、输出操作（单选）。
   A. SELECT　　B. INSERT　　C. DELETE　　D. UPDATE
2. 在用 SELECT 命令查询时，使用 WHERE 子句指出的是（　　）（单选）。
   A. 查询目标　　B. 查询结果　　C. 查询条件　　D. 查询视图
3. 在 SELECT 语句中，可以使用（　　）子句，根据选择列的值，将结果集中的数据行进行逻辑分组，以便能汇总表内容的子集，即实现对每个组的聚集计算（单选）。
   A. LIMIT　　B. GROUP BY　　C. WHERE　　D. ORDER BY
4. 子查询中可以使用运算符 ANY，它表示的意思是（　　）（单选）。
   A. 满足所有的条件　　　　　　B. 满足至少一个条件
   C. 一个条件都不用满足　　　　D. 满足至少两个或两个以上条件
5. 如果需要查询出表中的地址列 addr 为空，则要使用的是（　　）（单选）。
   A. addr=null　　B. addr==null　　C. addr is null　　D. add is not null
6. 对语句 select * from city limit 5,10，描述正确的是（　　）（单选）。
   A. 获取第 6 条到第 10 条记录
   B. 获取第 5 条到第 10 条记录
   C. 获取第 5 条到第 15 条记录
   D. 获取第 6 条到第 15 条记录
7. 要查询 book 表中所有书名中含有"计算机"的书籍情况，可以使用（　　）语句（单选）。
   A. SELECT * FROM book WHERE book_name LIKE '*计算机'
   B. SELECT * FROM book WHERE book_name LIKE '%计算机%'
   C. SELECT * FROM book WHERE book_name = '*计算机*'
   D. SELECT * FROM book WHERE book_name = '%计算机%'
8. 下列（　　）关键字在 SELECT 语句中表示所有列（单选）。
   A. *　　　　B. ALL　　　　C. DESC　　　　D. DISTINCT
9. （　　）关键字用于测试跟随的子查询中的行是否存在（单选）。
   A. LIKE　　B. EXISTS　　C. UNION　　D. HAVING

10. （　　）字符串函数返回删除字符串首部和尾部的所有空格（单选）。

　　　A．TRIM　　　B．LTRIM　　　C．RTRIM　　　D．REPLACE

二、填空题

1. 使用_____关键字可以把查询结果中的重复行屏蔽。

2. SELECT 语句的执行过程是从数据库中选取匹配的特定_____和_____，并将这些数据组成一个结果集，然后以一张_____的形式返回。

3. 一个查询的结果作为另一个查询的条件，这种查询被称为_____。

4. 连接查询是通过各张表之间公共列的关联来查询数据，分为_____、_____、_____。

5. 编写查询语句时，使用_____通配符可以匹配任意多个字符。

三、应用题

1. 请在员工信息管理数据库 db_staff 中编写 SQL 语句完成以下查询。

① 查询年龄在 25 至 40 岁之间的男员工的姓名、电话和住址。

② 查询员工表中前 3 个员工信息。

③ 查询人事部地址在"芙蓉区"的女员工信息。

2. 请在员工信息管理数据库 db_staff 中编写 SQL 语句完成以下统计。

① 分别统计每个部门男员工与女员工的人数。

② 查询每个部门各有多少人，显示部门名字和人数，按人数倒序排列，如果人数相同，按部门编号正序排列。

任务 7
创建和管理索引

工作能力　实现索引，作为数据库系统开发人员，应具备以下工作能力。
- 能理解索引的用途。
- 能创建和管理索引。

工作素养
- 具备分析、设计和优化索引的能力。
- 具备正确的学习观和良好的学习能力。

工作情境　用户在家电商城系统购物时，输入某个关键字查找相应的家电信息时，都希望系统能快速响应。在数据库 db_eshop 中设计索引可以有效提高数据检索的效率，帮助应用程序迅速找到特定的数据，而不必逐行扫描整个数据表。具体分为以下任务来完成。
- 创建索引。
- 管理索引。

任务 7.1　创建索引

任务分析

随着时间的推移，数据库中的数据量会越来越多，用户要从数据表中找到满足条件的记录所花的时间也会越来越长，为了让用户以较少的时间访问数据，可以创建索引来提高数据检索效率。

知识储备

1. 索引的用途

微课 7-1
认识索引

索引是为了加快数据表中数据检索速度而单独创建的一种数据结构。在数据库中使用索引与查字典使用拼音查字类似，在字典中查找某个汉字，会先到字典前面的拼音音节目录中找到该字音节对应的页码，再根据页码找到具体的字，而不需要逐字将字典从头到尾查找一遍。在 MySQL 中也是先在索引中查找对应的值，然后根据匹配的索引记录找到对应的数据行，最后将数据结果集返回给用户。

在数据库系统中建立索引可以实现快速读取数据，保证数据记录的唯一性，实现表与表之间的参照完整性。在使用 GROUP BY、ORDER BY 子句进行数据检索时，利用索引可减少排序和分组的时间。

2. 索引的分类

按索引方式可分为 B-树（BTREE）索引和哈希（Hash）索引。B-树是包含了多个节点的一棵树（倒着的树）。顶部的节点是索引的开始点，称为树根。每个节点中含有索引列的几个值，节点中的每个值又都指向另一个节点或者指向表中的一行，一个节点中的值必须是有序排列的。指向一行的节点称为叶子页。叶子页本身也是相互连接的，一个叶子页有一个指针指向下一组。这样，表中每一行在索引中都会有一个对应值。查询时可以根据索引值直接找到所在的行，如图 7.1.1 所示。

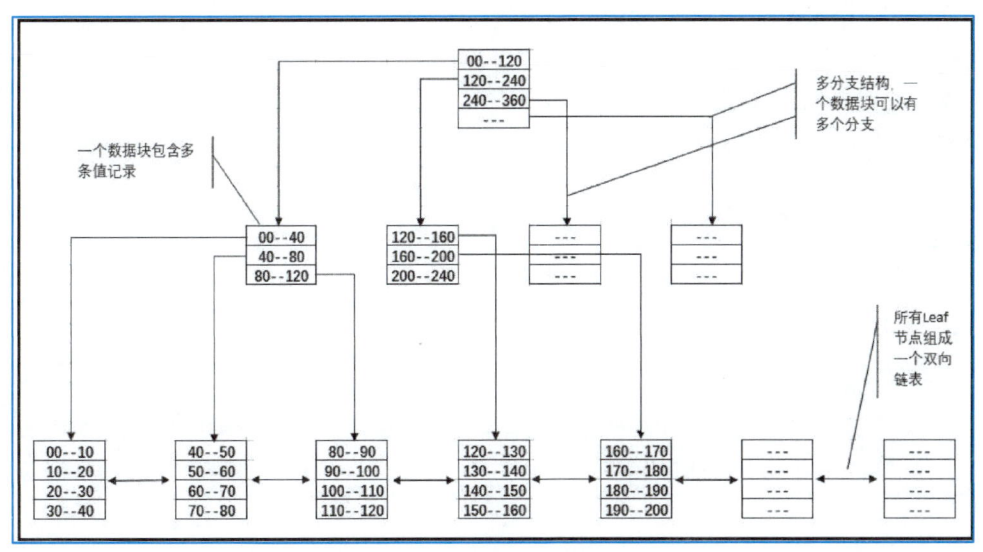

图 7.1.1
B-树索引结构图

哈希索引是指索引键和数据存储地址之间存在某种（哈希函数）关系，已知索引键，通过哈希函数可直接得到数据存储地址。数据查找速度快。

索引在存储引擎中实现，不同的存储引擎支持的索引方式不同。InnoDB 和 MyISAM 存储引擎支持 B-树索引，MEMORY 存储引擎支持哈希索引和 B-树索引。按 B-树形式存储的索引又有以下几种。

① 普通索引（INDEX）：最基本的索引类型，没有唯一性之类的限制。

② 唯一性索引（UNIQUE）：与普通索引类似，不同之处在于索引列的值必须唯一，允许有空值。一张表可以有多个唯一索引。

③ 主键索引（PRIMARY KEY）：是一种唯一性索引，但不允许有空值，并且一张表只能有一个主键索引。

④ 组合索引：指一个索引包含多列。

⑤ 全文索引（FULLTEXT）：主要用来查找关键字，而不是直接与索引中的值相比较。全文索引只能在 CHAR、VARCHAR 或 TEXT 类型的列上创建。

⑥ 空间索引（SPATIAL）：专门针对空间数据类型列的索引，空间类型列的值不能为空（本书不进行讨论）。

3. 创建索引

通常创建索引有 3 种方式，分别为在已经存在的表上使用 CREATE INDEX 创建索引、使用 ALTER TABLE 语句创建索引、创建表时创建索引。一张表中可以创建多个索引。

（1）使用 CREATE INDEX 创建索引

使用 CREATE INDEX 语句可以在已有表上创建索引，但不包括主键。一张表可以创建多个索引。基本书写格式如下。

```
CREATE [索引类型] INDEX  索引名
    ON  表名(列名|(长度)|[ASC|DESC],…)
```

 说明 》》》》》

- 索引类型：可以是 UNIQUE（唯一性索引）、FULLTEXT（全文索引）、SPATIAL（空间索引，针对几何数据类型）。
- 索引名：索引的名称，在一张表中索引名称必须唯一。
- 列名：创建索引的列名，长度表示使用列的前多少个字符创建索引。BLOB 或 TEXT 列必须用前缀索引。
- ASC|DESC：表示索引按升序或降序排列，默认为 ASC。

（2）使用 ALTER TABLE 语句创建索引

基本书写格式如下。

```
ALTER TABLE  表名
    ADD  索引类型 INDEX [索引名](列名,…)           /*添加索引*/
    |ADD PRIMARY KEY(列名,…)                    /*添加主键索引*/
```

说明 》》》》》》
- 索引类型：包括普通索引、唯一索引、全文索引，但如果要创建主键，则只能使用 ADD PRIMARY KEY(列名,…)。

（3）在创建表时创建索引

在前面两种情况下，索引都是在表创建之后创建的，索引也可以在创建表时一起创建。在创建表的 CREATE TABLE 语句中包含索引的定义，基本书写格式如下。

> CREATE TABLE 表名(列名，…|[索引项])

其中，索引项基本书写格式如下：

```
PRIMARY KEY(列名,…)                /*主键*/
|INDEX [索引名](列名, …)            /*索引*/
|UNIQUE [INDEX] [索引名](列名, …)   /*唯一性索引*/
|FULLTEXT [INDEX] [索引名](列名, …) /*全文索引*/
```

任务实施

微课 7-2
创建索引

【任务 7.1.1】 在商品表（goods）的"商品名称（goods_name）"列上建立唯一索引。

```
CREATE UNIQUE INDEX UI_name ON goods(goods_name);
```

【任务 7.1.2】 在订单明细表（order_item）的"订单编号（order_id）"列和"商品编号（goods_id）"列上建立一个复合索引 IX_order_good。

```
CREATE INDEX IX_order_good
    ON order_item(order_id,goods_id);
```

企业案例 7
创建智慧酒店管理系统自助一体机模块数据表中的索引

分析：
在一个索引的定义中包含多个列，中间用逗号隔开，这样的索引称为复合索引。

【任务 7.1.3】 在用户表（users）的"用户名（user_name）"列上创建一个普通索引。

```
ALTER TABLE users
    ADD INDEX IX_uname(user_name);
```

【任务 7.1.4】 创建 orders 表的副本 orders_copy1 表，修改表为"订单编号（order_id）"列创建主键索引，为"用户编号（user_id）"列和"订购时间（order_date）"列创建复合索引。

```
CREATE TABLE orders_copy1(
    order_id INT NOT NULL,
    order_date DATETIME NOT NULL,
    order_status CHAR(1),
```

171

```
            total_price DECIMAL(10,2) NOT NULL,
            user_id INT NOT NULL);
        ALTER TABLE orders_copy1
            ADD PRIMARY KEY(order_id),
            ADD INDEX IX_mark(user_id, order_date);
```

分析：
本任务既包括主键索引，也包括复合索引，说明 MySQL 可以同时创建多个索引。其中，使用主键索引的列必须是一个具有 NOT NULL 属性的列。

【任务 7.1.5】创建 orders 表的副本 orders_copy2 表，表中带有"订单编号(order_id)"列和"用户编号（user_id）"列的联合主键，并在"订单日期（order_date）"列上创建索引。

```
        CREATE TABLE orders_copy2 (
            order_id INT NOT NULL,
            order_date DATETIME NOT NULL,
            order_status CHAR(1),
            total_price DECIMAL(10,2) NOT NULL,
            user_id   INT NOT NULL,
            PRIMARY KEY(order_id,user_id),
            INDEX IX_date(order_date)
        );
```

【任务 7.1.6】在用户登录信息表 userlogin（示例 4.1.2 中创建）中，假设用户必须绑定唯一手机号，且希望能用手机号码进行用户检索，则需要新增 phone 列保存手机号码，该列的手机号码值从 logininfo 列中的 telphone 属性复制而来，然后为 phone 列创建唯一索引。

① 增加列 phone。

```
        ALTER TABLE userlogin
        ADD COLUMN phone VARCHAR(40) AS (logininfo->>"$.telphone");
```

② 增加唯一索引。

```
        ALTER TABLE userlogin
        ADD UNIQUE INDEX idx_telphone(phone);
```

任务拓展

使用 Navicat 图形管理工具来创建索引

【拓展 7.1.1】使用 Navicat 图形管理工具在商品表 goods 的"商品名称(goods_name)"列上建立唯一索引。

步骤如下。

① 打开 Navicat，连接 MySQL 服务器，进入 Navicat Premium 主界面，展开"连接"列表框中的连接名，打开要操作的数据库 db_eshop，双击"表"，右侧空白区域会出现 db_eshop 数据库中所有的数据表。

② 选中要设置唯一索引的 goods 表，右击，在快捷菜单中选择"设计表"命令，将出现 goods 表的编辑界面，切换到"索引"选项卡。

③ 单击工具栏中的"添加索引"按钮，在"名"文本框输入索引名 UI_gname，设置"字段"为 goods_name，如图 7.1.2 所示，"索引类型"为 UNIQUE，"索引方式"为 BTREE，单击工具栏中的"保存"按钮，如图 7.1.3 所示，即可完成索引的创建。

图 7.1.2
设置"字段"为 goods_name

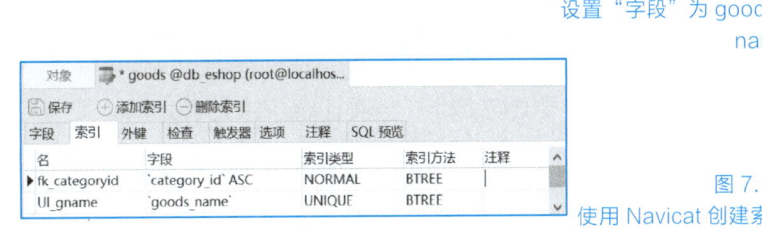

图 7.1.3
使用 Navicat 创建索引

任务 7.2　管理索引

 任务分析

索引是数据库对象之一，查看索引情况是判断索引是否创建成功的一种手段。对于一些不再使用的索引，继续存在会降低表的更新速度，影响数据库性能，应该将其删除。

 **知识储备**

1．查看索引

查看数据表中索引的创建情况，可以使用 SHOW INDEX 语句，基本书写格式如下。

```
SHOW INDEX FROM 表名
```

微课 7-3
管理索引

2．删除索引

当不再需要索引时，可以使用 DROP INDEX 或 ALTER TABLE 语句删除索引。

（1）使用 DROP INDEX 语句删除索引

```
DROP INDEX 索引名 ON 表名
```

 说明 »»»»»»

索引名为要删除的索引名，表名为索引所在的表。

（2）使用 ALTER TABLE 语句删除索引

> ALTER TABLE 表名
> 　　|DROP PRIMARY KEY
> 　　|DROP INDEX 索引名

 说明 »»»»»

DROP INDEX 子句可以删除各种类型的索引。使用 DROP PRIMARY KEY 子句时不需要提供索引名称，因为一个表中只有一个主键。

 任务实施

【任务 7.2.1】 查看 orders 表中的索引情况。

> SHOW INDEX FROM orders;

运行结果如图 7.2.1 所示。

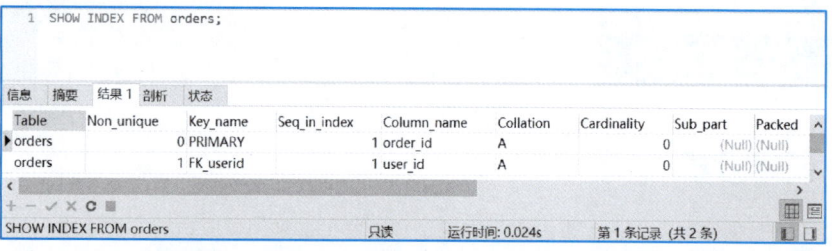

图 7.2.1
查看索引情况

【任务 7.2.2】 删除 goods 表中的 UI_name 索引。

> DROP INDEX UI_name ON goods;

【任务 7.2.3】 删除 orders_copy2 表中的主键和 IX_date 索引。

> ALTER TABLE orders_copy2
> 　　DROP PRIMARY KEY,
> 　　DROP INDEX IX_date;

 注意 »»»»»

从表中删除数据列时，与之相关的索引也会受到影响。如果所删除的列是索引的组成部分，则该列也会从索引中删除。如果组成索引的所有列都被删除，则整个索引将被删除。

索引能够提升查询性能，但索引并不是越多越好。首先索引本身也是要占存储空间的，其次当表中的数据发生变化时，索引也需要随之更新，这需要花费数据库额外的代价。因此，对于数据频繁更新的表应避免创建过多的索引，而对于数据量很大、不经常做更新操作的表建立索引才能真正发挥索引的优势，科学地设计索引十分必要。

素养小课堂

　　为了测试索引的性能，MySQL 8.0 新增了隐藏索引，当索引被隐藏时，它不会被查询优化器所使用。在默认情况下，索引是可见的。在进行性能调试时，可以使用 INVISIBLE 关键字指定主键以外的索引隐藏，然后使用查询优化器分析，如果优化器性能无影响，则说明该索引多余，可以考虑删除。此外，还支持降序索引，即索引按降序方式排序。

　　由上可见，MySQL 为了适应市场需求，功能在持续更新。而作为数据工作者，我们所学的知识也需要持续更新，与时俱进，适应不断发展的新技术。同时需要端正学习态度，树立终身学习的理念，掌握适合自己的学习方法，逐步养成良好的学习习惯，提升自身的学习能力，为今后的职业生涯做好准备。在时代发展的洪流中，其实每个人都要做好终身学习的准备，这样才能不断提升竞争力，在生活和工作中砥砺前行。

 ## 任务拓展

使用 Navicat 图形管理工具来管理索引

【拓展 7.2.1】 使用 Navicat 查看、管理 goods 表中的索引。

步骤如下。

① 打开 Navicat，连接 MySQL 服务器，进入 Navicat Premium 主界面，展开"连接"列表框中的连接名，打开要操作的数据库 db_eshop，双击"表"，右侧空白区域会出现 db_eshop 数据库中所有的数据表。

② 选中要设置唯一索引的 goods 表，右击，在快捷菜单中选择"设计表"命令，如图 7.2.2 所示，将出现 goods 表的编辑界面，切换到"索引"选项卡。

③ 此时在 goods 表中建立的索引都会在此显示，如图 7.2.3 所示，可以继续添加新索引，也可以修改已有索引的名称、更改索引列，修改完成后，单击工具栏中的"保存"按钮，即可完成索引的修改。如果某个索引需要删除，则选中该索引行，单击工具栏中的"删除索引"按钮，即可完成索引的删除。

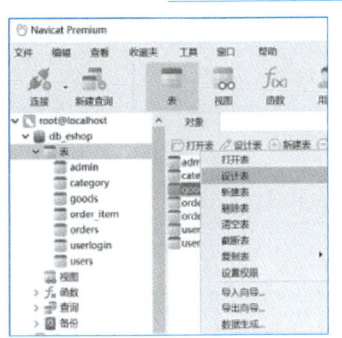

图 7.2.2
选择"设计表"命令

图 7.2.3
使用 Navicat 管理索引

--- 任 务 小 结 ---

① 索引的概念。

② 使用 CREATE INDEX 命令创建索引。

③ 使用 SHOW INDEX FROM tbl_name 命令查看索引。
④ 使用 DROP INDEX 命令或 ALTER TABLE 命令删除索引。

课 堂 实 训

【实训目的】

① 掌握使用 SQL 语句创建索引的方法。
② 掌握使用 SQL 语句管理索引的方法。

【实训内容】

① 使用 CREATE INDEX 为学生表的"学生姓名"列创建唯一索引 IX_STUNAME。

```
CREATE UNIQUE INDEX IX_STUNAME ON T_student(stuName);
```

② 使用 ALTER INDEX 为学生表的"电话号码"列及"地址"列创建复合索引 IX_PHONE_ADDR。

```
ALTER TABLE T_student ADD INDEX IX_PHONE_ADDR(phone,address);
```

③ 创建新的课程表 T_course_two，字段结构与原有课程表保持一致，为"课程名称"列创建唯一索引 IX_CNAME，为"学时"列和"学分"列创建复合索引 IX_HOUR_CREDIT。

```
CREATE TABLE T_course_two (
    courseId INT NOT NULL auto_increment PRIMARY KEY,
    courseName VARCHAR ( 25 ) NOT NULL,
    classHour INT NOT NULL,
    credit INT NOT NULL,
    term INT NOT NULL,
    UNIQUE INDEX IX_CNAME(courseName),
    INDEX   IX_HOUR_CREDIT(classHour,credit)
);
```

④ 为学生表的"地址"列创建全文索引 IX_ADDR。

```
ALTER TABLE T_student ADD FULLTEXT IX_ADDR(address);
```

⑤ 查看学生表的所有索引。

```
SHOW INDEX FROM T_student;
```

⑥ 删除索引 IX_HOUR_CREDIT。

```
DROP INDEX IX_HOUR_CREDIT ON T_course_two;
```

【实训练习】

① 为成绩表的"成绩"列创建普通索引 IX_SCORE。

② 为课程表的"课程名称"列创建唯一索引 IX_COURSENAME。
③ 为成绩表的"学号"列和"课程"列创建复合索引 IX_SID_CID。
④ 为课程表的"课程名称"列创建全文索引 IX_FT_CN。
⑤ 查看成绩表和课程表的所有索引。
⑥ 删除索引 IX_FT_CN。

---- 思考与探索 ----

一、选择题

1. 在 MySQL 中，下列（　　）说法不正确（单选）。
   A. 使用 CREATE INDEX 创建索引　　B. 使用 ALTER TABLE 语句创建索引
   C. 使用 CREATE TABLE 创建索引　　D. 使用 CREATE DATABASE 语句创建索引
2. 在 MySQL 中，下面关于索引描述中错误的一项是（　　）（单选）。
   A. 索引是为了加快数据表中数据检索速度而单独创建的一种数据结构
   B. 在使用 GROUP BY、ORDER BY 子句进行数据检索时，利用索引可减少排序和分组的时间
   C. 最基本的索引类型，没有唯一性之类的限制
   D. 索引只有优点，没有缺点，因此可以大量创建
3. 在 MySQL 中，按 B-树形式存储的索引有（　　）（多选）。
   A. 普通索引　　　　B. 唯一性索引　　　C. 主键索引　　　D. 组合索引
4. 可以使用（　　）语句查看数据表中索引的创建情况（单选）。
   A. SHOW INDEX　　B. DROP INDEX　　C. SELECT INDEX　D. ALTER INDEX
5. 可以使用（　　）语句删除索引（单选）。
   A. SHOW INDEX　　　　　　　　　　B. DROP INDEX
   C. SELECT INDEX　　　　　　　　　D. DELETE INDEX
6. 在 MySQL 中，下列（　　）说法不正确（单选）。
   A. 一个表可以有多个唯一索引　　　B. 组合索引指一个索引包含多列
   C. 一个表只能有一个主键索引　　　D. 全文索引可以在任意类型的列上创建

二、填空题

1. 创建普通索引时，通常使用的关键字是_____。
2. 创建唯一性索引时，通常使用的关键字是_____。
3. 创建全文索引时，通常使用的关键字是_____。
4. 在数据库系统中建立_____可以实现快速读取数据。

三、应用题

在员工信息管理数据库 db_staff 中进行如下操作。
① 为员工表的"姓名"列创建一个全文索引。
② 为员工表的"电话号码"列创建一个唯一索引。
③ 删除第②题创建的唯一索引。

任务 8
创建和管理视图

工作能力

创建和管理视图,作为数据库系统开发人员,应具备以下工作能力。
- 能运用 SQL 语句创建数据视图。
- 能通过视图操纵基本表数据。
- 能运用 SQL 语句管理数据视图。

工作素养

- 具备创建有效视图改善业务的能力。
- 具备良好的协调和沟通能力。

工作情境

家电商城系统的数据库 db_eshop 已经建好,其中的数据表是按照数据存储最佳模式来设计的,但在使用过程中,因为需求的不同,各个用户关心的数据内容也不相同。例如,客户只需要看到商品表的部分信息,如商品名称、商品价格、商品描述;商品的库存量只有管理员才可以看到;当管理员处理客户订单时,涉及的数据分散在订单表、订单明细表、商品表等多张表中,因此,开发人员需要根据用户观点来定义新的数据视图,以方便业务的处理。具体分为以下任务来完成。
- 创建视图。
- 使用视图。
- 管理视图。

任务 8.1　创建视图

任务分析

开发人员根据用户需求从基本表（或视图）中定义视图，选取对用户有用的信息，屏蔽对用户无用的，或用户没有权限了解的信息，以保证数据的安全。

知识储备

1. 视图

在实际应用中，通常一个数据库中存储的数据会非常多，但对于用户而言，他们只关心与自身相关的一部分数据，这就要求数据库管理系统能根据用户需求提供特定的数据。视图是从一张或多张表（或视图）通过 SELECT 语句导出的虚表。因此它具备表的特征，可以像表一样被查询、修改、删除和更新。但它与表（为了与视图区别，也称表为基本表）不同，视图并不保存数据，而是保存提取数据的相关命令，数据的物理位置仍然是数据库的表，这些表称为基表。

微课 8-1
认识视图

视图就是从用户角度出发，从表中提取特定数据组成的，是用户查看数据库中数据的一种方式，相当于把用户关心的特定数据用视图的方式保护起来，既保护了数据的安全，又简化了用户对数据的查询和处理操作。

2. 创建视图

在家电商城系统数据库 db_eshop 中，管理员需要实时查看用户下单的情况以便进行商品配送，这时会需要提取 3 张表（商品表、订单表、订单明细表）的数据。要完成该任务，首先要清楚这 3 张表之间的关联，然后运用连接查询编写 SELECT 语句。每查看一次，复杂的 SELECT 语句就必须重新编写一次，如果用视图将这个复杂的查询语句保存起来，需要查看数据时只调用视图即可，无须再编写 SELECT 语句。在其他应用中碰到类似情形，都可以通过创建视图来解决问题。

微课 8-2
创建视图

视图与数据表一样都属于数据库对象，可以使用 CREATE VIEW 语句来创建，基本书写格式如下。

> CREATE　VIEW 视图名 [(列名列表)]
> 　　AS SELECT 语句
> 　　[WITH CHECK OPTION]

说明

- 列名列表：为可选项，为视图中的列定义明确的名称，列名之间用逗号隔开。列名列表中的名称数目必须等于 SELECT 语句检索的列数。若使用与源表或视图中相同的列名时，可以省略列名列表。
- SELECT 语句：用于指定视图的 SELECT 语句，可在 SELECT 语句中查询多张表（或视图）。
- WITH CHECK OPTION：指出在可更新视图上所进行的修改都要符合 SELECT 语句所指定的限定条件，这样可以确保数据修改后，仍可通过视图看到修改的数据。

【示例 8.1.1】 在 db_eshop 数据库中创建一个 vw_goods 的视图，其中包含空调类（商品类型编号为 3）商品的商品编号、商品名称、商品价格和库存数量。

① 打开 Navicat，连接 MySQL 服务器，在 Navicat Premium 主界面，双击展开"连接"列表框中的 db_eshop 数据库，单击工具栏中的"新建查询"按钮，将打开查询编辑器界面。

② 在查询编辑器的编辑区，输入以下语句。

```
CREATE VIEW vw_goods
AS
    SELECT goods_id,goods_name,goods_price,stock_number
    FROM goods
    WHERE category_id=3;
```

③ 单击工具栏中的"运行"按钮，即可实现视图的创建。运行结果如图 8.1.1 所示。

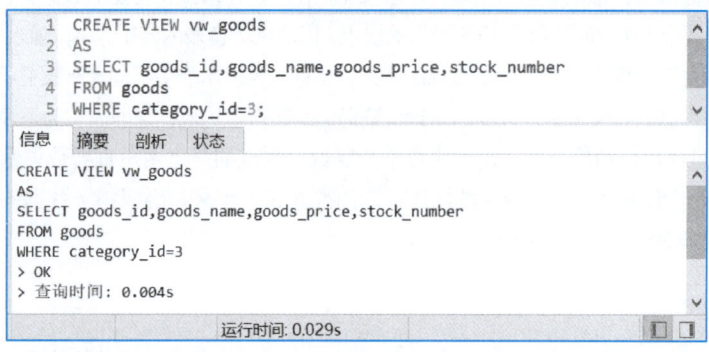

图 8.1.1
示例 8.1.1 运行结果

④ 选中"连接"列表框中数据库 db_eshop 下的"视图"，右击，在快捷菜单中选择"刷新"命令，即可在右侧"对象"选项卡下方的空白区域看到新创建的视图。

从语句中不难发现，创建视图主要依赖于它所包含的 SELECT 语句，但在使用 SELECT 语句时要注意以下几点。

- 定义视图的用户必须对所参照的表或视图有查询（即可执行 SELECT 语句）权限，在定义中引用的表或视图必须存在。
- 不能包含 FROM 子句中的子查询，不能引用系统或用户变量，不能引用预处理语句参数。
- 在视图定义中允许使用 ORDER BY，但是，如果该视图是对某个特定视图进行选择，而该特定视图已经使用了自己的 ORDER BY 语句，则视图定义中的 ORDER BY 将被忽略。

任务实施

【任务 8.1.1】 创建一个名为 vw_order_itew 的视图，其中包含用户编号、用户订购商品的商品名称、订购时间、订购数量。

① 打开 Navicat，连接 MySQL 服务器，在 Navicat Premium 主界面中双击展开"连接"列表框中的 db_eshop 数据库，单击工具栏中的"新建查询"按钮，将打开查询编辑器界面。

② 在查询编辑器的编辑区，输入以下语句。

```
CREATE VIEW vw_order_item(user_id,goods_name,order_number,order_date)
```

> AS
> SELECT user_id,goods.goods_name,order_item.order_number,orders.order_date
> FROM orders,order_item,goods
> WHERE order_item.goods_id=goods.goods_id AND
>   orders.order_id=order_item.order_id;

③ 单击工具栏中的"运行"按钮，即可实现视图的创建。运行结果如图 8.1.2 所示。

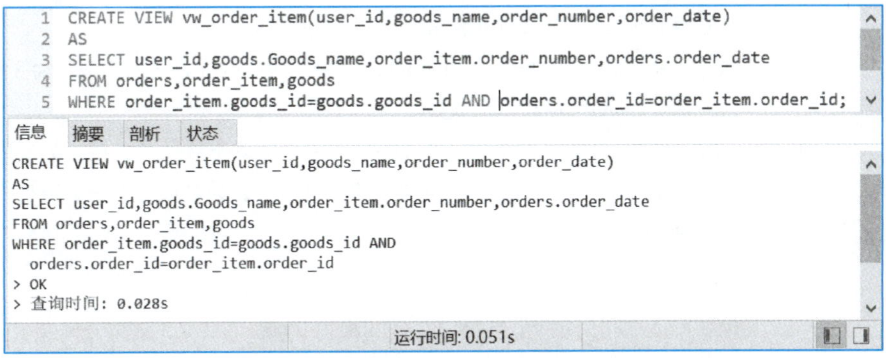

图 8.1.2
任务 8.1.1 运行结果

【任务 8.1.2】 创建一个视图 vw_user，其中包含用户编号为 3 的用户订购商品的情况，如订购商品的商品名称、订购数量、订购时间（可以在任务 8.1.1 建立的视图基础上来完成）。

> CREATE VIEW vw_user(goodsname,number,orderdate)
>   AS
>   SELECT goods_name,order_number,order_date
>   FROM vw_order_item
>   WHERE user_id='3';

运行结果如图 8.1.3 所示。

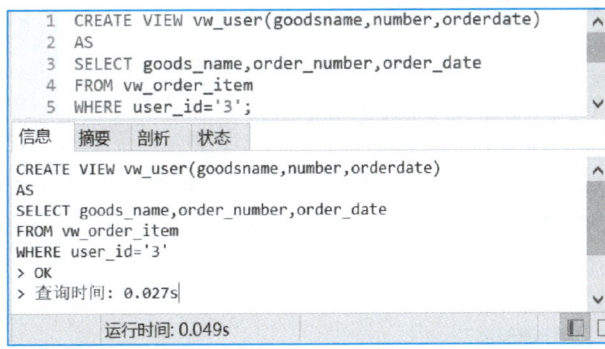

图 8.1.3
任务 8.1.2 运行结果

小知识

使用视图时，有如下注意事项。

① 在默认情况下，将在当前数据库创建新视图。要想在给定数据库中创建视图，创建时应指定名称为 db_name.view_name。

② 视图的命名必须遵循标识符命名规则，不能与表同名，且每个用户视图名必须是唯一的，即对不同用户，

即使是定义相同的视图，也必须使用不同的名称。
③ 不能把规则、默认值或触发器与视图相关联。
④ 不能在视图上建立任何索引，包括全文索引。

 任务拓展

使用 Navicat 图形管理工具创建视图

【拓展 8.1.1】 使用 Navicat 工具实现示例 8.1.1 中的视图创建。

在 db_eshop 数据库中创建一个视图 vw_goods1，其中包含空调类（商品类型号为 3）商品的商品编号、商品名称、商品价格和库存数量。

① 打开 Navicat，连接 MySQL 服务器，在 Navicat 主界面双击展开"连接"列表框中的 db_eshop 数据库，选中"视图"，右击，在快捷菜单中选择"新建视图"命令，将打开编辑视图界面，如图 8.1.4 所示。

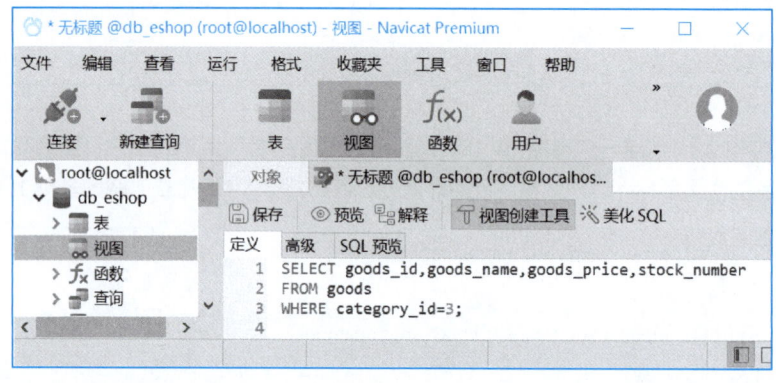

图 8.1.4
编辑视图界面

② 在编辑视图界面"定义"选项卡的编辑区，输入以下语句。

> SELECT goods_id,goods_name,goods_price,stock_number
> FROM goods
> WHERE category_id=3;

③ 单击工具栏中的"解释"按钮，分析 SELECT 语句是否有错，单击"预览"按钮可查看视图所对应的虚表，最后单击"保存"按钮，在弹出的对话框中输入视图名 vw_goods1，单击"保存"按钮即可创建视图。回到 Navicat 主界面，展开 db_eshop 数据库中的"视图"，即可看到刚创建的视图。

任务 8.2　使用视图

 任务分析

视图是虚表，因此用户可以像基本表一样对视图内容进行查询。在视图满足一定的条件时，还可以通过视图更新数据。

 **知识储备**

1. 通过视图查询数据

定义视图后，就可以如同查询基本表那样对视图进行查询。

2. 通过视图更新数据

视图是一个虚表，其数据来源于基本表，数据库中只存放了视图的定义，因此修改视图中的数据，实质上是更新与视图关联的基本表中的数据。但要注意的是，只有满足一定条件的视图才能进行数据更新。要使用视图更新数据，必须保证视图中的行和基本表中的行之间具有一对一的关系。

当视图是可更新视图时，就可以像操作基本表一样使用 INSERT、UPDATE 或 DELETE 语句来更新数据。

 任务实施

【任务 8.2.1】 创建一个视图 vw_goods2，其中包括厨房电器（类别编号为 5）的商品信息，并向 vw_goods2 中插入一条记录：('DFB-SBE-010','苏泊尔智能电饭煲',5,200,599)。

① 创建视图 vw_goods2。

```
CREATE OR REPLACE VIEW vw_goods2
AS
SELECT goods_id,goods_model,goods_name,category_id,stock_number,goods_price
FROM goods
WHERE category_id=5
WITH CHECK OPTION;
```

微课 8-3
使用视图

运行结果如图 8.2.1 所示。

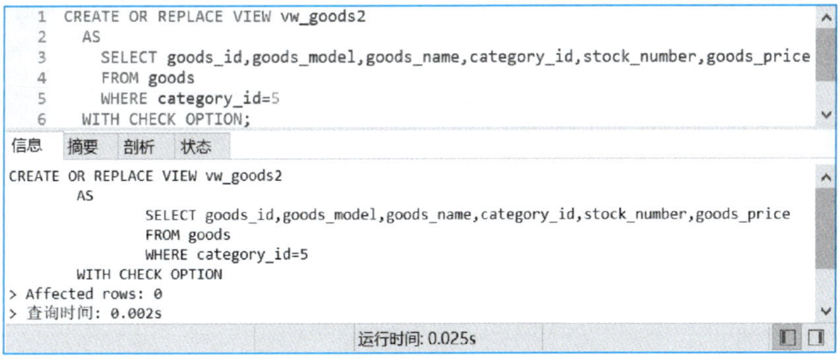

图 8.2.1
视图创建成功

② 插入记录。

```
INSERT INTO vw_goods2(goods_model,goods_name,category_id,stock_number,goods_price)
    VALUES(' DFB-SBE-010','苏泊尔智能电饭煲',5,200,599);
```

运行结果如图 8.2.2 所示。

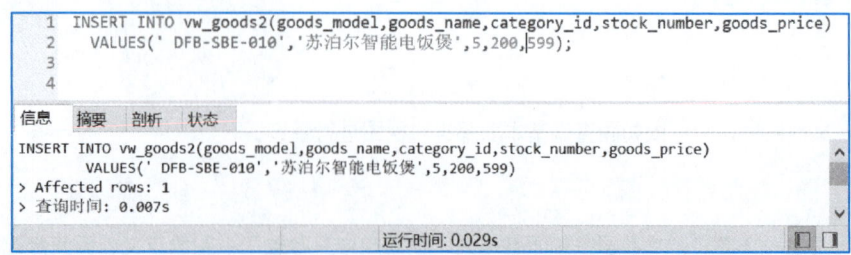

图 8.2.2
记录插入成功

分析：

本视图中包含的 goods_id 字段来源于 goods 表，该字段为整型，且设定为自动增长，因此在插入记录时未考虑该字段，而由系统设定。

在创建该视图时加上 WITH CHECK OPTION 子句，那么在更新数据时系统会检查新数据是否符合视图定义中 WHERE 子句的条件。这里设定的条件为商品类别号只能为 5，若插入其他类别的商品，系统将提示错误信息。例如，将插入数据变为('BX-SM-004','海尔双开门智能冰箱',1,20,5599)，会出现如图 8.2.3 所示的错误信息。

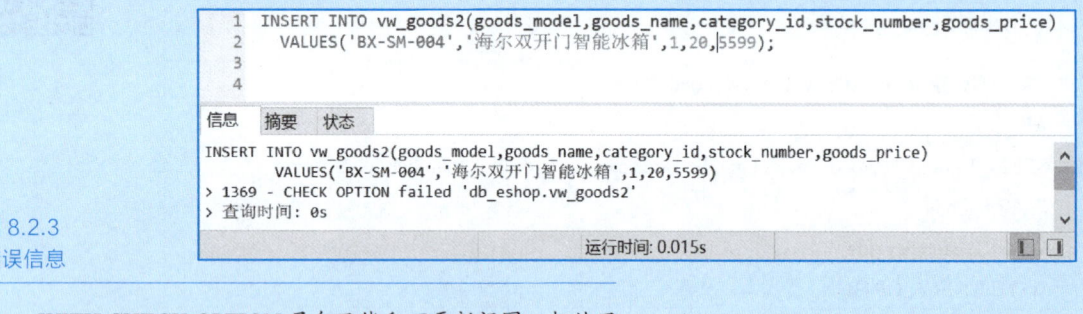

图 8.2.3
错误信息

WITH CHECK OPTION 子句只能和可更新视图一起使用。

当视图所依赖的基本表有多张时，不能向该视图插入数据，因为这将会影响多张基本表。对 INSERT 语句还有一个限制：SELECT 语句中必须包含 FROM 子句中指定表的所有不能为空的列。例如，若 vw_goods2 视图定义中不包含"goods_name（商品名）"字段，则插入数据时会出错。

【任务 8.2.2】 将 vw_goods2 视图中的所有单价降低 10%。

UPDATE vw_goods2
    SET goods_price= goods_price*(1-0.1);

分析：

该语句是将 vw_goods2 视图所依赖的基本表 goods 中所有商品类别编号为 5 的商品价格都降低 10%。

【任务 8.2.3】 删除 vw_goods2 视图中"苏泊尔智能电饭煲"的记录。

```
DELETE FROM vw_goods2
    WHERE goods_name='苏泊尔智能电饭煲';
```

运行结果如图 8.2.4 所示。

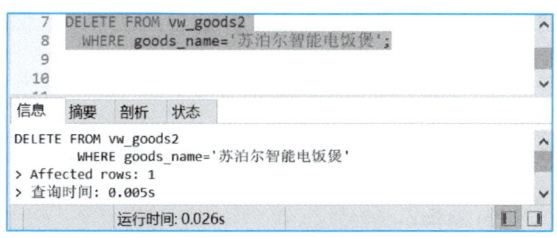

图 8.2.4
删除数据

 任务拓展

可更新视图的限制

通过视图去更新数据是有限制条件的，如果视图包含以下结构中的任何一种，则它是不能更新的。

① 聚合函数。
② DISTINCT 关键字。
③ GROUP BY 子句。
④ ORDER BY 子句。
⑤ HAVING 子句。
⑥ UNION 运算符中的任何一种。
⑦ 位于选择列表中的子查询。
⑧ FROM 子句中包含多张表。
⑨ SELECT 语句中引用了不可更新的视图。
⑩ WHERE 子句中的子查询引用了 FROM 子句中的表。
⑪ ALGORITHM 选项指定为 TEMPTABLE（使用临时表总会使视图为不可更新）。

任务 8.3　管理视图

 任务分析

管理视图包括查看视图、修改视图、删除视图。查看视图是指查看数据库中已存在的视图定义。查看视图必须要有相应的权限，系统数据库 mysql 的 user 表中保存着这个信息。当视图不能满足需要时，可以使用 ALTER VIEW 语句对其进行修改，使用 DROP VIEW 语句将其删除。

 知识储备

查看视图的方法包括 DESCRIBE 语句和 SHOW CREATE VIEW 语句。

微课 8-4
管理视图

1. 查看视图结构

使用 DESCRIBE 语句可以查看视图结构，命令的缩写为 DESC。基本书写格式如下。

```
DESC 视图名
```

2. 查看视图的定义

使用 SHOW CREATE VIEW 语句可以查看视图的详细定义。基本书写格式如下。

```
SHOW CREATE VIEW 视图名
```

3. 修改视图

使用 ALTER VIEW 语句可以对已有视图的定义进行修改。基本书写格式如下。

```
ALTER VIEW 视图名
    AS SELECT 语句
```

ALTER VIEW 语句的语法和 CREATE VIEW 类似。

4. 删除视图

```
DROP VIEW 视图名1[,视图名2]…
```

任务实施

【任务 8.3.1】 使用 DESC 命令查看创建的视图结构。

```
DESC vw_goods2;
```

运行结果如图 8.3.1 所示。

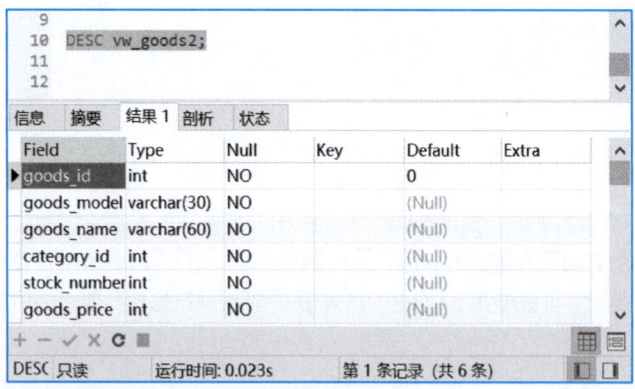

图 8.3.1
查看 vw_goods2 视图结构

【任务 8.3.2】 查看视图 vw_goods2 的定义。

```
SHOW CREATE VIEW vw_goods2;
```

运行结果如图 8.3.2 所示。

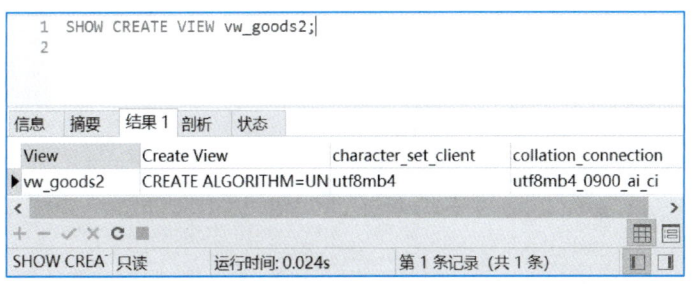

图 8.3.2
查看 vw_goods2 视图定义

【任务 8.3.3】 将 vw_goods2 视图修改为只包含商品编号、商品名称和商品价格。

```
ALTER VIEW vw_goods2
    AS
    SELECT goods_id,goods_name,goods_price
    FROM goods;
```

【任务 8.3.4】 删除视图 vw_goods2。

```
DROP VIEW vw_goods2;
```

分析：
删除某个视图后，基于该视图的操作将不可执行。

素养小课堂

视图是根据用户需求从基本表或已有视图中提取对用户有用的信息，这要求开发人员能和用户进行良好、有效的沟通，了解并准确描述用户需求，以便有针对性地创建有效的视图来改善工作流程。在一个分工明确的软件开发项目中，开发人员需要和客户沟通了解需求，和产品策划沟通来理解产品，和上级沟通以理解自己的工作，和同事沟通以正确地理解要接入的模块、解释接口。良好、有效的沟通会大大降低时间成本，提高工作效率，使项目开发得以顺利进行。在平时的学习和工作中，我们应当注重提高自己的沟通能力，高效地完成工作，提升团队的合作能力，发展良好的人际关系。

 任务拓展

使用 Navicat 图形管理工具管理视图

【拓展 8.3.1】 使用 Navicat 中的创建视图工具实现对视图 vw_goods2 的管理。

① 打开 Navicat，连接 MySQL 服务器，在 Navicat 主界面双击展开"连接"列表框中的 db_eshop 数据库，单击"视图"，在右侧空白区域会出现该数据库中所有的视图。

② 选中视图 vw_goods2，右击，在快捷菜单中选择"打开视图"命令，可以查看视图中包含的数据；若选择"设计视图"命令，如图 8.3.3 所示，将出现视图定义编辑界面，如图 8.3.4 所示。在编辑区域输入修改的 SELECT 语句，单击工具栏中的"保存"按钮，即可修改视图定义；若选择"删除视图"命令，即可实现视图的删除。

模块 4　访问数据库内容

图 8.3.3
选择"设计视图"
命令

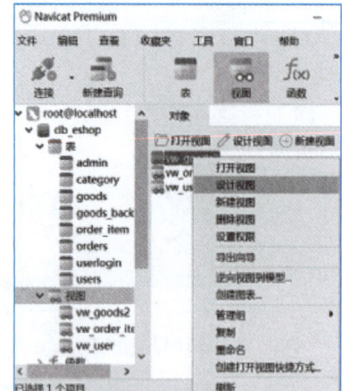

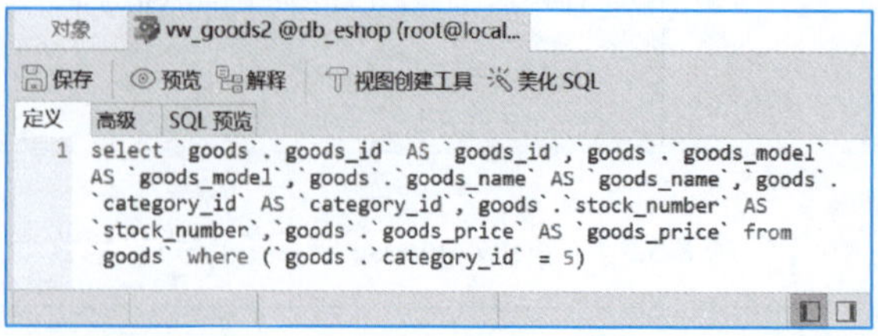

图 8.3.4
视图定义编辑界面

----------── 任 务 小 结 ──----------

① 视图的基本概念及优点。
② 使用 CREATE VIEW 语句创建视图。
③ 使用 DESCRIBE 和 SHOW CREATE VIEW 语句查看视图。
④ 使用视图。
⑤ 使用 ALTER VIEW 语句修改视图。
⑥ 使用 DROP VIEW 语句删除视图。

----------── 课 堂 实 训 ──----------

【实训目的】

① 掌握使用 SQL 语句创建视图的方法。
② 掌握使用 SQL 语句管理视图的方法。

【实训内容】

基于学生成绩管理数据库 db_score，完成下列操作。
① 创建一个视图 vw_stu_man，显示学生表中男生的所有基本信息。

```
CREATE VIEW vw_stu_man
AS
SELECT * FROM T_student WHERE sex='男';
```

② 创建一个视图 vw_stu_birth，显示在 2003 年以后出生的学生基本信息。

```
CREATE VIEW vw_stu_birth
AS
SELECT * FROM T_student WHERE birthday>='2003-01-01';
```

③ 创建一个视图 vw_stu_score，显示学生的学号、姓名、成绩。

```sql
CREATE VIEW vw_stu_score
AS
SELECT T_student.stuId,stuName,score FROM T_student,T_score
WHERE T_student.stuId=T_score.stuId;
```

④ 创建一个视图 vw_stu_cour_score，显示学生的学号、姓名、"Java 核心技术"这门课程的成绩。

```sql
CREATE VIEW vw_stu_cour_score
AS
SELECT T_student.stuId,stuName,courseName,score
FROM T_student,T_score,T_course
WHERE T_student.stuId=T_score.stuId AND T_score.courseId=T_course.courseId
AND courseName='Java核心技术';
```

⑤ 在视图 vw_stu_man 中添加一条记录：('2020010103','钟沙海', '2003-10-19', '男', '软件技术', '155××××5545', '湖北宜昌')。

```sql
INSERT INTO vw_stu_man
VALUES('2020010103','钟沙海', '2003-10-19', '男', '软件技术', '155××××5545', '湖北宜昌');
```

⑥ 将视图 vw_stu_man 中学号为 2020010103 的学生的出生日期改为 2003-11-19，地址改为"湖北武汉江汉区"。

```sql
UPDATE vw_stu_man
SET birthday = '2003-11-19',address = '湖北武汉江汉区'
WHERE stuId = '2020010103';
```

⑦ 修改视图 vw_stu_score，增加"课程编号"列。

```sql
ALTER VIEW vw_stu_score
AS
SELECT T_student.stuId,stuName,courseId,score FROM T_student,T_score
WHERE T_student.stuId=T_score.stuId;
```

⑧ 查看学生成绩管理数据库中的所有视图。

```sql
USE db_score;
SHOW TABLES;
```

⑨ 查看视图 vw_stu_cour_score 的结构。

```sql
USE db_score;
DESC vw_stu_score;
```

⑩ 查看视图 vw_stu_cour_score 的定义。

```
USE db_score;
SHOW CREATE VIEW vw_stu_score;
```

⑪ 删除视图 vw_stu_score。

```
USE db_score;
DROP VIEW vw_stu_score;
```

【实训练习】

① 创建一个视图 vw_course_term，显示第 3 学期开课的课程。

② 创建一个视图 vw_cour_score，显示学号、课程号、课程名称、学时、成绩。

③ 创建一个视图 vw_stu_cour01_score，显示所有及格学生的学号、姓名、课程名称、成绩。

④ 在视图 vw_course_term 中添加一门课程，课程名称为"PHP 网站开发"，学时为 128，学分为 8，开学学期为"第 3 学期"。

⑤ 删除视图 vw_cour_score。

---- 思考与探索 ----

一、选择题

1. 创建视图的命令是（　　）（单选）。
   A. SELECT　　B. INSERT　　C. DELETE　　D. CREATE VIEW
2. 下列关于视图说法正确的是（　　）（单选）。
   A. 视图是从一张或多张表（或视图）通过 SELECT 语句导出的虚表
   B. 视图保存了数据
   C. 视图不能增强数据的安全性
   D. 视图不能简化用户对数据的查询和处理操作
3. 通过视图去更新数据是有限制条件的，如果视图包含以下（　　）情况，则它是不能更新的（多选）。
   A. 聚合函数　　　　　　　　　　B. DISTINCT 关键字
   C. GROUP BY 子句　　　　　　　D. ORDER BY 子句
4. 查看视图结构的命令是（　　）（单选）。
   A. DESC　　B. SELECT　　C. ALTER　　D. DROP
5. 修改视图的命令是（　　）（单选）。
   A. DESC　　B. SHOW　　C. ALTER VIEW　　D. DROP
6. 删除视图的命令是（　　）（单选）。
   A. DESC　　B. SHOW　　C. ALTER　　D. DROP VIEW

二、填空题

1. 在 MySQL 中，可以使用＿＿＿＿＿＿＿语句删除视图。

2. 查看视图必须要有_____的权限。

3. 在 MySQL 中，管理视图包括_____、_____和_____。

4. 视图是一个虚表，它的数据来源于_____。

三、应用题

1. 请基于 db_staff 数据库，完成以下练习。

① 创建一个视图 vw_emp，包含所有男员工的编号、姓名、性别、出生年月。

② 在视图 vw_emp 中查询出年龄小于 30 岁的员工。

③ 创建视图 vw_emp_dept，包括所有员工的编号、姓名、部门名称。

④ 在视图 vw_emp_dept 中查询"财务部"的所有员工。

2. 请基于 db_staff 数据库，查看 vw_emp 视图的定义。

任务 9
创建函数和存储过程

工作能力

创建函数和存储过程,作为数据库系统开发人员,应具备以下工作能力。
- 能创建自定义函数来处理复杂业务。
- 能创建存储过程来处理复杂业务。

工作素养
- 具备复杂 SQL 语句编程能力。
- 具备抗挫折能力和求真务实的科学精神。

工作情境

在家电商城系统中,用户经常查询商品信息(如商品型号、商品名称、商品价格、商品描述等)。由于该查询在程序中很多地方都要用到,使用频率较高,因此,开发人员想用一种可以重复使用而又高性能的方式来实现,这就是下面将要介绍的函数和存储过程。具体分以下任务来完成。
- 创建和管理自定义函数。
- 创建和管理存储过程。

任务 9.1　创建和管理自定义函数

任务分析

家电商城系统中经常需要做一些重复性的操作，可以将这些操作创建为函数来使用。数据库开发人员需要创建一个函数，要求该函数可以根据输入的用户编号返回该用户购买的订单详情，包括订单号、订购的商品编号、订购数量、订单金额、订购时间等。

知识储备

1. 自定义函数

函数是完成特定功能的一组 SQL 语句组成的代码段。MySQL 提供了许多系统函数，如字符函数、日期时间函数、聚合函数等，但这些都只能完成特定任务，要实现用户自身的业务需求，用户可以自己定义函数，这样的函数称为自定义函数，定义完成后使用 SELECT 语句调用即可。

微课 9-1
认识函数

2. 创建自定义函数

使用 CREATE FUNCTION 语句创建函数，基本书写格式如下。

```
CREATE FUNCTION 函数名(参数1　数据类型,参数2　数据类型,…)
RETURNS  返回值类型
函数体;
```

 说明 》》》》》》

- 函数名指自定义函数的名称。
- 参数由参数名和参数所对应的数据类型组成，可以不带参数，但函数名后的()不能省略。
- 函数体是自定义函数的主体，可以包含多条语句，实现复杂的功能，但要注意的是，如果包含多条语句，需要将这些语句包含在 BEGIN…END 中。函数体中必须包含一个 RETURN 值语句，值为函数的返回值。

在 MySQL 中，服务器处理语句是以分号为结束标志的。但是在创建自定义函数时，函数体中可能包含多条 SQL 语句，每条 SQL 语句都以分号结尾，这时服务器处理程序遇到第 1 个分号就会认为程序结束，这样程序无法正常执行，因此在书写程序之前先使用 DELIMITER 命令将 SQL 语句的结束标志修改为其他符号。基本书写格式如下。

微课 9-2
DELIMITER 命令

```
DELIMITER  $$
```

 说明

$$是用户定义的结束符，通常这个符号可以是一些特殊的符号，如两个"#"、两个"//"等。当使用 DELIMITER 命令时，应该避免使用反斜杠（"\"）字符，因为那是 MySQL 的转义字符。

193

【示例 9.1.1】 将 MySQL 语句的结束符修改为两个斜杠 (//)，书写 SELECT 语句进行检验，最后将语句的结束符恢复为 ";"。

```
DELIMITER //
SELECT * FROM users//
DELIMITER ;
```

3. 调用自定义函数

自定义函数创建完后，调用的方法和使用系统提供的内置函数相同，都是使用 SELECT 关键字。基本书写格式如下。

```
SELECT 自定义函数名([参数[, …]])
```

微课 9-3
常量和局部变量

4. 函数体

函数体中可以包含 SQL 语句，以及更为复杂的语法，如使用常量、局部变量、流程控制语句等。

（1）常量

常量是表示一个特定数据值的符号，在程序运行过程中始终保持不变，其使用格式取决于它所表示的值的数据类型，常用的有字符串常量、数值常量、时间日期常量、布尔值、空值等。字符串常量必须用单引号或双引号括起来；数值常量包括整数常量和使用小数点的浮点数常量；日期时间常量也需要用单引号将表示日期时间的字符串括起来；布尔值只有 TRUE 和 FALSE 两个可能值；NULL 值适用于各种数据类型，常表示"没有值""无数据"等意义。

（2）局部变量

变量用于临时存放数据，其值在程序运行过程中发生变化。而局部变量主要指变量的作用范围仅限于程序内部，可以用来存放临时结果。通常使用 DECLARE 语句声明局部变量，基本书写格式如下。

```
DECLARE 变量名 数据类型 [DEFAULT 默认值]
```

 说明 ❯❯❯❯❯❯

- DEFAULT 子句给变量指定了一个默认值。
- 局部变量只能在 BEGIN…END 语句中声明，且必须在 BEGIN…END 的第一行就声明。

局部变量声明后，初始值默认为 NULL，可以使用 SET 语句为变量赋值，基本书写格式如下。

```
SET 变量名=表达式
```

 说明 ❯❯❯❯❯❯

- 变量名为已经声明的要被赋值的变量名称。
- 表达式为合法的 MySQL 表达式。

变量的值可以使用 SELECT 语句或 PRINT 语句输出，基本书写格式如下。

SELECT 局部变量名

【示例 9.1.2】 定义一个函数 func_addTwoNumber，实现两个整数相加。

微课 9-4
创建和调用自定义
函数

```
set global log_bin_trust_function_creators=true;

DELIMITER //
CREATE FUNCTION func_addTwoNumber(x SMALLINT UNSIGNED, Y SMALLINT UNSIGNED)
RETURNS SMALLINT
BEGIN
DECLARE a, b SMALLINT UNSIGNED DEFAULT 10;
SET    a = x, b = y;
RETURN a+b;
END//
```

分析：

MySQL 8.0 二进制日志默认开启，二进制日志的一个重要功能是主从复制，而存储函数有可能导致主从的数据不一致。当开启二进制日志后，参数 log_bin_trust_function_creators 就会生效，限制存储函数的创建、修改、调用，所以必须要设置 global log_bin_trust_function_creators= true，使得存储函数能够顺利创建与执行。

func_addTwoNumber 函数中声明了两个变量，分别是 a、b，并赋初始值为 10。

调用该函数，执行如下语句。

```
DELIMITER ;
SELECT func_addTwoNumber(5,6);
```

运行结果如图 9.1.1 所示。

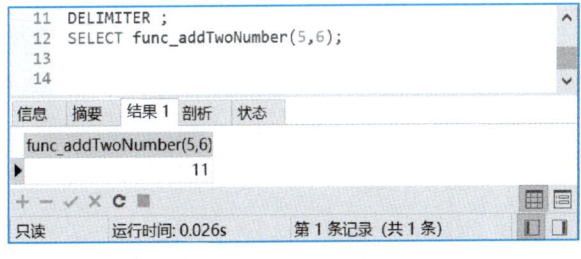

图 9.1.1
示例 9.1.2 调用函数运行结果

【示例 9.1.3】 创建函数 func_countnumber，使用 SELECT…INTO 为变量赋值。

```
set global log_bin_trust_function_creators=true;
DELIMITER //
CREATE FUNCTION func_countnumber()
RETURNS SMALLINT
BEGIN
```

195

```
        DECLARE rs INT;
        SELECT COUNT(user_id) INTO rs
        FROM users;
        RETURN rs;
        END //
```

分析:
使用 SELECT…INTO 语句可以把选定的列值存储到变量中。基本书写格式为:
　SELECT 列名 1,列名 2, …INTO 变量 1,变量 2, …
其后仍然接查询语句。

调用该函数，输入如下语句。

```
DELIMITER ;
SELECT func_countnumber();
```

微课 9-5
IF…ELSE 语句

（3）流程控制语句

在函数和存储过程中可以使用流程控制语句来控制语句的执行，在 MySQL 中可以使用 IF 语句、CASE 语句、WHILE 语句来进行流程控制。

1) IF…ELSE 语句

IF 语句用来进行条件判断，根据是否满足条件，将执行不同的语句。基本书写格式如下。

```
IF  条件表达式
    语句块 1
ELSE
    语句块 2
```

 说明 »»»»»

- 条件表达式：关系运算符和逻辑运算符组成的表达式，其值决定 IF 分支的执行路线。
- 语句块 1：条件表达式成立时执行的语句，如果语句块中的语句多于一条，则语句块开始前使用 BEGIN，语句块结束后使用 END。

【示例 9.1.4】创建一个函数 func_compnumber，判断两个输入参数 m1 和 m2 哪个更大，输出比较结果。

```
set global log_bin_trust_function_creators=true;
DELIMITER $$
CREATE FUNCTION func_compnumber(m1 INTEGER,m2 INTEGER)
RETURNS CHAR(10)
BEGIN
  DECLARE result char(10);
    IF m1>m2 THEN
        SET result='大于';
```

```
        ELSEIF m1=m2 THEN
            SET result='等于';
        ELSE
            SET result='小于';
        END IF;
        RETURN result;
    END $$
    DELIMITER ;
```

调用该函数，执行如下语句。

```
SELECT func_compnumber(89,102);
```

运行结果如图 9.1.2 所示。

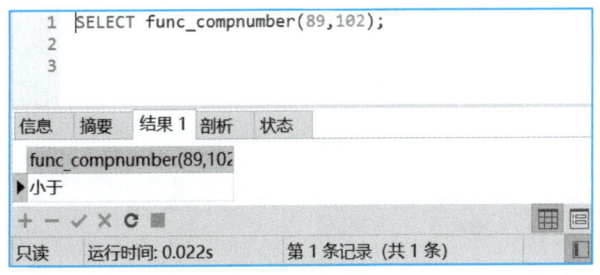

图 9.1.2
示例 9.1.4 调用函数运行结果

2）CASE 语句

当条件表达式的分支多于两条时，可以使用 CASE 语句对每一种结果进行处理，基本书写格式如下。

```
CASE  条件表达式
    WHEN  条件表达式结果 1 THEN  语句 1
    WHEN  条件表达式结果 2 THEN  语句 2
    …
    WHEN  条件表达式结果 n THEN  语句 n
    ELSE  语句 n+1
END CASE
```

微课 9-6
CASE 语句

说明 »»»»»

- 条件表达式：关系运算符和逻辑运算符组成的表达式，其值决定 IF 分支的执行路线。
- 条件表达式结果：要与条件表达式的数据类型相同，二者相同时执行对应的 THEN 后的语句。
- ELSE：与前面所列出的条件表达式结果都不相匹配时，执行 ELSE 后的语句。

CASE 语句是先计算条件表达式的值，然后按照指定顺序依次与 WHEN 子句的条件表达式结果进行比较，一旦匹配成功，返回 THEN 后指定的结果。如果都不匹配，则返回 ELSE

后的执行结果。

【示例 9.1.5】 定义一个函数 func_usercard，输入消费金额，输出用户会员卡的等级。

```
set global log_bin_trust_function_creators=true;
DELIMITER $$
CREATE FUNCTION func_usercard(totalprice INT)
RETURNS CHAR(10)
BEGIN
    DECLARE dengji CHAR(10);
    CASE
        When totalprice>=10000 THEN SET dengji='钻石卡';
        When totalprice<10000 AND totalprice>=6000 THEN SET dengji='白金卡';
        When totalprice<6000 AND totalprice>=4000 THEN SET dengji='银卡';
        ELSE  SET dengji='普卡';
    END CASE;
  RETURN dengji;
END $$
DELIMITER ;
```

调用该函数，执行如下语句。

```
SELECT func_usercard(6000);
```

运行结果如图 9.1.3 所示。

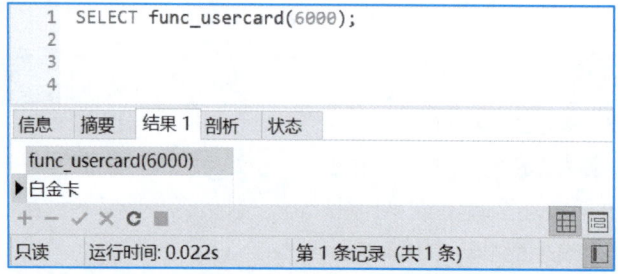

图 9.1.3
示例 9.1.5 调用函数运行结果

微课 9-7
循环语句

3）循环语句

MySQL 支持创建循环的语句，分别是 WHILE、REPEAT 和 LOOP 语句。在函数或存储过程中可以定义一个或多个循环语句。

WHILE 语句是设置重复执行 SQL 语句或语句块的条件，当指定条件为真时，重复执行循环语句。基本书写格式如下。

```
[开始标号：] WHILE  条件  DO
    程序段
END WHILE [结束标号]
```

> **说明**
>
> WHILE 语句先判断条件是否为真，为真则执行程序段中的语句，再次进行判断，为真则继续循环，不为真则结束循环。开始标号和结束标号是 WHILE 语句的标注。除非开始标号存在，否则不能单独出现结束标号，且如果两者都出现，它们的名字必须相同。

【示例 9.1.6】创建一个函数 func_numsum，输入参数正整数 n（小于 255），使用 WHILE 语句求 1~n 之和。

```
DELIMITER $$
CREATE FUNCTION func_numsum(number SMALLINT)
RETURNS INT
BEGIN
    DECLARE sum,m INT;
    SET sum=0,m=1;
    WHILE m<=number DO
        SET sum=sum+m;
        SET m=m+1;
    END WHILE;
    RETURN sum;
END $$
DELIMITER ;
```

调用该函数，执行如下语句。

```
SELECT func_numsum(100);
```

运行结果如图 9.1.4 所示。

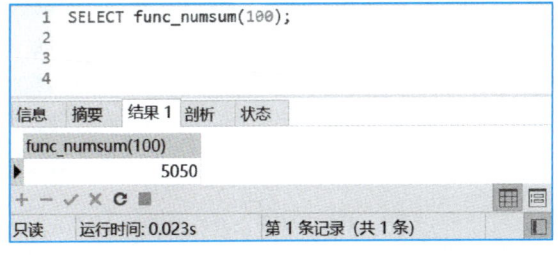

图 9.1.4
示例 9.1.6 调用函数运行结果

REPEAT 语句的基本书写格式如下。

```
[开始标号：] REPEAT
    程序段
UNTIL 条件
END REPEAT [结束标号]
```

> **说明**
>
> REPEAT 语句首先执行程序段中的语句,然后判断条件是否为真,为真则停止循环,不为真则继续循环,REPEAT 也可以被标注。

【示例 9.1.7】创建一个函数 func_numsum1,用 REPEAT 语句替换示例 9.1.6 中的 WHILE 循环过程。

```
DELIMITER $$
CREATE FUNCTION func_numsum1(number SMALLINT)
RETURNS INT
BEGIN
    DECLARE sum,m INT;
  SET sum=0,m=1;
  REPEAT
        SET sum=sum+m;
      SET m=m+1;
      UNTIL m>number
  END REPEAT;
  RETURN sum;
END $$
DELIMITER ;
```

调用该函数,执行如下语句。

```
SELECT func_numsum1(100);
```

> **分析:**
>
> REPEAT 语句和 WHILE 语句的区别在于:REPEAT 语句先执行语句,后进行判断;而 WHILE 语句是先判断,条件为真时才执行语句。

运行结果如图 9.1.5 所示。

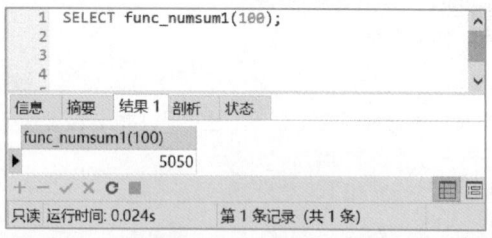

图 9.1.5
示例 9.1.7 调用函数运行结果

LOOP 语句允许某特定语句或语句群的重复执行,实现一个简单的循环构造。但是 LOOP 语句本身没有停止循环的语句,必须遇到 LEAVE 语句才能停止循环。LEAVE 语句经常和 BEGIN…END 或循环一起使用。其书写格式如下。

```
[开始标号:] LOOP
```

```
    程序段
       LEAVE 语句标号
END LOOP [结束标号]
```

程序段是需要重复执行的语句。标号是语句中标注的名称，该名称是自定义的，加上 LEAVE 关键字就可以用来退出标注的循环语句。

【示例 9.1.8】创建一个函数 func_numsum2，使用 LOOP 语句替换示例 9.1.6 中的 WHILE 循环过程。

```
DELIMITER $$
CREATE FUNCTION func_numsum2(number SMALLINT)
RETURNS INT
BEGIN
    DECLARE sum,m INT;
    SET sum=0,m=1;
    add_sum:LOOP
            SET sum=sum+m;
        SET m=m+1;
    IF m>number THEN
        LEAVE add_sum;
    END IF;
    END LOOP;
    RETURN sum;
END $$
DELIMITER ;
```

分析：

语句中首先定义了两个局部变量 sum、m，并分别赋初始值为 0 和 1，接着进入 LOOP 循环，标注为 add_sum，执行 sum=sum+m 和 m=m+1 语句，然后判断变量 m 是否大于输入参数 number 的值，如果大于则使用 LEAVE 语句跳出循环。

调用此函数来查看最后结果，使用如下命令。

```
SELECT func_numsum2(10);
```

运行结果如图 9.1.6 所示。

5. 删除自定义函数

删除自定义函数使用 DROP FUNCTION 语句，基本书写格式如下。

微课 9-8
删除自定义函数

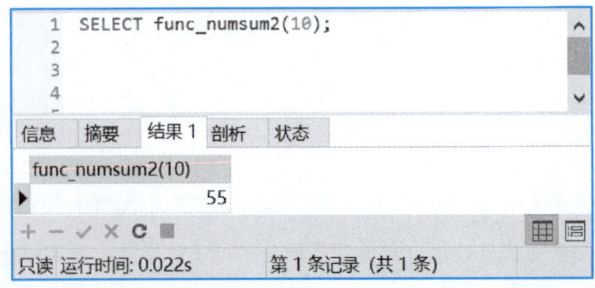

图 9.1.6
示例 9.1.8 调用函数运行结果

DROP FUNCTION [IF EXISTS] 函数名

 说明 》》》》》》

函数名为要删除的函数名称。

 任务实施

微课 9-9
创建 db_eshop 数据库中的函数

企业案例 9.1
创建智慧酒店管理系统数据库中的函数

【任务 9.1.1】 创建一个函数 func_num_goods,返回 goods 表中商品的种数作为结果。

DELIMITER $$
CREATE FUNCTION func_num_goods()
RETURNS INTEGER
BEGIN
　　　　RETURN (SELECT COUNT(*) FROM goods);
END $$
DELIMITER ;

分析:
RETURN 子句中包含 SELECT 语句时,SELECT 语句的返回结果只能是一行且只能有一列值。

调用该函数,在查询编辑器中输入如下语句。

SELECT func_num_goods();

运行结果如图 9.1.7 所示。

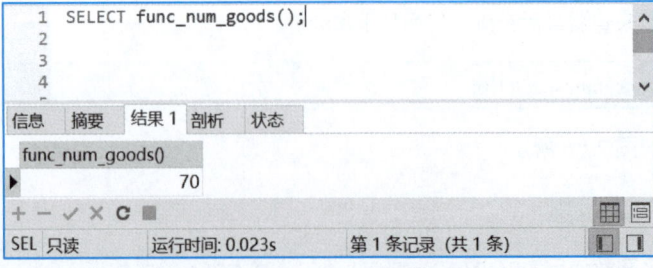

图 9.1.7
任务 9.1.1 调用函数运行结果

【任务 9.1.2】 创建一个函数，要求输入参数商品编号，返回该商品的库存量。

```
DELIMITER $$
CREATE FUNCTION func_snum_goods(gId int)
RETURNS INT
BEGIN
    RETURN (SELECT stock_number FROM goods WHERE goods_id =gId);
END $$
DELIMITER ;
```

分析：
该函数给定商品编号，返回该商品的库存数量。

调用该函数，在查询编辑器中输入如下语句。

```
SELECT func_snum_goods(8);
```

运行结果如图 9.1.8 所示。

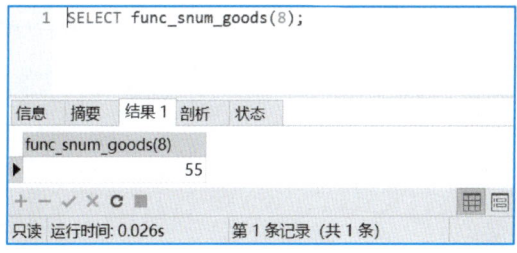

图 9.1.8
任务 9.1.2 调用函数运行结果

【任务 9.1.3】 删除自定义函数 func_num_goods。

```
DROP FUNCTION IF EXISTS func_num_goods;
```

 任务拓展

使用 Navicat 图形管理工具来创建和管理自定义函数

【拓展 9.1.1】 创建一个函数，要求输入参数商品编号，返回该商品的库存量。
步骤如下。
① 打开 Navicat，连接 MySQL 服务器，打开 Navicat 主界面。
② 展开"连接"列表框中的 db_eshop 数据库，单击工具栏中的"函数"→"新建函数"选项，会弹出"函数向导"界面，如图 9.1.9 所示，输入"名"为 func_num_goods，选择"函数"单选按钮，单击"下一步"按钮。
③ 进入输入参数设置界面，如图 9.1.10 所示，其中"名"为输入参数的名称，"类型"为该参数所对应的数据类型，这里添加参数名称为 gId、数据类型为 int，单击"下一步"按钮。
④ 进入返回值设置界面，如图 9.1.11 所示，设置函数返回值的类型、长度、字符集等信息。设置完成后，单击"完成"按钮。

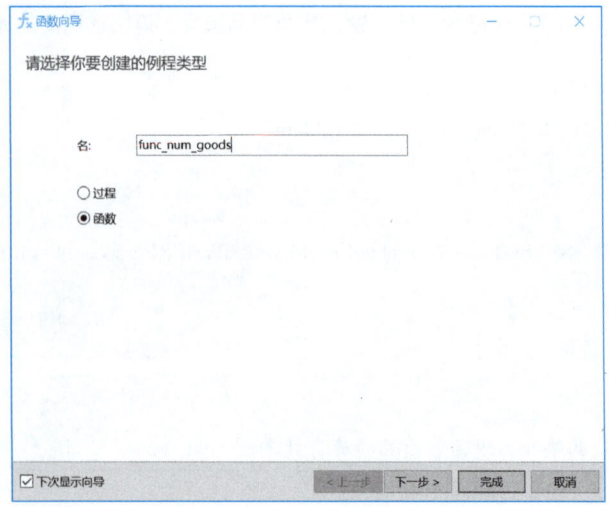

图 9.1.9
"函数向导"界面

图 9.1.10
输入参数设置界面

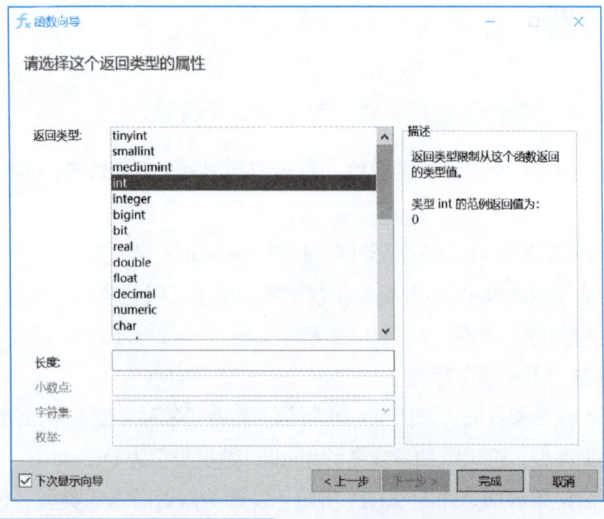

图 9.1.11
返回值设置界面

⑤ 进入代码编辑界面，如图 9.1.12 所示。代码输入完成后，单击工具栏中的"保存"按钮，即可完成函数的创建。

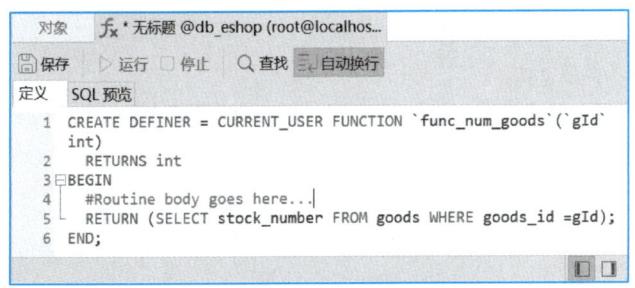

图 9.1.12
代码编码界面

⑥ 单击"运行"按钮，弹出"输入参数"对话框，如图 9.1.13 所示，输入 gId 的值为 8，单击"确定"按钮，返回函数运行结果，如图 9.1.14 所示。

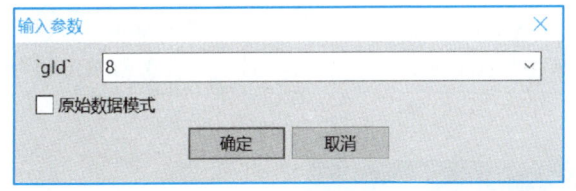

图 9.1.13
"输入参数"对话框

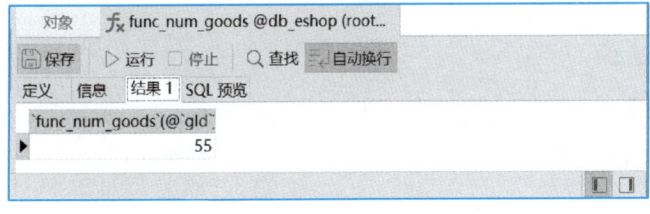

图 9.1.14
调用函数运行结果

【拓展 9.1.2】修改已经存在的函数 func_snum_goods，更改为查询商品编号为 5 的商品的库存量。

步骤如下。

① 打开 Navicat，连接 MySQL 服务器，进入 Navicat 主界面。

② 展开"连接"列表框中的 db_eshop，双击展开"函数"，选中要修改的函数名 func_snum_goods，右击，在快捷菜单中选择"设计函数"命令，将出现"函数"编辑界面，如图 9.1.15 所示。

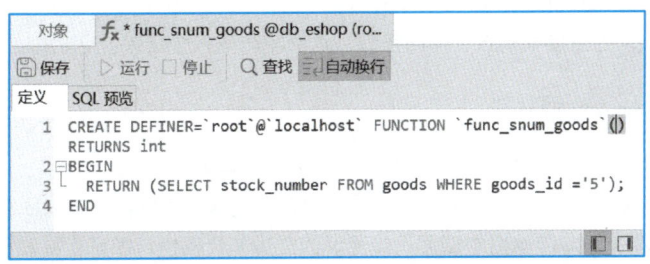

图 9.1.15
函数编辑界面

修改函数体，输入如下语句。

> BEGIN
>   RETURN (SELECT stock_number FROM goods WHERE goods_id ='5');
> END

同时删除输入参数 gId。

③ 修改完成后，单击工具栏中的"保存"按钮，即可完成函数的修改。

④ 单击工具栏中的"运行"按钮，运行结果如图 9.1.16 所示。

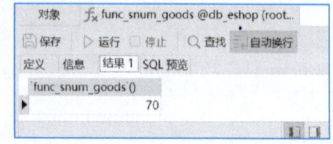

图 9.1.16
函数运行结果

分析：
此方法相当于删除以前的函数，而后重新创建新函数。注意，不能直接使用 ALTER FUNCTION 语句，此语句在 MySQL 中只能修改一些选项（如 comment），不能修改函数内部定义的 SQL 语句和参数列表。

任务 9.2　创建和管理存储过程

 任务分析

用户自定义函数可以实现用户的某些要求，但是它只能返回一个值，不能有更多的返回值。因此，引入存储过程可以带回更多的返回值，并且能处理更为复杂的任务，为应用开发者提供方便。

微课 9-10
认识存储过程

 知识储备

1. 存储过程

在 MySQL 中，可以定义一组完成特定功能的 SQL 语句集，当首次执行时，MySQL 会将其保留在内存中，以后调用时就不需要再进行编译，这样的语句集称为存储过程。它是数据库对象之一，驻留在数据库中，可以被应用程序调用，并允许数据以参数形式进行传递。它可以包含声明式 SQL 语句（如 CREATE、UPDATE 和 SELECT 等）和过程式 SQL 语句（如 IF-THEN-ELSE），可以接收输入、输出参数，返回单个或多个结果。

2. 引入存储过程的好处

在 MySQL 服务器中使用存储过程有很多好处，具体如下。
- 存储过程执行一次后，其执行规划就驻留在高速缓冲存储器中，以后需要操作时，只需要从高速缓冲存储器中调用已编译好的二进制代码执行即可，提高了系统性能。
- 存储过程创建好以后，可以多次被用户调用，而不必重新编写 SQL 语句，如果业务规则发生改变，只需要修改存储过程以适应新的业务规则，客户端应用程序不需要修改，实现了程序的模块化设计思想。
- 确保数据库安全。用户可以使用存储过程完成所有数据库操作，而不需要授予其直接访问数据库对象的权限，相当于把用户和数据库隔离开，进一步保证了数据的完整性和安全性。

3. 创建存储过程

存储过程可以使用 CREATE PROCEDURE 语句，基本书写格式如下。

```
CREATE PROCEDURE 存储过程名 ([参数[,…]])
    存储过程体
```

- 存储过程名：存储过程的名称，默认在当前数据库中创建。需要在特定数据库中创建存储过程时，则要在名称前面加上数据库的名称，格式为：db_name.sp_name。遵守标识符的命名规则，建议加 proc 前缀以区别于其他数据库对象。
- 参数：存储过程的参数，使用参数要指明参数类型、参数名称、参数的数据类型，多个参数之间用逗号分隔。存储过程可以有 0 个、1 个或多个参数。MySQL 存储过程支持 3 种类型的参数：输入参数、输出参数和输入/输出参数，关键字分别是 IN、OUT 和 INOUT。当没有参数时，存储过程名称后面的括号不能省略。
- 存储过程体：存储过程的主体部分，其中包含了在存储过程调用时必须执行的语句，该部分总是以 BEGIN 开始、END 结束。但是，当存储过程体中只有一个 SQL 语句时，可以省略 BEGIN-END 标识。

4. 调用存储过程

存储过程创建后，可以在程序、触发器或其他存储过程中被调用，但是都必须用到 CALL 语句，基本书写格式如下。

```
CALL 存储过程名([参数 [,…]])
```

存储过程名为存储过程的名称，如果要调用某个其他特定数据库的存储过程，则需要在前面加上该数据库的名称。参数为调用该存储过程使用的参数，参数个数必须等于存储过程定义时的参数个数。

5. 查看存储过程

要查看服务器中存储过程的状态，可以使用 SHOW STATUS 命令。要查看某个存储过程的具体代码，可以使用 SHOW CREATE PROCEDURE sp_name 命令，其中 sp_name 是存储过程的名称。

查看当前服务器中存储过程的状态，基本书写格式如下。

```
SHOW PROCEDURE STATUS [LIKE 匹配模式];
```

在上述语句中，"匹配模式"用来匹配存储过程的名称，"[LIKE 匹配模式]"可省略，表示查看当前服务器中存储过程的状态。

查看存储过程的具体代码，基本书写格式如下。

> SHOW CREATE PROCEDURE 存储过程名;

6. 删除存储过程

存储过程创建后，需要删除时使用 DROP PROCEDURE 语句。在此之前，必须确认该存储过程没有任何依赖关系，否则会导致其他与之关联的存储过程无法运行。基本书写格式如下。

> DROP PROCEDURE [IF EXISTS] 存储过程名

说明 〉〉〉〉〉〉〉

存储过程名是指要删除的存储过程名称。IF EXISTS 子句是 MySQL 的扩展，如果程序或函数不存在，将防止发生错误。

任务实施

企业案例 9.2
创建智慧酒店管理系统数据库中的存储过程

微课 9-11
创建和执行不带参数的存储过程

1. 创建和执行不带参数的存储过程

【任务 9.2.1】 创建存储过程 proc_userNumbers，查询用户表中的用户人数。

> USE db_eshop;
> CREATE PROCEDURE proc_userNumbers()
> SELECT COUNT(*) FROM users;

【任务 9.2.2】 假设任务 9.2.1 的存储过程已创建，调用该存储过程。

> CALL proc_userNumbers();

分析：
通常 SELECT 语句不会直接用在存储过程中。

运行结果如图 9.2.1 所示。

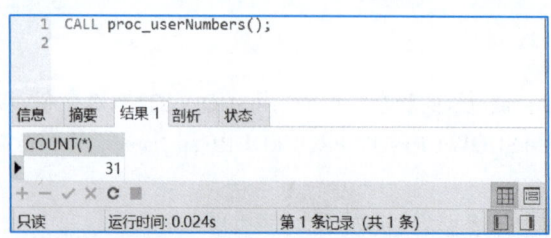

图 9.2.1
任务 9.2.2 调用不带参数的存储过程

2. 创建和执行带输入参数的存储过程

【任务 9.2.3】 编写一个存储过程，删除一个特定用户的信息。

```
DELIMITER $$
CREATE PROCEDURE proc_delete_user (IN U_id char(6))
BEGIN
    DELETE FROM   users WHERE user_id=U_id;
END $$
DELIMITER ;
```

微课 9-12
创建和执行带输入参数的存储过程

分析：
当调用这个存储过程时，MySQL 根据提供的参数 U_id 的值，删除在 users 表中对应的数据。在关键字 BEGIN 和 END 之间指定了存储过程体，因为在程序开始用 DELIMITER 语句转换了语句结束标志为"$$"，所以 BEGIN 和 END 被视为一个"整体"，在 END 后用"$$"结束。

【任务 9.2.4】假设任务 9.2.3 的存储过程已创建，调用该存储过程。

```
CALL   proc_delete_user ('10');
```

运行结果如图 9.2.2 所示。

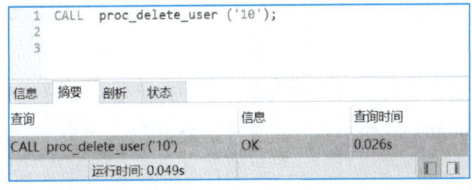

图 9.2.2
任务 9.2.4 调用带输入参数的存储过程

3．创建和执行带输出参数的存储过程

【任务 9.2.5】创建一个存储过程 proc_buy，输入商品编号，以输出参数的方式返回购买过该商品的顾客姓名、联系方式（假设购买过该商品的仅一个顾客）。

微课 9-13
创建和执行带输出参数的存储过程

```
DELIMITER $$
CREATE PROCEDURE proc_buy(IN g_id INT,OUT uname VARCHAR(20),OUT mobilephone CHAR(11))
    BEGIN
      SELECT users.user_name,users.phone INTO uname,mobilephone
      FROM order_item,orders,users
      WHERE order_item.order_id=orders.order_id AND
            orders.user_id=users.user_id AND
            order_item.goods_id=g_id;
    END $$
DELIMITER ;
```

【任务 9.2.6】假设任务 9.2.5 中的存储过程已经创建，调用该存储过程。

```
CALL proc_buy(2,@name,@ph);
SELECT @name,@ph;
```

> **分析：**
>
> 存储过程 proc_buy 中包含 3 个参数：1 个输入参数、2 个输出参数。调用时，2 为传递给存储过程的输入参数，而输出参数的结果保存在输出参数 name 和 ph 中，此处参数 @name、@ph 分别接收来自 uname 和 mobilephone 的结果，它们都定义为用户变量，才能在存储过程执行完成后也能查询到结果。若是定义为局部变量，存储过程执行完成后，将查询不到结果。

运行结果如图 9.2.3 所示。

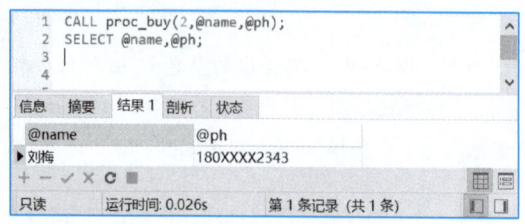

图 9.2.3
任务 9.2.6 调用带输出参数的存储过程

 小知识

用户变量

用户在表达式中使用自己定义的变量，称为用户变量。用户变量与数据库连接有关，在连接中声明的变量，从创建到客户端与数据库实例连接断开，整个过程用户变量都是有效的，连接断开变量就会消失。且在此连接中声明的变量无法在另一连接中使用。MySQL 中用户变量不用事先声明，直接使用"@变量名"即可。

用户变量名字必须以@开头，定义和初始化一个用户变量可以使用 SET 语句，如声明一个名为@name 的变量，可以使用如下语句。

   SET @name='王琳';

该语句声明一个名为@name 的变量，并将它赋值为"王琳"。MySQL 中的用户变量是不严格限制数据类型的，其数据类型根据赋给它的值而随时变化。

用户变量和局部变量区别如下。

- 局部变量一般用在 SQL 语句块中，如存储过程的 BEGIN/END。其作用域仅限于该语句块，在该语句块执行完毕后，局部变量就消失了。DECLARE 语句专门用于定义局部变量，可以使用 DEFAULT 语句来说明默认值。
- 用户变量必须以@开头，不需要使用 DECLARE 语句声明，使用 SET 语句定义和初始化，在客户端连接数据库实例的整个过程中用户变量是有效的。

【任务 9.2.7】查看存储过程 proc_buy 的源代码，使用如下命令。

  SHOW CREATE PROCEDURE proc_buy;

运行结果如图 9.2.4 所示。

【任务 9.2.8】修改任务 9.2.5 中创建的存储过程 proc_buy，要求输入商品编号，并返回购买过该商品的顾客姓名、联系方式（一种商品可能被很多用户购买）。

如果要修改存储过程的内容，可以使用先删除再重新定义存储过程的方法。

① 删除存储过程 proc_buy。

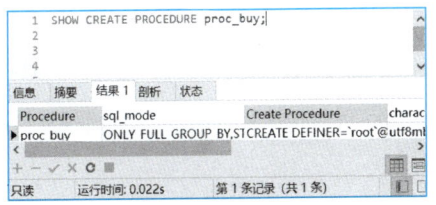

图 9.2.4
任务 9.2.7 查看存储过程

```
DROP PROCEDURE  IF EXISTS proc_buy;
```

② 重新定义存储过程。

```
DELIMITER $$
CREATE PROCEDURE proc_buy(IN g_id INT)
BEGIN
    SELECT users.user_name,users.phone
    FROM order_item,orders,users
    WHERE order_item.order_id=orders.order_id AND
          orders.user_id=users.user_id AND
          order_item.goods_id=g_id;
END $$
DELIMITER ;
```

素养小课堂

在创建函数和存储过程时，往往需要将前面所学的数据操纵语句和流程控制语句结合起来表达业务逻辑，书写的代码更复杂，出错的机率也更高。程序代码的调试不是一蹴而就的，此时需要我们调整好心态，坚定信心，相信通过所学可以解决问题；保持乐观，有足够的耐心，仔细阅读错误提示信息，检查分析代码，反复尝试实践；每次对错误进行归纳总结，避免犯同样的错误。通过时间的积累，我们的编程能力会在不知不觉中提高。

在生活和学习中也理应如此，面对挫折，自信自爱，坚韧乐观，调节和管理自己的情绪，多角度、辩证地分析总结问题。

 任务拓展

使用 Navicat 图形管理工具中的函数向导来创建存储过程

【拓展 9.2.1】 创建任务 9.2.8 中的存储过程 proc_buy，要求输入商品编号，返回购买过该商品的顾客姓名、联系方式。

步骤如下。

① 打开 Navicat，连接 MySQL 服务器，进入 Navicat Premium 主界面。

② 展开"连接"列表框中的 db_eshop，选中"函数"，右击，在快捷菜单中选择"新建函数"命令，将出现"函数向导"界面，如图 9.2.5 所示，输入"名"为 proc_buy，选择"过程"单选按钮，单击"下一步"按钮。

211

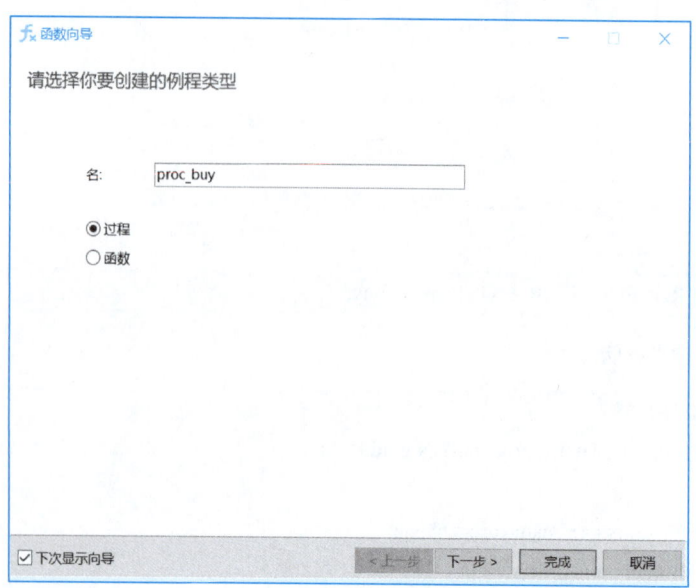

图 9.2.5
"函数向导"界面

③ 进入输入例程参数界面，如图 9.2.6 所示。"模式"为参数的类型，提供了 IN、OUT、INOUT 选项，"名"为输入参数的名字，"类型"为输入参数的数据类型，若有多个参数可单击左下方的+按钮添加新的参数，参数设置完成后，单击"完成"按钮。

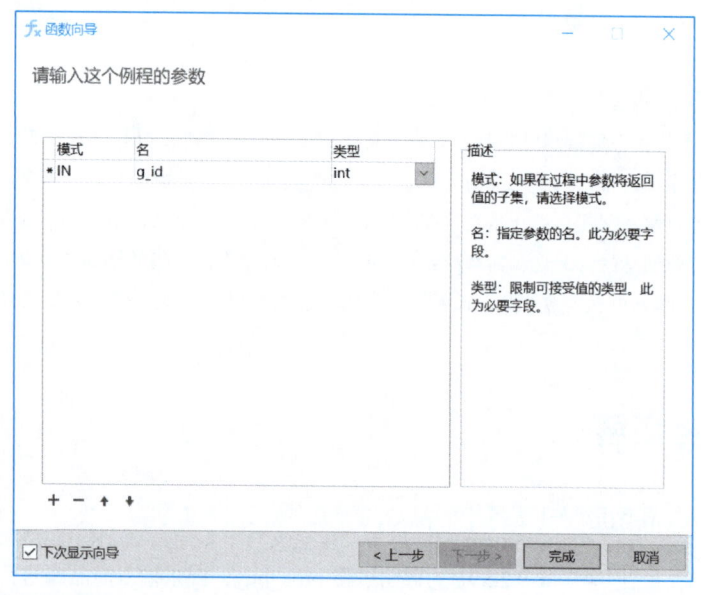

图 9.2.6
输入例程参数界面

④ 进入存储过程定义界面，如图 9.2.7 所示，在"定义"选项卡的编辑区域，输入如下语句。

```
SELECT users.user_name,users.phone
  FROM order_item,orders,users
  WHERE order_item.order_id=orders.order_id AND
       orders.user_id=users.user_id AND
       order_item.goods_id=g_id;
```

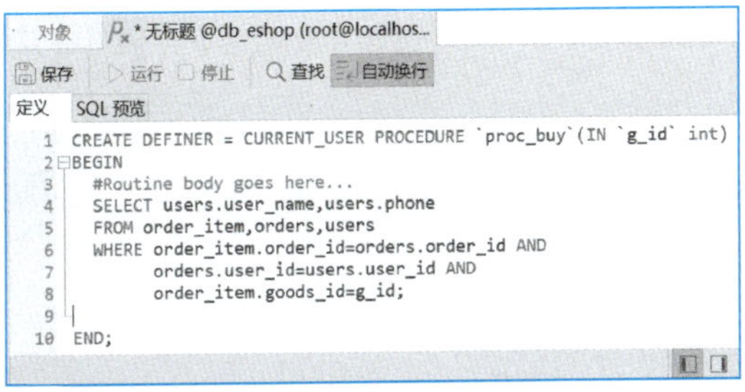
对象
* 无标题 @db_eshop (root@localhos...
保存
运行
停止
查找
自动换行
定义
SQL 预览
CREATE DEFINER = CURRENT_USER PROCEDURE `proc_buy`(IN `g_id` int)
BEGIN
#Routine body goes here...
SELECT users.user_name,users.phone
FROM order_item,orders,users
WHERE order_item.order_id=orders.order_id AND
orders.user_id=users.user_id AND
order_item.goods_id=g_id;
END;

图 9.2.7
存储过程定义界面

⑤ 语句输入完成后，单击工具栏中的“保存”按钮，即可创建存储过程。

⑥ 如果需要修改，回到 Navicat 主界面，选中 db_eshop 数据库中要修改的存储过程名，右击，在快捷菜单中选择“设计函数”命令，进行相应的修改，操作与创建类似。修改完成后，单击工具栏中的“保存”按钮即可。

⑦ 如果要删除存储过程，也是选中要删除的存储过程名，右击，在快捷菜单中选择“删除函数”命令，即可实现存储过程的删除。

任务小结

① 使用 CREATE FUNCTION 语句创建自定义函数。

② 使用 DROP FUNCTION 语句删除自定义函数。

③ 使用 CREATE PROCEDURE 语句创建存储过程。

④ 使用 DROP PROCEDURE 语句删除存储过程。

课堂实训

【实训目的】

① 掌握使用 SQL 语句创建自定义函数的方法。

② 掌握使用 SQL 语句管理自定义函数的方法。

③ 掌握使用 SQL 语句创建存储过程的方法。

④ 掌握使用 SQL 语句管理存储过程的方法。

【实训内容】

在学生成绩管理数据库 db_score 中，完成下列操作。

① 创建一个存储过程 proc_stu_id，返回“学生表”中学号为 2021010302 的学生信息，调用存储过程查看结果。

```
DELIMITER $$
CREATE PROCEDURE proc_stu_id()
BEGIN
  SELECT * FROM T_Student WHERE stuId='2021010302';
END $$
DELIMITER ;

CALL proc_stu_id();
```

② 创建一个存储过程 proc_stu_num，返回学生的总数，调用存储过程查看结果。

```sql
DELIMITER $$
CREATE PROCEDURE proc_stu_num()
BEGIN
  SELECT COUNT(*) AS '学生总人数' FROM T_student;
END $$
DELIMITER ;


CALL proc_stu_num();
```

③ 创建一个函数 func_stu_num，返回学生的总数，调用存储函数查看结果。

```sql
DELIMITER $$
CREATE FUNCTION func_stu_num()
RETURNS INT
BEGIN
   RETURN(SELECT COUNT(*) AS '学生总人数' FROM T_student);
END $$
DELIMITER ;


SELECT func_stu_num();
```

④ 创建一个存储过程 proc_stu_major，根据输入的专业名称返回该专业学生的基本信息。

```sql
DELIMITER $$
CREATE PROCEDURE proc_stu_major(majorIn varchar(30))
BEGIN
  SELECT * FROM T_Student WHERE major=majorIn;
END $$
DELIMITER ;


CALL proc_stu_major('软件技术');
```

⑤ 创建一个存储过程 proc_course_insert，根据输入参数课程名、学时数、学分、开课学期来添加一行数据。

```sql
DELIMITER $$
CREATE PROCEDURE proc_course_insert(cname varchar(25),ch int,cd int, tm int)
BEGIN
  insert into T_course(courseName,classHour,credit,term)
  values(cname,ch,cd,tm);
END $$
DELIMITER ;
```

```
CALL proc_course_insert('软件工程概论',64,4,4)
```

⑥ 创建一个存储过程 proc_stu_cour_score01，根据输入学号，查询出该学生的学号、姓名、课程名称、成绩，调用存储过程查看结果。

```
DELIMITER $$
CREATE PROCEDURE proc_stu_cour_score01(sno char(10))
BEGIN
   SELECT T_student.stuId,stuName,courseName,score
   FROM T_student,T_score,T_course
   WHERE T_student.stuId=T_score.stuId
   AND T_score.courseId=T_course.courseId AND T_score.stuId=sno;
END $$
DELIMITER ;

CALL proc_stu_cour_score01('2021020201')
```

⑦ 创建一个存储过程 proc_cj_avg，统计并显示选课表中课程号为 5 的课程的平均分，如果平均成绩在 70 以上，显示"成绩优秀"，并显示前 3 个最高的成绩；如果平均成绩在 70 以下，显示"成绩较差"，并显示后 3 个最低的成绩。

```
DELIMITER $$
CREATE PROCEDURE proc_cj_avg()
BEGIN
   DECLARE myavg   float;
   SELECT AVG(score) INTO myavg FROM   T_score WHERE courseId=5;
   SELECT  '本课程的平均成绩'+CONCAT(myavg);
   IF (myavg>70) THEN
       select '本课程成绩优秀，前 3 个最高的成绩为：';
       SELECT  *  FROM   T_score WHERE   courseId=5 ORDER BY  score   DESC LIMIT 0,3;
     ELSE
        select  '本课程成绩较差，后 3 个最低的成绩为：';
       SELECT *  FROM   T_score WHERE  courseId=5 ORDER BY   score    LIMIT 0,3;
     END IF;
END $$
DELIMITER ;

CALL proc_cj_avg();
```

【实训练习】

① 创建一个存储过程 proc_stu_major_ds，返回"电子商务"专业的所有学生信息。

② 创建一个函数 func_stu_name，根据输入的用户名，在学生表中查找该学生，若查找到，返回 true，若没有查到，则返回 false。

③ 创建一个存储过程 proc_score_avg_max_min，根据课程号统计某课程的平均成绩、最高和最低成绩。

④ 修改存储过程 proc_stu_major_ds，返回"电子商务"专业且地址在"北京"的女生信息。

思考与探索

一、选择题

1. 在 MySQL 中，关于函数说法不正确的是（　　）（单选）。
   A. 函数是完成特定功能的一组 SQL 语句组成的代码段
   B. MySQL 提供了许多系统函数，如字符函数、日期时间函数、聚合函数等
   C. 用户可以自己定义函数，这样的函数称为自定义函数，但不可以使用流程控制语句
   D. 使用 SELECT 语句可以调用函数

2. 下面选项中不属于存储过程操作的是（　　）（单选）。
   A. CREATE PROCEDURE   B. UPDATE PROCEDURE
   C. ALTER PROCEDURE   D. DROP PROCEDURE

3. 在存储过程中，（　　）关键字为声明变量（单选）。
   A. DECLARE   B. SET   C. SELECT   D. ALTER

4. 删除自定义函数的命令是（　　）（单选）。
   A. DROP FUNCTION   B. CREATE FUNCTION
   C. SELECT FUNCTION   D. ALTER FUNCTION

5. 在创建自定义函数的基本书写格式中，下列说法不正确的是（　　）（单选）。
   A. 函数体是自定义函数的主体，可以包含多条语句
   B. 函数体中必须包含一个 RETURN 值语句，值为函数的返回值
   C. 参数由参数名和参数所对应的数据类型组成
   D. 可以不带参数，此时函数名后的()可以省略

6. 在 MySQL 服务器中使用存储过程有（　　）好处（多选）。
   A. 提高系统性能   B. 实现程序的模块化设计思想
   C. 确保数据库安全   D. 增加编码工作量

二、填空题

1. 使用_____关键字调用自定义函数。
2. 使用_____关键字调用存储过程。
3. 可以使用_____命令查看数据库中有哪些存储过程。
4. MySQL 支持创建循环的语句，分别是_____、_____和_____语句。

三、应用题

1. 请在 db_staff 数据库中，创建函数，实现部门表数据的添加。

2. 请在 db_staff 数据库中，创建存储过程，要求能够根据用户输入的员工姓名，查询出符合条件的员工信息。

3. 请在 db_staff 数据库中，创建存储过程，要求能够根据用户输入的员工性别，返回符合条件的员工总数。

4. 请在 db_staff 数据库中，创建函数，根据用户输入的部门号，统计该部门的总人数是否大于或等于 10 人，如果满足条件，返回 true，否则返回 false。

任务 10
创建和管理触发器

工作能力

创建和管理触发器,作为数据库系统开发人员,应具备以下工作能力。
- 能理解触发器的作用。
- 能使用触发器完成相应的业务需求。

工作素养

- 具备理论联系实际的能力。
- 具备综合分析问题和解决问题的能力。

工作情境

根据家电商城系统的需求,测试当要删除某用户的订单时,同时也删除订单明细表中该订单对应的明细信息,以确保数据的完整性与一致性,这需要数据库开发人员创建触发器来实现。具体分以下任务来完成。
- 创建触发器。
- 管理触发器。

任务 10.1　创建触发器

任务分析

为了确保数据的完整性，数据库设计人员可以为表创建触发器来实现更为复杂的业务规则。

知识储备

1. 触发器

触发器是一种特殊的存储过程，是一组 SQL 语句的集合，作为表的一部分被创建。当预定义的事件（如向表中插入数据时）发生时自动执行，无须用户调用。触发器与表的关系紧密，常用于保护表中的数据或实现数据的完整性。例如，当某个用户订购了某种商品时，该商品的库存数量要进行相应变更，即在原有库存基础上减去已订购的数量。

微课 10-1
认识触发器

2. 创建触发器

触发器只能在永久表上创建，不能对临时表创建触发器。使用 CREATE TRIGGER 语句创建触发器，基本书写格式如下。

CREATE TRIGGER 触发器名 触发时间 触发事件
　ON 表名 FOR EACH ROW 触发器动作

说明

- 触发器名：要创建的触发器的名称，在当前数据库中必须具有唯一的名称。
- 触发时间：触发器触发的时机，表示触发器是在激活它的语句之前或之后触发，有 AFTER 和 BEFORE 两个选项。若要在激活触发器的语句之后执行，使用 AFTER 选项；如果想要验证新数据是否满足使用的限制，则使用 BEFORE 选项。
- 触发事件：指明在表上执行哪种操作时会激活触发器。可选的事件如下。
  a. INSERT：将新行插入表时激活触发器，如使用 INSERT、LOAD DATA 和 REPLACE 语句。
  b. DELETE：从表中删除某一行时激活触发器，如使用 DELETE 和 REPLACE 语句。
  c. UPDATE：更改某一行时激活触发器，如使用 UPDATE 语句。
- 表名：建立触发器的表名。对同一张表相同触发时间的相同触发事件，只能定义一个触发器。例如，对某张表的不同字段的 AFTER 更新触发器，在 MySQL 中只能定义成一个触发器，在触发器中通过判断更新的字段进行相应处理。
- FOR EACH ROW：触发器的执行间隔。对于受触发器事件影响的每一行都要激活触发器的动作。
- 触发器动作：包含触发器激活时将要执行的语句。如果要执行多条语句，可使用 BEGIN…END 复合语句结构。

在触发器的 SQL 语句中，可以使用 OLD 和 NEW 来引用触发器中发生变化的记录内容。

如 OLD 关联被删除或被更新前的记录，NEW 关联被插入的记录或被更新后的记录，通过 OLD.col_name、NEW.col_name 去关联对应记录中某个字段对应的值。对于 INSERT 语句，只有 NEW 是合法的；对于 DELETE 语句，只有 OLD 才合法；而 UPDATE 语句可以与 NEW 或 OLD 同时使用。

> **小知识**
>
> 触发器不能返回任何结果到客户端，为了阻止从触发器返回结果，不要在触发器定义中包含 SELECT 语句。同样，也不能调用将数据返回客户端的存储过程。

任务实施

微课 10-2
创建触发器

【任务 10.1.1】 创建一个触发器 trig_order_delete，当用户取消订单时，也应该相应删除订单明细表中对应订单的详细信息。

```
DELIMITER $$
CREATE TRIGGER trig_order_delete AFTER DELETE
ON orders
FOR EACH ROW
BEGIN
    DELETE FROM order_item
    where order_id = OLD.order_id;
END $$
DELIMITER ;
```

运行结果如图 10.1.1 所示。

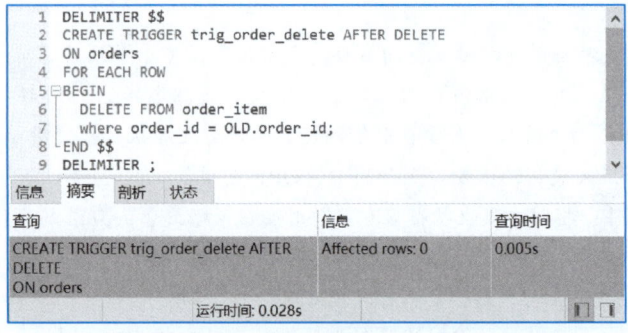

图 10.1.1
任务 10.1.1 创建触发器

> **分析：**
> 该触发器的作用是当删除 orders 表的记录时引起触发器的执行去删除 order_item 表中具有相同 order_id 的记录，由于该记录在 orders 表中已经被删除，只能借助 OLD.order_id 表示这个已经被删除的记录的订单编号。

验证触发器的功能，具体如下。

```
DELETE FROM orders WHERE order_id=50;
```

任务 11
创建管理事务和锁

工作能力

MySQL 数据库在处理操作量大、复杂度高的数据时，常常需要用到事务和锁。在创建管理事务和锁时，作为数据库系统开发人员，应具备以下工作能力。
- 能实现事务的开启、提交和回滚。
- 能实现全局锁、表级锁的设置。
- 能使用 SELECT 语句显式地为行记录加锁。

工作素养

- 具备使用事务、锁灵活处理并发问题的能力。
- 具有全面分析问题、举一反三的能力。

工作情境

家电商城系统在热卖过程中，进行了促销活动，客户购买热情高涨，预计 3 小时内购买完所有商品。在这个过程中，如何保证客户购买时，商品数量按照顺序减少，同时如何避免最后一件商品不被多人同时购买？为满足上述需求，开发团队需要创建事务和锁，具体分为以下任务来完成。
- 创建管理事务。
- 创建管理锁。

三、应用题

1. 请在 db_staff 数据库的员工表中创建一个触发器，当删除一个员工后，将该员工的信息保存在新表 T_delEmployee 中。

2. 请在 db_staff 数据库的部门表中创建一个触发器，当删除一个部门后，该部门的员工信息都要被删除。

3. 请在 db_staff 数据库的部门表中创建一个触发器，当新增一个部门后，在员工表中增加一个默认部门管理人员，empName 字段为部门名拼接管理员（如增加销售部，则为销售部管理员），birthday 字段为当前时间，sex 字段为男，phone 字段为15989××××99，address 字段为湖南长沙。

4. 请在 db_staff 数据库的部门表中创建一个触发器，当修改一个部门名称后，在员工表中将一个默认部门管理人员的 empName 字段进行修改，修改规则为部门名拼接管理员（如修改销售部，则为销售部管理员）。

【实训练习】

① 编写一个触发器 trig_cour_score_delete，在课程表中删除一条记录时，同时删除成绩表中相应的信息。

② 在学生成绩管理系统中创建一个专业表，字段为（专业名称，专业人数），假设已经统计了之前的各专业的人数，现在需要创建一个触发器 trig_stu_major，当在学生表中添加一个学生后，在专业表中对应的专业人数加 1。

思考与探索

一、选择题

1. 在 MySQL 中，关于触发器说法不正确的是（　　）（单选）。
   A. 触发器是一种特殊的存储过程，是一组 SQL 语句的集合，作为表的一部分被创建
   B. 触发器与表的关系紧密，常用于保护表中的数据或实现数据的完整性
   C. 触发器不仅可以在永久表上创建，也可以在临时表上创建
   D. 要创建的触发器，在当前数据库中必须具有唯一的名称

2. 创建触发器的命令是（　　）（单选）。
   A. CREATE TRIGGER　　　　　　B. DROP TRIGGER
   C. SHOW TRIGGERS　　　　　　D. INSERT TRIGGER

3. 删除触发器的命令是（　　）（单选）。
   A. CREATE TRIGGER　　　　　　B. DROP TRIGGER
   C. SHOW TRIGGER　　　　　　　D. INSERT TRIGGER

4. 查看触发器的命令是（　　）（单选）。
   A. CREATE TRIGGER　　　　　　B. DROP TRIGGERS
   C. SHOW TRIGGERS　　　　　　D. INSERT TRIGGERS

5. 触发器包含的事件不包括（　　）（单选）。
   A. ALTER　　　　　　　　　　　B. INSERT
   C. DELETE　　　　　　　　　　 D. UPDATE

6. 在 MySQL 中，下面说法正确的是（　　）（单选）。
   A. 在一张表中只能定义 1 个触发器
   B. 在一张表中只能定义 2 个触发器
   C. 在一张表中只能定义 4 个触发器
   D. 在一张表中能定义多个触发器

二、填空题

1. 触发器触发的时刻，有两个选项，分别为_____和_____。

2. 触发器的名称在数据库中必须是_____。

3. 在触发器的 SQL 语句中，可以使用_____和_____来引用触发器中发生变化的记录内容。

4. 可使用_____语句创建触发器。

```
DELIMITER;

DELETE FROM T_score WHERE stuId='2021010101' AND courseId=2
```

③ 编写一个触发器 trig_stu_score_delete，在学生表中删除一条记录时，同时删除成绩表中相应的信息。

```
DELIMITER $$
CREATE TRIGGER trig_stu_score_delete BEFORE DELETE ON T_student FOR EACH ROW
BEGIN
    DELETE FROM T_score WHERE T_score.stuId = old.stuId;
END $$
DELIMITER;

DELETE FROM   T_student WHERE stuId = '2021010101'
```

④ 在学生成绩管理数据库中创建一个触发器 trig_course_new，当向 T_course 表中添加数据时，调用存储过程，实现 T_couse_new 中的数据与 T_course 中的同步。

```
CREATE TABLE T_course_new LIKE T_course;

DELIMITER $$
CREATE PROCEDURE proc_copy_course()
BEGIN
    REPLACE T_course_new SELECT * FROM T_course;
END $$
DELIMITER;

DELIMITER $$
CREATE TRIGGER trig_course_new AFTER INSERT ON T_course FOR EACH ROW
BEGIN
    CALL proc_copy_course();
END $$
DELIMITER;

INSERT INTO T_course ( courseName, classHour, credit, term )
VALUES( '开源框架', 128, 8, 5 )
```

⑤ 删除触发器 trig_course_new。

```
DROP TRIGGER IF EXISTS trig_course_new;
```

触发器"按钮，即可完成触发器的删除。

任 务 小 结

① 了解触发器的基本概念。
② 使用 CREATE TRIGGER 语句创建触发器。
③ 使用 DROP TRIGGER 语句删除触发器。

课 堂 实 训

【实训目的】

① 掌握使用 SQL 语句创建触发器的方法。
② 掌握使用 SQL 语句删除触发器的方法。

【实训内容】

基于学生成绩管理数据库 db_score，完成下列操作。

① 创建 update 触发器 trig_stuId_update，当学生表中的学号发生变化时，成绩表的学号也相应发生变化。

```
DELIMITER $$
CREATE TRIGGER trig_stuId_update    BEFORE UPDATE ON T_Student FOR EACH ROW
BEGIN
IF new.stuId != old.stuId THEN
      UPDATE T_score
      SET T_score.stuId = new.stuId
      WHERE T_score.stuId = old.stuId;
END IF;
END $$
DELIMITER;


UPDATE T_student SET stuId = '2021030108' WHERE stuId = '2021030101'
```

② 编写一个触发器 trig_del_score，当删除一个成绩后，将删除的成绩添加到 T_delScore 中进行备份保存。

```
CREATE TABLE T_delscore LIKE T_score;

DELIMITER $$
CREATE TRIGGER trig_del_score AFTER DELETE ON T_score FOR EACH ROW
BEGIN
INSERT INTO T_delscore VALUES( old.stuId, old.courseId, old.score );
END $$
```

任务 10　创建和管理触发器

```
DROP TRIGGER 触发器名
```

 任务实施

【任务 10.2.1】 使用 SHOW TRIGGERS 语句查看 db_eshop 数据库中的触发器信息。

```
SHOW TRIGGERS;
```

运行结果如图 10.2.1 所示。

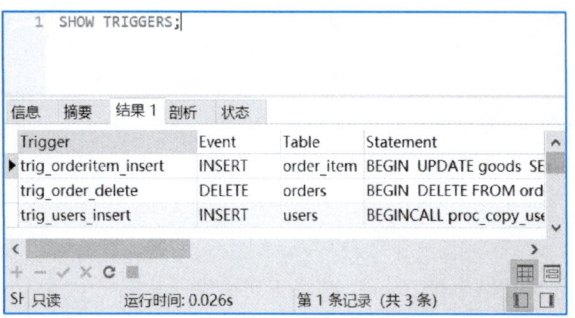

图 10.2.1
任务 10.2.1 查看触发器

【任务 10.2.2】 删除 db_eshop 数据库中的触发器 trig_users_insert。

```
DROP TRIGGER trig_users_insert;
```

 任务拓展

使用 Navicat 图形管理工具管理触发器

【拓展 10.2.1】 管理任务 10.1.1 中的触发器。

① 打开 Navicat，连接到 MySQL 服务器。

② 展开"连接"列表框中 db_eshop 数据库下的"表"目录，选中要管理的触发器所在数据表 orders，右击，在快捷菜单中选择"设计表"命令，在出现的设计表界面中切换到"触发器"选项卡，会显示触发器的相关信息，如图 10.2.2 所示。

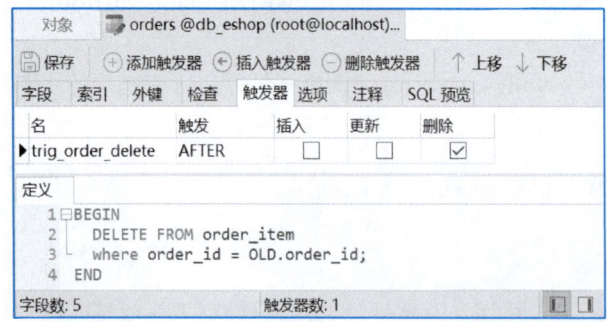

图 10.2.2
拓展 10.2.1 触发器相关信息

③ 如果还需要在该表中添加另外的触发器，可单击工具栏中的"添加触发器"按钮，继续创建新触发器。如果不需要已创建的触发器，可选中该触发器，单击工具栏中的"删除

步骤如下。

① 打开 Navicat，连接到 MySQL 服务器。

② 展开"连接"列表框中 db_eshop 数据库下的"表"目录，选中要创建触发器的表 orders，右击，在快捷菜单中选择"设计表"命令，在出现的设计表的界面中切换到"触发器"选项卡，会出现触发器的定义界面，如图 10.1.8 所示。

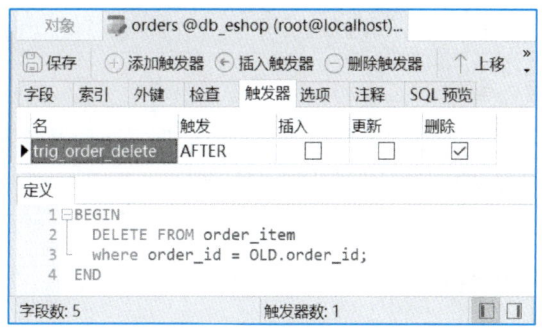

图 10.1.8
使用设计表的方式创建触发器

③ 进行触发器的定义。界面中"名"为要定义的触发器的名称；"触发"为触发器触发的时机，有两项可选，分别是 BEFORE 和 AFTER，这里选择 AFTER；"插入""更新""删除"为可选的激活触发器的事件，这里选择"删除"，下方的"定义"编辑区是触发器执行的 SQL 语句，这里输入如下语句。

> DELETE FROM order_item   where order_id = OLD.order_id;

④ 单击工具栏中的"保存"按钮，即可完成触发器的创建。

任务 10.2　管理触发器

 任务分析

管理触发器包括查看触发器、删除触发器。查看触发器是指查看数据库中已有触发器的定义、状态和语法信息等。当触发器不能满足需要时，可以使用 DROP TRIGGER 语句将其删除。

微课 10-3
管理触发器

 **知识储备**

1．查看触发器

使用 SHOW TRIGGERS 语句可以查看触发器的基本信息，基本书写格式如下。

> SHOW TRIGGERS;

2．删除触发器

使用 DROP TRIGGER 语句可以删除当前数据库中的触发器，基本书写格式如下。

【任务 10.1.3】 在数据库 db_eshop 中创建一个与 users 表结构完全一样的表 users_backup，然后创建一个触发器 trig_users_inert，在 users 表中添加数据时，调用存储过程，让 users_backup 表中的数据与 users 同步。

步骤如下。

① 创建相同的表结构 users_backup，具体如下。

```
CREATE TABLE users_backup LIKE users;
```

② 定义存储过程，具体如下。

```
DELIMITER $$
CREATE PROCEDURE proc_copy_users()
BEGIN
    REPLACE users_backup SELECT * FROM users;
END $$
```

③ 创建触发器，具体如下。

```
DELIMITER $$
CREATE TRIGGER trig_users_insert AFTER INSERT
    ON users FOR EACH ROW
BEGIN
    CALL proc_copy_users();
END $$
DELIMITER ;
```

④ 验证触发器，具体如下。

```
INSERT INTO users VALUES(32,'张小敏','789099','湖南湘潭市','189××××1245','2003-10-11','zhangmingmin@126.com');
SELECT * from users_backup WHERE user_id='32';
```

结果 users_backup 表中数据已经和 users 表相同。

素养小课堂 》》》》》》

触发器是一种联动装置，可以用来实现数据的完整性和强制使用业务规则。当触发器创建成功后，触发操作一旦发生，指定动作就会立即自动执行，反映出反馈的及时性。

我们也应该形成及时反馈意识。在工作中，及时反馈有助于提高团队合作能力，避免不必要的误解；及时反馈有助于有效解决工作中的问题，提高工作效率；及时反馈还有助于提高个人自信心，增强个人工作热情。

任务拓展

使用 Navicat 图形管理工具创建触发器

【拓展 10.1.1】 创建任务 10.1.1 中的触发器。

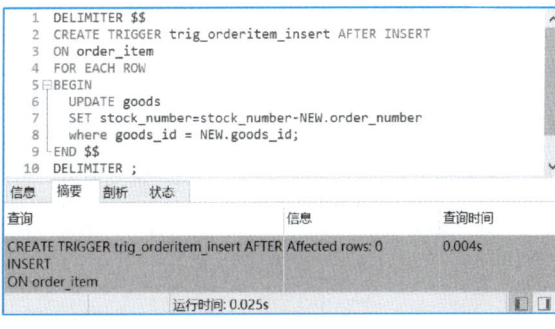

图 10.1.4
任务 10.1.2 创建触发器

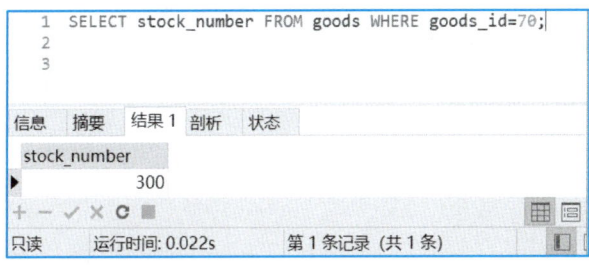

图 10.1.5
任务 10.1.2 验证触发器(1)

向 orders、order_item 分别插入一行记录，具体如下。

> INSERT INTO orders VALUES(11,30,'2023-03-20 12:30:23',4990,'0');
> INSERT INTO order_item VALUES(50,70,10);

运行结果如图 10.1.6 所示。

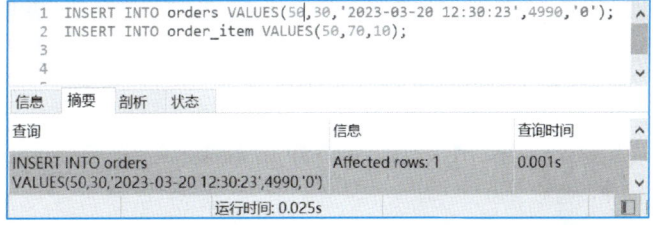

图 10.1.6
任务 10.1.2 验证触发器(2)

再使用 SELECT 语句查询商品编号为 70 的商品的库存量，输入如下语句。

> SELECT stock_number FROM goods WHERE goods_id=70;

运行结果如图 10.1.7 所示。

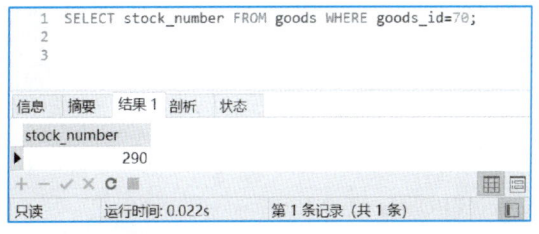

图 10.1.7
任务 10.1.2 验证触发器(3)

从结果中可以看出，商品编号为 70 的商品库存量已经发生变化，因为用户购买了 10 台该编号的商品，这也间接说明了触发器的作用。

运行结果如图 10.1.2 所示。

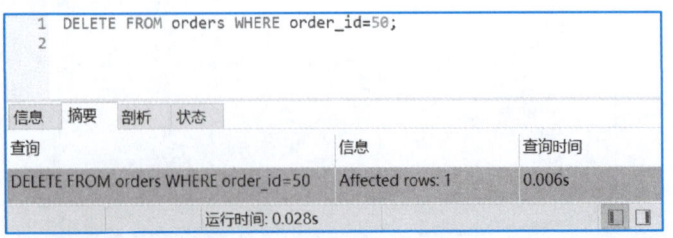

图 10.1.2
任务 10.1.1 验证触发器(1)

使用 SELECT 语句查看 order_item 表中的情况，具体如下。

```
SELECT * FROM order_item WHERE order_id=50;
```

运行结果如图 10.1.3 所示。

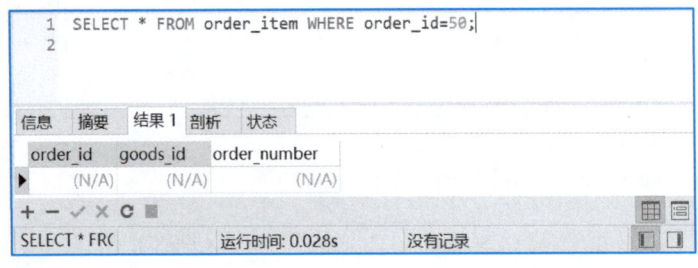

图 10.1.3
任务 10.1.1 验证触发器(2)

此时，可以发现，在订单明细表中订单编号为 50 的信息已经被删除了。

【任务 10.1.2】创建一个触发器 trig_orderitem_insert，当用户下订单时，该商品的库存量要做相应修改。即当 order_item 表添加新记录后，goods 表对应的商品库存数量同步减少对应的商品订单出现的数量（假设能购买成功）。

```
DELIMITER $$
CREATE TRIGGER trig_orderitem_insert AFTER INSERT
ON order_item
FOR EACH ROW
BEGIN
    UPDATE goods
    SET stock_number=stock_number-NEW.order_number
    where goods_id = NEW.goods_id;
END $$
DELIMITER ;
```

运行结果如图 10.1.4 所示。
检验触发器的功能，具体如下。

```
SELECT stock_number FROM goods WHERE goods_id=70;
```

运行结果如图 10.1.5 所示。

任务 11.1　创建管理事务

任务分析

在家电商城系统中，当需要更新一件商品的价格时，既要更新该商品的基本信息，也要更新该商品的相关信息，如订单、购物车等，这样，这些数据就具备了一致性。

知识储备

微课 11-1
事务的出现

什么是事务呢？这里思考一个问题，如果李四账户中还有 300 元钱，他通过购物平台购买某物品，支付了 100 元，账户中的钱已经扣除，这时平台系统崩溃，商家不能接收到他支付的 100 元，这时存储账户的数据库应该如何处理？

如果是正常情况，应该是李四账户减少 100 元，商家账户增加 100 元，当出现上述网络异常时，就可能李四账户减少了 100 元，但是商家账户没有增加 100 元，这样就造成了数据的不一致。

为了解决上述问题，需要通过数据库的事务来完成。只需要在业务逻辑执行之前开启事务，执行完毕后提交事务。如果执行过程中报错，则回滚事务，把数据恢复到事务开始之前的状态。

事务是一组操作的集合，它是一个不可分割的工作单位，事务会将所有操作作为一个整体向系统提交或撤销操作请求，即这些操作要么都执行，要么都不执行。

- 在 MySQL 中只有使用了 Innodb 存储引擎的数据库或表才支持事务。
- 事务处理可以用来维护数据库的完整性，保证成批的 SQL 语句要么全部执行，要么全部不执行。
- 事务用来管理 INSERT、UPDATE、DELETE 语句。

1. 事务的出现

在 db_eshop_backup 数据库中，创建 account 表，并输入数据，具体如下。

```
DROP TABLE IF EXISTS 'account';
CREATE TABLE 'account' (
  'id' int NOT NULL,
  'name' varchar(20) DEFAULT NULL,
  'money' decimal(10,2) DEFAULT NULL,
  PRIMARY KEY ('id')
) ENGINE=InnoDB DEFAULT CHARSET=utf8mb4 COLLATE=utf8mb4_general_ci;

INSERT INTO 'account' VALUES ('1', '李四', '300');
INSERT INTO 'account' VALUES ('2', '商户 1', '10000');
```

数据库中 account 表中数据如图 11.1.1 所示。

id	name	money
1	李四	300.00
2	商户1	10000.00

图 11.1.1
创建表 account

【示例 11.1.1】 测试正常情况。

从李四账户中转出 100 元，向商户 1 账户中添加 100 元，正常执行。测试以下代码。

```
-- 1.查询李四账户
SELECT * FROM account WHERE name='李四';
-- 2.李四账户减少 100 元
UPDATE account SET money = money-100 WHERE name='李四';
-- 3.商户 1 账户增加 100 元
UPDATE account set money = money+100 WHERE name='商户 1';
```

运行结果如图 11.1.2 所示。

id	name	money
1	李四	200.00
2	商户1	10100.00

图 11.1.2 正常转账后的 account 表

【示例 11.1.2】 测试异常情况。

如果在李四账户减少 100 元之后，商户 1 账户增加 100 元之前，出现了数据库异常的情况，把数据恢复成初始状态。测试以下代码。

```
-- 1.查询李四账户
SELECT * FROM account WHERE name='李四';
-- 2.李四账户减少 100 元
UPDATE account SET money = money-100 WHERE name='李四';
SELECT * FROM test;
-- 3.商户 1 账户增加 100 元
UPDATE account set money = money+100 WHERE name='商户 1';
```

运行结果如图 11.1.3 所示。

id	name	money
1	李四	200.00
2	商户1	10000.00

图 11.1.3 异常后的 account 表

分析：
SELECT * FROM test 语句中，test 为一个不存在的数据表，代码执行到此处出错，导致后面的语句没有执行。

微课 11-2
事务的处理

2. 事务的处理

在 MySQL 数据库中，使用 BEGIN、ROLLBACK、COMMIT 来实现事务处理。

```
START TRANSACTION 或者 BEGIN    /*开启事务*/
ROLLBACK                        /*回滚事务*/
COMMIT                          /*提交事务*/
```

其中 START TRANSACTION 标识事务开始，COMMIT 提交事务，将执行结果写入数据库。如果 SQL 语句执行出现问题，会调用 ROLLBACK，回滚所有已经执行成功的 SQL 语句。

> **注意**
>
> 在 MySQL 命令行的默认设置下，事务都是自动提交的，即执行 SQL 语句后就会马上执行 COMMIT 操作。因此，要显式开启一个事务必须使用 BEGIN 或 START TRANSACTION 命令，或者执行命令 SET AUTOCOMMIT=0，用来禁止使用当前会话的自动提交。

```sql
-- 查看事务提交方式，1 为自动提交，0 为手动提交
SELECT @@autocommit;
-- 设置数据库事务为手动提交
SET autocommit=0;
```

【示例 11.1.3】利用事务处理正常转账。

将数据恢复至初始状态，输入以下代码。

```sql
-- 关闭自动提交事务
SET autocommit=0;
-- 开启事务
START TRANSACTION;
-- 1.查询李四账户
SELECT * FROM account WHERE name='李四';
-- 2.李四账户减少 100 元
UPDATE account SET money = money-100 WHERE name='李四';
-- 3.商户 1 账户增加 100 元
UPDATE account set money = money+100 WHERE name='商户 1';
-- 如果正常执行，则提交事务
COMMIT;
-- 开启自动提交事务
SET autocommit=1;
-- 查看账户变化
SELECT * FROM account;
```

运行结果如图 11.1.4 所示。

【示例 11.1.4】利用事务处理异常转账，进行回滚事务。

将数据恢复至初始状态，输入以下代码。

```sql
-- 关闭自动提交事务
SET autocommit=0;
-- 开启事务
START TRANSACTION;
-- 李四账户减少 100 元
UPDATE account SET money = money-100 WHERE name='李四';
-- 假设出错了,进行回滚
ROLLBACK;
```

```
SET autocommit=1;
-- 查看账户变化
SELECT * FROM account;
```

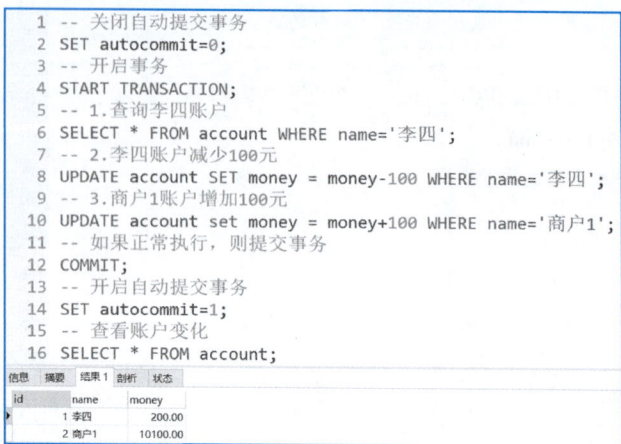

图 11.1.4
利用事务正常转账的 account 表

运行结果如图 11.1.5 所示。

图 11.1.5
利用事务回滚后的 account 表

微课 11-3
事务的四大特征

3. 事务的 4 个特征

一般而言，事务必须满足 4 个特征，分别为原子性（Atomicity，或称不可分割性）、一致性（Consistency）、隔离性（Isolation，又称独立性）、持久性（Durability）。

- 原子性：一个事务中的所有操作，要么全部完成，要么都不完成，不会结束在中间某个环节。事务在执行过程中发生错误，会被回滚到事务开始前的状态，就像这个事务从来没有执行过一样。
- 一致性：在事务开始之前和事务结束之后，数据库的所有数据都保持一致状态。这表示写入的资料必须完全符合所有的预设规则，包含资料的精确度、串联性及后续数据库可以自发性地完成预定的工作。
- 隔离性：数据库允许多个并发事务同时对其数据进行读写和修改，隔离性可以防止多个事务并发执行时由于交叉执行而导致数据的不一致。事务隔离分为不同级别，包括读未提交（Read Uncommitted）、读已提交（Read Committed）、可重复读（Repeatable Read）和串行化（Serializable）。

- 持久性：事务处理结束后，对数据的修改就是永久的，即使系统故障也不会丢失。

4. 并发事务问题

- **脏读**：是指当一个事务正在访问数据，且对数据进行了修改，当这种修改还没有提交到数据库中时，另外一个事务也访问并使用了这个数据。简而言之，一个事务读取了另外一个事务还没有提交的数据。
- **不可重复读**：是指一个事务先后读取同一条记录，但两次读取的数据不同，这称为不可重复读。在一个事务还没有结束时，另外一个事务也访问该数据，那么在第一个事务中的两次读数据之间，由于第二个事务的修改，第一个事务两次读取的数据可能是不一样的。这样就发生了在一个事务中两次读取的数据不一样的情况。
- **幻读**：是指一个事务按照条件查询数据时，没有对应的数据行，但是在插入数据时，又发现这行数据已经存在，好像出现了"幻影"。例如，在一个事务的两次查询中数据不一样，如一个事务查询了几列数据，而另一个事务在此时插入几列新的数据，先前的事务在接下来的查询中，会发现有几列数据是之前没有的（针对 INSERT 与 DELETE 操作）。

微课 11-4
事务隔离级别

5. 事务隔离级别

为了解决并发事务所引发的问题，在数据库中引入了事务隔离级别，具体见表 11.1.1。

表 11.1.1 事务隔离级别

隔离级别	脏读	不可重复读	幻读
读未提交	是	是	是
不可重复读	否	是	是
可重复读（默认）	否	否	是
可串行化	否	否	否

说明 »»»»»

- 读未提交：在该隔离级别中，允许事务读取未被其他事务提交的变更。该隔离级别很少用，因为脏读、不可重复读和幻读的问题都会出现。例如，事务 A 和事务 B，事务 A 未提交的数据，事务 B 可以读取，导致脏读。
- 不可重复读：在该隔离级别中，只允许事务读取已经被其他事务提交的变更。这是大多数数据库系统默认的隔离级别（但不是 MySQL 默认的），它满足了隔离的简单性，即只允许事务读取已经被其他事务提交的变更。该隔离级别可能导致不可重复读，因为同一事务的其他实例在处理期间可能会有新的提交，所以同时查询可能返回不同的结果。
- 可重复读：这是 MySQL 默认的事务隔离级别。在该隔离级别中，事务可以多次从一个字段中读取相同的值，在这个事务持续期间，禁止其他事务对这个字段进行更新。它能够确保同一事务在多个实例并发读取数据时，看到同样的数据行，不过从理论上而言，该隔离级别可以避免脏读和不可重复读，但幻读仍然存在。
- 可串行化：该隔离级别是最高的隔离级别。它强制事务排序，使之不能相互冲突，从而解决幻读问题。例如，它确保事务可以从一张表中读取相同的行，在这个事务持续期间，禁止其他事务对该表执行插入、更新和删除操作，这样所有并发问题都可以避免，但性能非常差。

【示例 11.1.5】 查看事务隔离级别。

SELECT @@TRANSACTION_ISOLATION;

运行结果如图 11.1.6 所示。

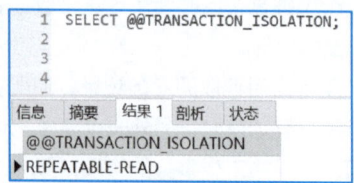

图 11.1.6
查看事务隔离级别

【示例 11.1.6】 设置数据库的事务隔离级别为读未提交。

SET SESSION TRANSACTION ISOLATION LEVEL READ UNCOMMITTED;
SELECT @@TRANSACTION_ISOLATION;

运行结果如图 11.1.7 所示。

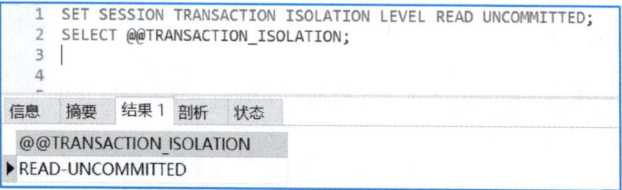

图 11.1.7
设置事务隔离级别

事务隔离级别越高，数据越安全，但是性能越差。

【任务 11.1.1】 要求使用事务机制，在账户表中，从商户 1 账户中退款 200 元到李四账户中。将数据恢复至初始状态，输入以下代码。

```
-- 关闭自动提交事务
SET autocommit=0;
-- 开启事务
START TRANSACTION;
-- 1.查询账户
SELECT * FROM account;
-- 2.商户 1 账户减少 200 元
UPDATE account SET money = money-200 WHERE name='商户 1';
-- 3.商户 1 账户增加 100 元
UPDATE account set money = money+200 WHERE name='李四';
-- 如果正常执行，则提交事务
COMMIT;
```

```
-- 开启自动提交事务
SET autocommit=1;
-- 查看账户变化
SELECT * FROM account;
```

运行结果如图 11.1.8 所示。

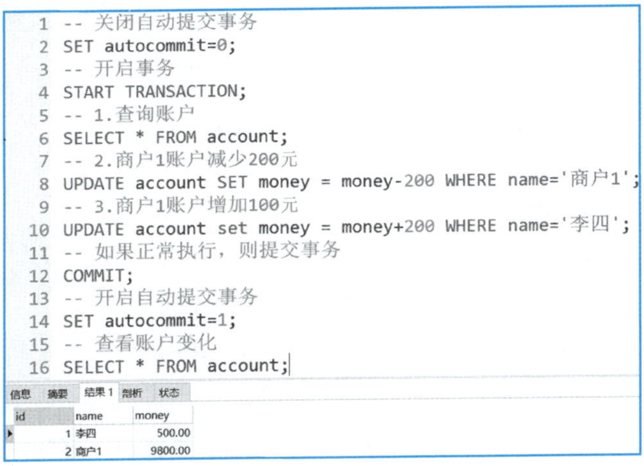

图 11.1.8
任务 11.1.1 运行结果

  小知识

事务能保证原子性、隔离性、持久性，但是一致性无法通过事务来保证，一致性依赖于应用层开发者。

任务拓展

保存点 SAVEPOINT

在 MySQL 中，保存点 SAVEPOINT 属于事务控制处理部分。利用 SAVEPOINT 可以回滚指定部分事务，从而使事务处理更加灵活和精细。SAVEPOINT 相关的 SQL 语句如下。

```
-- 设置 SAVEPOINT
SAVEPOINT identifier
-- 回滚到指定的 SAVEPOINT
ROLLBACK [WORK] TO [SAVEPOINT] identifier
-- 释放 SAVEPOINT
RELEASE SAVEPOINT identifier
```

说明

- SAVEPOINT 语句使用标识符名称设置事务保存点。如果当前事务有一个同名的保存点，则删除旧的保存点并设置一个新的保存点。
- ROLLBACK TO SAVEPOINT 语句将事务回滚到指定的保存点而不终止事务。当前事务在设置保存点后对行所做的修改在回滚中被撤销，但 InnoDB 不会释放保存点之后存储在内存中的行锁。

【拓展 11.1.1】创建一个保存点，并回滚至该保存点。

将数据恢复至初始状态，输入以下代码。

SET autocommit = 0;	/**关闭自动提交事务**/
START TRANSACTION;	/**开始事务**/
SELECT * FROM account;	/**查看 account 表**/
-- 插入一条数据	
INSERT INTO account(id,name,money) VALUES(3,'商家 2',10000);	
SAVEPOINT point_1;	/**创建保存点 point_1**/
-- 再次插入一条数据	
INSERT INTO account(id,name,money) VALUES(4,'商家 3',10000);	
SELECT * FROM account;	/**查看 account 表中的数据**/
ROLLBACK to point_1;	/**回滚到保存点 point_1**/
SELECT * FROM account;	/**查看 account 表中数据**/
COMMIT;	/**提交事务**/

可以看出，先向表 account 中添加一条数据，设置保存点 point_1，然后再添加一条数据，查看 account 表时，可以发现添加了两条数据；这时设置回滚到保存点 point_1，再次查看 account 表中的数据，发现数据回到保存点 point_1 设置之前，只添加了一条数据。运行结果如图 11.1.9 所示。

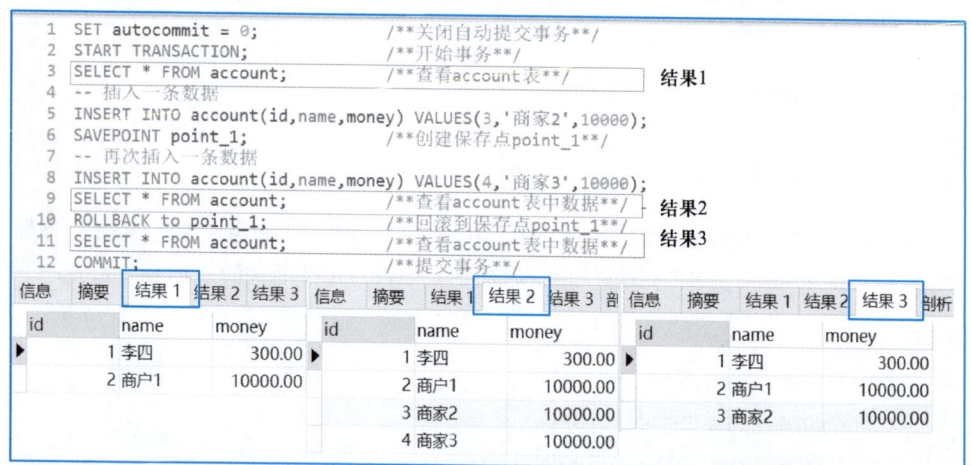

图 11.1.9
保存点运行结果

任务 11.2　创建管理锁

任务分析

在家电商城系统中，如果有两个客户同时下单购买同一件商品，如何在数据库中保持数据一致呢？

238

知识储备

数据库系统的一个重要特性就是数据共享,允许多个用户同时使用数据库中的数据,这样的数据库系统称为多用户数据库系统。

简单而言,数据库锁定机制就是数据库为了保证数据的一致性,而使各种共享资源在被并发访问时变得有序所设计的一种规则。对于任何一种数据库而言,都需要有相应的锁定机制,所以 MySQL 也不例外。本任务主要介绍 MySQL 数据库中锁的作用和分类,以及使用锁在事务中保证数据的一致性。

1. 锁的作用

在数据库中,数据是一种共享资源,当并发事务同时访问一个共享的资源时,有可能导致数据不一致、数据无效等问题。例如,在上一节的事务中介绍过,在并发访问情况下,可能会出现脏读、不可重复读和幻读等现象。

为了应对这些问题,主流数据库都提供了锁机制及事务隔离级别的概念,而锁机制可以将并发的数据访问顺序化,以保证数据库中数据的一致性与有效性。此外,锁冲突也是影响数据库并发访问性能的一个重要因素,因此,锁对数据库而言显得尤其重要,也更加复杂。

下面举例说明并发操作带来的数据不一致性问题。

现有两位电商用户浏览网站,同时看上一台某型号冰箱,然后下订单购买。此时,对于数据库而言,就是两个进程同时读取数据库中某型号冰箱库存为 X。两个客户同时买到一台冰箱,修改库存为 X-1,这样就造成了实际卖出两台冰箱而数据库中的记录只少了一台。产生这种情况的原因是因为两个事务读入同一数据并同时修改,其中一个事务提交的结果破坏了另一个事务提交的结果,导致其数据的修改丢失,破坏了事务的隔离性。锁要解决的就是这类问题。

2. 锁的分类与区别

根据加锁的范围(又称粒度),MySQL 中的锁大致可以分为全局锁、表级锁和行级锁 3 类。

微课 11-5
锁的作用与分类

(1)全局锁

全局锁对整个数据库加锁,这样整个数据库都陷入了"只读"状态,后续任何更新操作(数据的增、删、改)都不能执行,典型的使用场景是对整个数据库做逻辑备份(整个数据库都会加锁)。

flush tables with read lock	/**增加全局锁**/
unlock tables	/**解锁**/

【示例 11.2.1】对数据库 db_eshop_backup 增加全局锁,然后测试增加一条数据,最后解锁。

打开 MySQL 的命令行操作界面,逐行输入以下代码。

```
mysql> use db_eshop_backup;
Database changed
mysql> flush tables with read lock;
Query OK, 0 rows affected (0.00 sec)
```

239

> mysql> INSERT INTO account(id,name,money) VALUES(3,'商家 2',10000);
> ERROR 1223 (HY000): Can't execute the query because you have a conflicting read lock
> mysql> unlock tables;
> Query OK, 0 rows affected (0.00 sec)
>
> mysql> INSERT INTO account(id,name,money) VALUES(3,'商家 2',10000);
> Query OK, 1 row affected (0.02 sec)

分析：

- 在打开数据库 db_eshop_backup 后，输入命令 flush tables with read lock，此时增加全局锁，在后面进行 INSERT 操作时，MySQL 提示不能执行这个操作。
- 输入命令 unlock tables 后，再次进行 INSERT 操作，发现可以正常添加数据。
- 全局锁是整个数据库的锁，在一个数据库中建立全局锁，即锁住了全部的数据。

（2）表级锁

顾名思义，表级锁就是锁住某一张表。表级锁的粒度（锁的作用范围）大，并发性最低，发生锁冲突的概率最高。

> lock tables 表名 read/write   /**加锁（读锁或者写锁）**/
> unlock tables   /**解锁**/

对某一张表增加了读锁，那么这张表无论是当前客户端还是其他客户端，都只能读，不能写。

对一张表增加了写锁，那么这个客户端可以对这张表进行读和写操作，另外一个客户端对这张表的读和写都是阻塞的。具体见表 11.2.1。

表 11.2.1 表级锁的读锁和写锁

并发的事务	操作的表名	加锁操作	读操作	更新操作
事务 X	表 A	增加读锁	可以	不行
事务 Y	表 A		可以	不行
事务 X	表 A	增加写锁	可以	可以
事务 Y	表 A		不行	不行

（3）行级锁

顾名思义，行级锁可以锁住某一行或者多行的数据。例如，事务 A 更新了一行，而这时事务 B 也要更新同一行，则必须等事务 A 的操作完成后才能更新。行级锁是 MySQL 数据库中锁定粒度最小的一种锁，表示只针对当前操作的行进行加锁。行级锁能大大减少数据库操作的冲突，其加锁粒度最小，但加锁的开销最大。

在 InnoDB 事务中，行级锁是在需要时才加上的，但并不是不需要就立刻释放，需要等事务结束时才释放，这就是两阶段锁协议，分为加锁阶段和解锁阶段，所有的 lock 操作都在 unlock 操作之后执行。

两段锁协议规定所有的事务应遵守以下规则。
- 在对任何数据进行读、写操作之前,首先要申请并获得对该数据的封锁。
- 在释放一个封锁之后,事务不再申请和获得其他任何封锁。

即事务的执行分为以下两个阶段。
- 第一阶段是获得封锁的阶段,称为扩展阶段。
- 第二阶段是释放封锁的阶段,称为收缩阶段。

> **小知识**
>
> MySQL 数据库中绝大部分情况使用行锁,但在个别特殊事务中,也可以考虑使用表锁,具体如下。
> - 事务需要更新大部分数据,表又较大。
> - 事务涉及多张表,较复杂,很可能引起死锁,造成大量事务回滚。

3. MySQL 中行级锁的类型

在 MySQL 中,根据数据读写操作,行级锁分为共享锁和排他锁,锁定的数据粒度为一行或多行。

共享锁又称读锁,简称 S 锁,它是指多个事务对于同一数据可以共享一把锁,都能访问数据,但是只能读不能修改。

排他锁又称写锁,简称 X 锁,它不能与其他锁并存。例如,一个事务获取了一个数据行的排他锁,其他事务就不能再获取该行的其他锁(包括共享锁和排他锁),但是获取了排他锁的事务是可以对数据行进行读取和修改的。

如果一个事务 T1 已经获得了行 r 的共享锁,那么另一个事务 T2 可以立即获得行 r 的共享锁,因为读取并没有改变行 r 的数据,这种情况称为锁兼容。但若有其他事务 T3 想获得行 r 的排他锁,则其必须等待事务 T1、T2 释放行 r 上的共享锁,这种情况称为锁不兼容。

InnoDB 存储引擎支持多粒度锁定,这种锁定允许事务在行级上的锁和表级上的锁同时存在。若事务 A 锁住了表中的一行,那么这一行就只能读、不能写,这时事务 B 申请整张表的写锁,就需要判断表中是否有行被锁定,若采用遍历表方式去判断表中哪一行被锁住,将耗费较多的时间,造成数据库服务器性能的下降,因此就有了意向锁。当事务申请一行的行锁时,数据库会自动先开始申请表的意向锁,其他事务在申请锁时只需要判断是否有意向锁存在。

意向锁是一种表级锁,锁定的粒度是整张表,分为意向共享锁(IS 锁)和意向排他锁(IX 锁)两类。意向共享锁指事务有意获得一张表中某几行的共享锁,意向排他锁指事务有意获得一张表中某几行的排他锁。"有意"表示事务想执行操作但还没有真正执行。锁和锁之间的关系,要么是相容的,要么是互斥的。

锁 a 和锁 b 相容是指操作同样一组数据时,如果事务 A 获取了锁 a,事务 B 还可以获取锁 b。锁 a 和锁 b 互斥是指操作同样一组数据时,如果事务 A 获取了锁 a,事务 B 在事务 A 释放锁 a 之前无法获取锁 b。

表级意向锁与行级锁的兼容性见表 11.2.2。

表 11.2.2 表级意向锁与行级锁的兼容性

	意向共享锁	意向排他锁	共享锁	排他锁
意向共享锁	兼容	兼容	兼容	不兼容
意向排他锁	兼容	兼容	不兼容	不兼容

微课 11-6
MySQL 中行级锁的类型

续表

	意向共享锁	意向排他锁	共享锁	排他锁
共享锁	兼容	不兼容	兼容	不兼容
排他锁	不兼容	不兼容	不兼容	不兼容

在行锁的实际应用中，在不同事务隔离级别下，不同的数据操作加锁方式不尽相同。当事务的隔离级别为读未提交时，不加锁；在读已提交和可重复读事务隔离级别下，数据读操作不加锁，但插入、删除和修改操作都会加上排他锁，该级别以下的级别中读写操作不冲突；在可序列化事务隔离级别下，读写操作冲突，其中读操作加共享锁，而写操作加排他锁。

除系统自动加锁外，还可以使用 SELECT 语句显式为记录加锁，其语法格式如下。

SELECT ... LOCK IN SHARE MODE   /**共享锁**/

IN SHARE MODE 子句会对查询结果集中每行都添加共享锁。SELECT…LOCK IN SHARE MODE 使用场景：为了确保本事务查到的数据没有被其他事务正在修改，也就是说确保查到的数据是最新数据，并且不允许其他事务修改数据。但是本事务不一定能够修改数据，因为有可能其他事务也对这些数据使用 IN SHARE MODE 的方式加了 S 锁。

SELECT…FOR UPDATE   /**排他锁**/

FOR UPDATE 子句会对查询结果集中每行都添加排他锁，在事务操作中，任何对记录的更新与删除操作会自动加上排他锁。SELECT…FOR UPDATE 的使用场景：为了确保本事务查到的数据是最新数据，并且查到后的数据只允许本事务修改时，需要用到 FOR UPDATE 子句。

【示例 11.2.2】 多事务并发时，共享锁的使用。事务 A 和事务 B 争用 account 表中 id 为 1 的数据。各事务的执行时间线和操作内容见表 11.2.3。

表 11.2.3　共享锁的使用

时间	事务 A	事务 B
T1	• 开始事务 • 在表 account 中查找 id=1 的记录，并设置为共享锁	
T2		• 开始事务 • 在表 account 中查找 id=1 的记录，并设置为共享锁
T3		更新 id=1 的记录数据

在本示例中，同时开启两个命令行客户端，分别对应事务 A 和事务 B。事务 A 执行查询 account 表中 id 为 1 的数据，并申请共享锁，随后事务 B 请求执行查询 id 为 1 的数据并申请共享锁，都顺利成功；然后，在事务 B 更新 id 为 1 的数据时，出现等待现象，在等待一段时间后，会放弃更新数据，这个等待时间由系统变量 innodb_lock_wait_timeout 设定。运行结果如图 11.2.1 和图 11.2.2 所示。

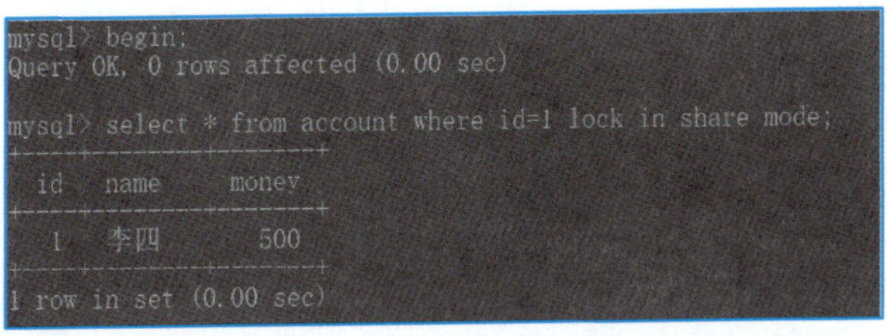

```
mysql> begin;
Query OK, 0 rows affected (0.00 sec)

mysql> select * from account where id=1 lock in share mode;
+----+------+-------+
| id | name | money |
+----+------+-------+
|  1 | 李四 |   500 |
+----+------+-------+
1 row in set (0.00 sec)
```

图 11.2.1 事务 A

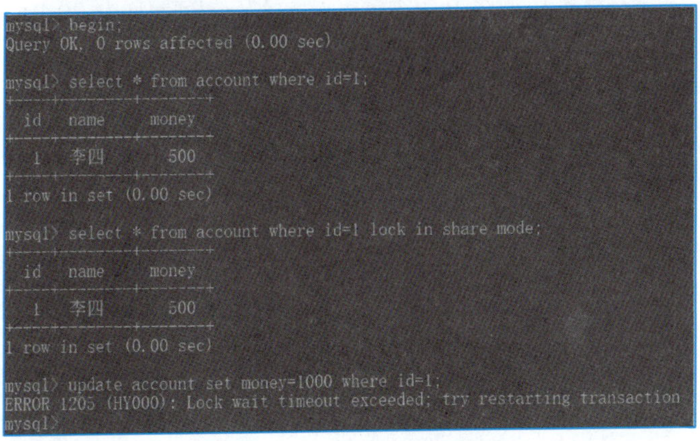

```
mysql> begin;
Query OK, 0 rows affected (0.00 sec)

mysql> select * from account where id=1;
+----+------+-------+
| id | name | money |
+----+------+-------+
|  1 | 李四 |   500 |
+----+------+-------+
1 row in set (0.00 sec)

mysql> select * from account where id=1 lock in share mode;
+----+------+-------+
| id | name | money |
+----+------+-------+
|  1 | 李四 |   500 |
+----+------+-------+
1 row in set (0.00 sec)

mysql> update account set money=1000 where id=1;
ERROR 1205 (HY000): Lock wait timeout exceeded; try restarting transaction
mysql>
```

图 11.2.2 事务 B

任务实施

【任务 11.2.1】 假设要实现一个商品在线交易业务，顾客 A 要在某商户 B 处购买某商品。业务需要涉及以下操作。

a. 从顾客 A 账户余额中扣除购买商品金额。
b. 给商户 B 的账户余额中增加对应的购买商品金额。
c. 记录一条交易日志。

为了保证交易的原子性，要将这 3 个操作放在一个事务中。如何安排这 3 条语句在事务中的顺序呢？

分析：

如果同时有另外一个顾客 C 要在商户 B 购买商品，那么这两个事务冲突的部分就是语句 b。因为它们要更新同一个商户账户的余额，需要修改同一行数据。根据两阶段锁协议，所有操作需要的行锁都是在事务提交时才释放的。所以，如果把语句 b 安排在最后，如 c、a、b 这样的顺序，那么商户账户余额这一行的锁的时间就最少。这就最大程度地减少了事务之间的锁等待，提高了并发度。

素养小课堂

不同的锁机制有不同的应用场景和性能特点，在实际应用中通常采用多种锁机制相结合的方式，以实现最优的并发性能和数据一致性。同时也要注意，锁机制不能解决所有的并发问题，它会带来一定的系统开销和死锁风险，应当结合业务和性能需求进行选择和调优。

我们在分析解决问题时，也应该如此，通观全局"向前看"，用宏观战略眼光分析问题，抓住"关键"，集中力量解决主要问题。

 **任务拓展**

死锁问题

死锁是指两个或两个以上的事务在执行过程中，因争夺锁资源而造成的一种互相等待的现象。若无外力作用，事务将无法推进下去。

例如，事务 A 等待事务 B、事务 B 等待事务 A，这种死锁问题称为 AB-BA 死锁，表 11.2.4 演示了这种经典的死锁情况。

表 11.2.4　AB-BA 死锁

时间	事务 A	事务 B
T1	• 开始事务 • 在表 account 中查找 id=1 的记录，并设置为排他锁	
T2		• 开始事务 • 在表 account 中查找 id=2 的记录，并设置为排他锁
T3	• 在表 account 中，查找 id=2 的记录，并设置为排他锁 • 此时会出现等待现象	
T4		• 在表 account 中查找 id=1 的记录，并设置排他锁 • 此时会出现死锁现象

在该案例中，同时开启两个命令行客户端，分别对应事务 A 和事务 B。事务 A 查询 account 表中 id=1 的数据并申请排他锁，随后事务 B 请求执行查询 id=2 的数据并申请排他锁，当事务 A 继续查询 id=2 的数据时，出现等待现象，当事务 B 查询 id=1 的数据时，出现死锁现象，具体如图 11.2.3 和图 11.2.4 所示。

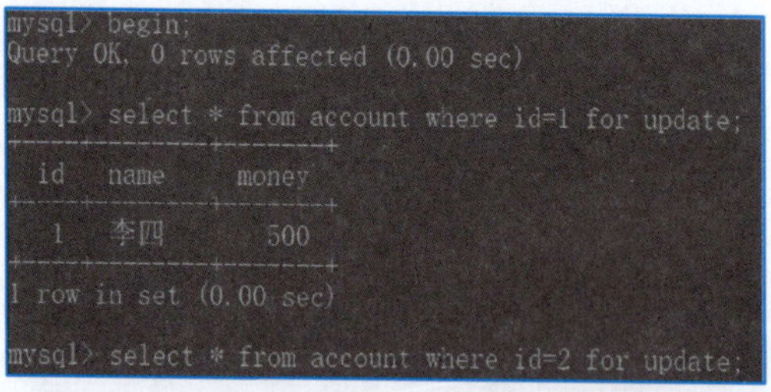

图 11.2.3
事务 A

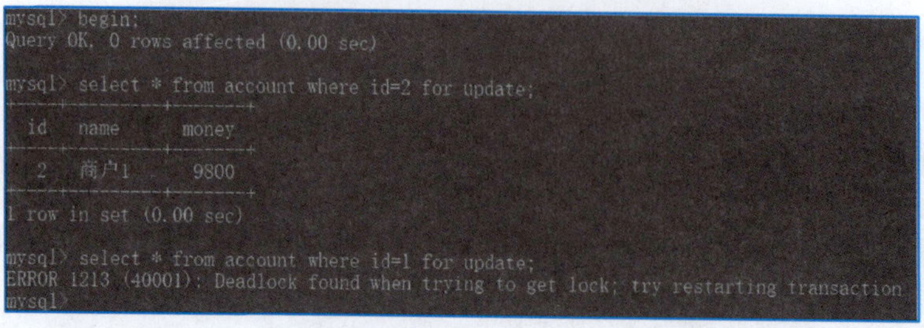

图 11.2.4
事务 B

在 MySQL 数据库层面，有以下两种策略通过"打破循环等待条件"来解除死锁状态。
- **设置事务等待锁的超时时间**。当一个事务的等待时间超过该值后，就对这个事务进行回滚，于是锁就被释放，另一个事务就可以继续执行。在 InnoDB 中 innodb_lock_wait_timeout 用来设置超时时间，默认值为 50 秒。当发生超时后，就出现下面这个提示。

> ERROR 1205 (HY000): Lock wait timeout exceeded; try restarting transaction

- **开启主动死锁检测**。主动死锁检测是在发现死锁后，主动回滚死锁链条中的某一个事务，让其他事务得以继续执行。将参数 innodb_deadlock_detect 设置为 on，表示开启这个逻辑（默认为开启）。当检测到死锁后，就会出现下面这个提示。

> ERROR 1213 (40001): Deadlock found when trying to get lock; try restarting transaction

任务小结

① 事务的创建、提交和回滚。
② 设置事务自动提交。
③ 设置全局锁、表级锁和行级锁。
④ 使用 SELECT 语句显式为记录加锁。
⑤ 设置事务等待锁的超时时间。
⑥ 开启主动死锁检测。

课堂实训

【实训目的】

① 掌握事务的开启、提交和回滚操作。
② 使用 SELECT 语句显式为行记录加锁。

【实训内容】

① 在 db_score 数据库中，往 t_course 表中增加"程序设计基础"和"软件建模技术"两门课程，执行下面 SQL 语句。

```
Use db_score;
insert into t_course(courseName,classHour,credit,term)
VALUES('程序设计基础',48,3,1);
insert into t_course(courseName,classHour,credit,term)
VALUES('软件建模技术',48,3,2);
```

② 由于软件技术专业人才培养方案调整，须将"软件建模技术"课程的 16 课时、1 个学分，调整给"程序设计基础"课程，即"软件建模技术"课程从原来的 48 课时减为 32 课时，学分从原来的 3 减为 2，同时"程序设计基础"课程从原来的 48 课时增加到 64 课时，学分从原来的 3 增加到 4。请关闭数据库的自动提交事务、自主控制事务，完成课程调整，

如果执行失败，回滚事务，如果执行成功，提交事务。

```sql
--1.创建存储过程
CREATE PROCEDURE 'proc_updateCourse'()
BEGIN
DECLARE EXIT HANDLER FOR SQLEXCEPTION ROLLBACK;
SET autocommit=0;
START TRANSACTION;
UPDATE t_course SET classHour = 32,credit= 2 WHERE courseName='软件建模技术';
UPDATE t_course SET classHour = 64,credit= 4 WHERE courseName='程序设计基础';
COMMIT;
SET autocommit=1;
END
--2.调用存储过程
call proc_updateCourse();
--3.查询验证结果
Select * from t_course;
```

③ 现在需要对 t_course 表中"程序设计基础"课程记录进行控制，其他事务都能访问数据，但是只能读不能修改，请建立一个事务A，按顺序分别执行以下语句。

```sql
use db_score;
begin;
select * from t_course where courseName='程序设计基础' lock in share mode;
```

④ 新建一个事务B，尝试对 t_course 表中"程序设计基础"课程记录进行排他锁修改，观察结果，请按顺序执行以下语句。

```sql
use db_score;
begin;
select * from t_course where courseName='程序设计基础' for update;
```

⑤ 请正确提交事务A和事务B，执行以下语句。

```sql
commit;
```

【实训练习】

① 如果需要将"程序设计基础"课程的16课时、1个学分，重新调整给"软件建模技术"课程，即"程序设计基础"课程从原来的64课时减为48课时，学分从原来的4减为3，同时"软件建模技术"课程从原来的32课时增加到48课时，学分从原来的2增加到3。请关闭数据库的自动提交事务、自主控制事务，完成课程调整，模拟执行失败，回滚事务。

② 新建一个事务对 t_course 表中"软件建模技术"课程记录设置排他锁，再新建一个事务对 t_course 表中"软件建模技术"课程记录进行读操作，观察结果。

思考与探索

一、选择题

1. 在 MySQL 中，关于事务描述错误的是（　　）（单选）。
   A. 事务是一组操作的集合，它是一个不可分割的工作单位
   B. 事务会将所有操作作为一个整体向系统提交或撤销操作请求
   C. 事务处理可以用来维护数据库的完整性，保证成批的 SQL 语句要么全部执行，要么全部不执行
   D. 事务只用来管理 INSERT 和 DELETE 语句

2. 在 MySQL 中，开启事务的命令是（　　）（单选）。
   A. BEGIN　　　B. ROLLBACK　　　C. COMMIT　　　D. SELECT

3. 在 MySQL 中，回滚事务的命令是（　　）（单选）。
   A. BEGIN　　　B. ROLLBACK　　　C. COMMIT　　　D. SELECT

4. 在 MySQL 中，提交事务的命令是（　　）（单选）。
   A. BEGIN　　　B. ROLLBACK　　　C. COMMIT　　　D. SELECT

5. 在 MySQL 中，关于事务的 4 个特性，下面说法错误的是（　　）（单选）。
   A. 原子性是指一个事务中的所有操作，要么全部完成，要么全部不完成，不会结束在中间某个环节
   B. 一致性是指在事务开始之前和事务结束以后，数据库中所有的数据都保持一致状态
   C. 隔离性可以防止多个事务并发执行时由于交叉执行而导致数据的不一致
   D. 持久性是事务处理结束后，对数据的修改就是永久的，如果系统故障就会丢失

6. 在 MySQL 中，锁大致可以分成（　　）（多选）。
   A. 全局锁　　　B. 表级锁　　　C. 行级锁　　　D. 解锁

二、填空题

1. 使用_____语句可以给表的行添加排他锁。
2. 在 MySQL 中，根据数据读写操作，行级锁分为_____和_____。
3. 在 MySQL 中，利用_____可以回滚指定部分事务，从而使事务处理更加灵活和精细使用。
4. 一般而言，事务必须满足 4 个特性，分别为_____、_____、_____和_____。

三、应用题

1. 在 db_staff 数据库中，请将部门表 dept 中财务部和人事部的电话号码进行交换，请自主控制事务，完成电话号码调整，如果执行失败，回滚事务，如果执行成功，提交事务。
2. 在 db_staff 数据库中，请建立一个事务对部门表 dept 中财务部记录设置共享锁。

模块 5 管理维护数据库

任务 12
数据库的安全管理

工作能力

为了实现数据库的安全管理,作为数据库系统开发人员,应具备以下工作能力。
- 能使用 SQL 语句创建和管理用户账户。
- 能使用 SQL 语句授予和回收权限。
- 能使用 SQL 语句创建和管理角色。

工作素养

- 具备数据安全保护责任意识。
- 具备数据库安全管理能力。

工作情境

随着公司规模的扩大,家电商城系统的用户量和数据量都在急剧增多,各类用户对于数据的操作各不相同:系统管理员需要将新上架的商品入库;普通用户需要查看自己选购的商品信息;采购人员需要查看商品的库存量,判断是否需要进货;销售人员需要查看商品的销售量以便制订新的营销计划等。这就意味着数据库开发人员需要在 db_eshop 数据库中为他们分别创建用户账户,并赋予不同的权限来满足各自的需求。具体分以下任务来完成。
- 用户管理。
- 权限管理。
- 角色管理。

任务 12.1 用户管理

任务分析

用户要访问 db_eshop 数据库，首先必须连接数据库所在的 MySQL 服务器，才能进行后续操作，这就要求必须拥有登录 MySQL 服务器的用户名和密码。

知识储备

1．MySQL 的访问控制

MySQL 的访问控制分为两个阶段，第一阶段：服务器验证是否允许连接，这包含必须拥有连接服务器的账户，以指定方式连接；第二阶段：连接成功后，验证每个请求是否具有实施的权限。例如，要查看表中的数据，MySQL 会检查是否具有对这张表的 SELECT 权限；要执行某个存储过程，MySQL 会检查是否具有该存储过程的执行权限。

2．添加用户

通常会由系统管理员在 MySQL 中为访问用户创建一个登录账户。创建时给定用户名、登录密码、登录的位置和默认连接的数据库。在 MySQL 中，系统管理员是 root 用户，拥有最高的权限，可以完成所有操作，它的密码是在安装 MySQL 服务器时设置的。

当拥有创建用户的权限时，可以使用 CREATE USER 语句添加一个或多个用户，并设置相应的密码。基本书写格式如下。

CREATE USER 用户名@主机名 [IDENTIFIED BY [PASSWORD] '密码']

说明 》》》》》》
- 用户名：即用户的名称。
- 主机名：指定创建用户所使用的 MySQL 连接来自的主机，可以是某个 IP 地址、主机名（如 localhost）、某个 IP 段，也可包含通配符%（任意个字符）、_（任意单个字符）。
- 密码：用户对应的密码。用户名和密码只由字母和数字组成。使用自选的 IDENTIFIED BY 子句，可以为账户指定一个密码。要在纯文本中指定密码，需忽略 PASSWORD 关键词。如果不想以明文发送密码，而且知道 PASSWORD()函数返回的密码混编值，则可以指定该混编值，但要加关键字 PASSWORD。

3．修改用户名

使用 RENAME USER 语句可以修改已有 MySQL 用户的名称。基本书写格式如下。

RENAME USER 旧用户名 TO 新用户名 [,…]

说明

- 旧用户名为已经存在的 MySQL 用户，新用户名为新的 MySQL 用户。
- 要使用 RENAME USER,必须拥有全局 CREATE USER 权限或系统数据库 mysql 的 UPDATE 权限。如果旧账户不存在或者新账户已存在，都将报错。

4. 删除用户

使用 DROP USER 可以实现用户信息的删除。基本书写格式如下。

DROP USER 用户名 1[,用户名 2]…

说明

要使用 DROP USER,必须拥有全局 CREATE USER 权限或系统数据库 mysql 的 DELETE 权限。DROP USER 语句用于删除一个或多个 MySQL 账户，并取消其权限。

任务实施

微课 12-1
创建用户

【任务 12.1.1】 添加一个新的用户 queen，密码为 123456。

步骤如下。

打开 Navicat，连接 MySQL 服务器，展开系统数据库 mysql，单击工具栏中的"查询"→"新建查询"选项，在查询编辑器中输入如下 SQL 语句，输入完成后，单击"运行"按钮。

CREATE USER queen@localhost IDENTIFIED BY '123456';

分析:

用户名 queen 的后面声明了关键字 localhost，指定创建用户所使用的 MySQL 服务器来自于本地主机。用户名和主机名中可以包含特殊符号（_）或通配符，但需要用单引号将其括起来，%表示一组主机。

MySQL 验证用户的方式是"用户名+主机"，如果两个用户具有相同的用户名但主机不同，MySQL 将其视为不同的用户，允许为这两个用户分配不同的权限集合。

创建新用户 queen 后，在 Navicat 中使用新用户登录 MySQL 服务器，如果在配置 MySQL 服务器时采用的是默认的强加密方式进行身份验证，此时会报异常，如图 12.1.1 所示。

图 12.1.1
新用户连接异常

出现这个错误的原因是 MySQL 采用的加密方式与 Navicat 的加密方式不一致。因此，创建用户后，还需要在 MySQL 客户端进行加密方式的修改。

首先登录到 MySQL 客户端，在使用 root 身份进入系统后，输入如下 SQL 语句，实现加密方式的更改。

```
ALTER USER 'queen'@'localhost' IDENTIFIED WITH mysql_native_password BY '123456';
```

按 Enter 键后输入如下第二行 SQL 语句，刷新权限。

```
FLUSH PRIVILEGES;
```

图 12.1.2 所示为修改成功，即可使用 queen 这个用户在客户端实现与服务器的连接。

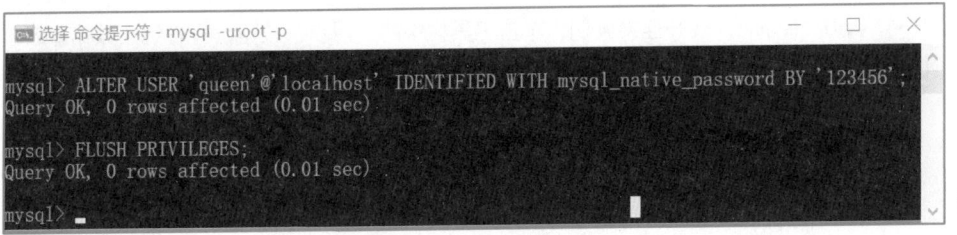

图 12.1.2 修改新用户密码校验机制

小知识

MySQL 的用户信息存储在服务器自带的系统数据库 mysql 的 user 表中。当使用 CREATE USER 创建新账户时，将会在该表中添加一条记录。使用 CREATE USER，必须拥有 mysql 数据库的全局 CREATE USER 权限或 INSERT 权限。如果账户已存在，则会提示出错。

【任务 12.1.2】 将用户名 queen 修改为 king。

```
RENAME USER queen@localhost TO king@localhost;
```

分析：
queen 为旧用户名，king 为新用户名。

微课 12-2 管理用户

【任务 12.1.3】 删除用户 king。

```
DROP USER king@localhost;
```

分析：
被删除用户所创建的表、索引或其他数据库对象将继续保留，因为 MySQL 并没有记录是谁创建了这些对象。

素养小课堂

当代社会信息化和网络化不断深入，数据已逐渐成为重要的基础生产要素，被广泛认为是推动经济社会创新发展的关键因素。然而，数据在体现和创造价值的同时，也面临着严峻的安全风险。

作为数据从业人员，对数据负有安全保护义务，应当采取备份、加密、访问控制等必要措施，保障数据免遭泄露、窃取、篡改、毁损、丢失、非法使用，应对数据安全事件，防范针对和利用数据的违法犯罪活动，维护数据的完整性、保密性、可用性。应当按照网络安全等级保护的要求，加强数据处理系统、数据传输网络、数据存储环境等安全防护，处理重要数据的系统在原则上应当满足三级以上网络安全等级保护和关键信息基础设施安全保护要求，处理核心数据的系统依照有关规定从严保护。

 **任务拓展**

使用 Navicat 图形管理工具创建用户

【拓展 12.1.1】创建一个新的用户 user1，密码为 123456。

步骤如下。

① 打开 Navicat，展开连接实例，单击工具栏中的"用户"按钮，可看到该数据库连接实例下的所有用户，如图 12.1.3 所示。

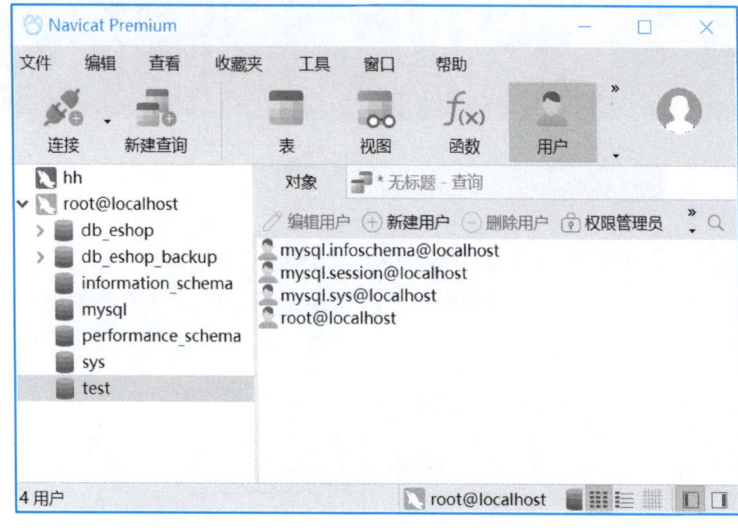

图 12.1.3
用户列表界面

② 单击"新建用户"按钮，打开用户编辑界面，进入"常规"选项卡，设置"用户名"为 user1、"主机"为 localhost、"插件"为 mysql_native_password（即加密方式）、"密码"和"确认密码"都为 123456、"密码过期策略"为 DEFAULT，如图 12.1.4 所示。

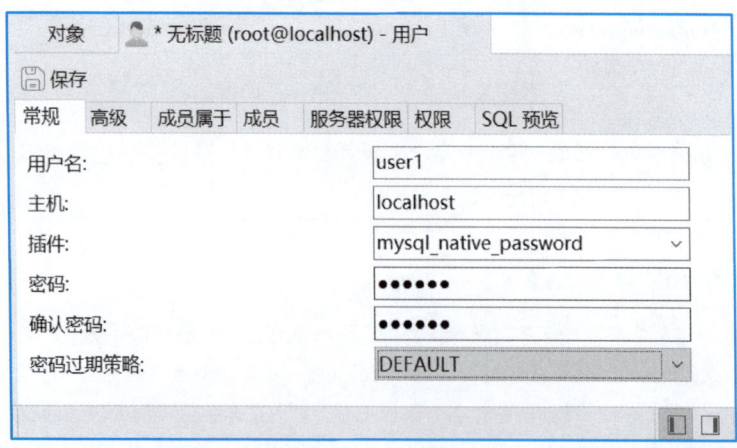

图 12.1.4
"常规"选项卡

③ 单击工具栏中的"保存"按钮，即可完成新用户 user1 的创建。

④ 回到 Navicat 主界面，新建连接 test，输入用户名和密码，如图 12.1.5 所示，即可实现新用户 user1 的登录，连接成功界面如图 12.1.6 所示。

图 12.1.5 新建连接

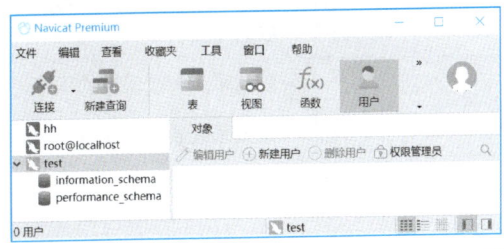

图 12.1.6 连接成功界面

任务 12.2　权限管理

 任务分析

用户与 MySQL 数据库服务器建立连接后，执行 SQL 语句，MySQL 将逐级进行权限检查，查看用户是否具有操作对象的 SQL 语句的执行权限。

 知识储备

1. 权限管理

简而言之，MySQL 中的权限管理就是允许做权利范围以内的事情，不允许越界。例如，只允许执行 SELECT 操作，那么就不能执行 INSERT 操作。MySQL 中用户权限分为以下层级。

- 全局层级：适用于给定 MySQL 服务器中的所有数据库，该权限信息存储在系统数据库 mysql 的 user 表中。
- 数据库层级：适用于给定数据库中的所有内容，该权限存储在系统数据库 mysql 的 db 表中。
- 表层级：适用于给定表中的所有列，该权限存储在系统数据库 mysql 的 table_priv 表中。
- 列层级：适用于给定表中的某列，该权限存储在系统数据库 mysql 的 columns_priv 表中。
- 子程序层级：CREATE ROUTINE、ALTER ROUTINE、EXECUTE 和 GRANT 权限适用于自存储的子程序。这些权限可以被授予全局层级和数据库层级。除 CREATE ROUTINE 外，这些权限可以被授予子程序层级，并存储在系统数据库 mysql 的 procs_priv 表中。

微课 12-3
MySQL 中的权限管理

2. MySQL 中包含的权限

MySQL 中有多种类型的权限，这些权限信息都存储在 mysql 数据库的权限表中。MySQL 启动时，会被读入内存。其中包含的权限见表 12.2.1。

表 12.2.1　MySQL 的权限表

权　　限	权 限 级 别	权 限 说 明
CREATE	数据库、表或索引	创建数据库、表或索引权限
DROP	数据库或表	删除数据库或表权限
GRANT OPTION	数据库、表或保存的程序	赋予权限选项
REFERENCES	数据库或表	—
ALTER	表	更改表，如添加字段、索引、约束
DELETE	表	删除数据权限
INDEX	表	索引权限
INSERT	表	插入权限
SELECT	表	查询权限
UPDATE	表	更新权限
CREATE VIEW	视图	创建视图权限
SHOW VIEW	视图	查看视图权限
CREATE ROUTINE	存储过程	创建存储过程权限
ALTER ROUTINE	存储过程	修改存储过程权限
EXECUTE	存储过程	执行存储过程
FILE	服务器主机上的文件访问	文件访问权限
CREATE TEMPORARY	服务器管理	创建临时表权限
LOCK TABLES	服务器管理	锁表管理
CREATE USER	服务器管理	创建用户权限
PROCESS	服务器管理	查看进程权限
RELOAD	服务器管理	执行 FLUSH、REFRESH、RELOAD 等命令权限
REPLICATION CLIENT	服务器管理	复制权限
REPLICATION SLAVE	服务器管理	复制权限
SHOW DATABASES	服务器管理	查看数据库权限
SHUTDOWN	服务器管理	关闭数据库权限
SUPER	服务器管理	执行 KILL 线程权限

表 12.2.1 中的权限针对什么对象使用，什么时候使用都有一定的规律，常见的权限分布见表 12.2.2。

表 12.2.2 常见的权限分布

权限分布	可能设置的权限
表权限	SELECT、INSERT、UPDATE、DELETE、CREATE、DROP、GRANT、REFERENCES、INDEX、ALTER
列权限	SELECT、INSERT、UPDATE、REFERENCES
程序权限	EXECUTE、ALTER ROUTINE、GRANT

3. 授予权限

新添加的 MySQL 用户必须被授权才能进行相关操作。在 MySQL 中可以使用 GRANT 语句给某个用户授予权限。使用 SQL 语句的基本书写格式如下。

```
GRANT 权限 1[(列名列表 1)][,权限 2[(列名列表 2)]]…
    ON [目标]{表名| * |*.*|库名.*}
    TO  用户 1[IDENTIFIED BY [PASSWORD] '密码 1']
        [,用户 2[IDENTIFIED BY [PASSWORD] '密码 2']]…
        [WITH 权限限制 1[权限限制 2]…]
```

说明

- 权限：权限的名称，如 SELECT、UPDATE 等，给不同对象授予权限的值也不相同，可以根据表 12.2.1 设定。
- ON 关键字后面给出的是要授予权限的目标范围，可以是表、函数、存储过程。
 a. 表名：表级权限，适用于指定数据库中的所有表。
 b. *：如果未选择默认数据库，意义同*.*，否则为当前数据库的数据库级权限。
 c. *.*：全局权限，适用于所有的数据库和所有表。
 d. 库名.*：指定数据库中的所有表。
- TO 子句用来设定授权的对象，可以指定一个或多个用户。
- WITH 权限限制指 WITH GRANT OPTION 子句。GARNT OPTION 是指将自己的权限赋予其他用户，可以有如下 4 种取值。
 a. MAX_QUERIES_PER_HOUR count：设置每小时可以执行 count 次查询。
 b. MAX_UPDATES_PER_HOUR count：设置每小时可以执行 count 次更新。
 c. MAX_CONNECTIONS_PER_HOUR count：设置每小时可以建立 count 个连接。
 d. MAX_USER_PER_HOUR count：设置单个用户可以同时建立 count 个连接。

4. 回收权限

可以使用 REVOKE 语句从一个用户回收权限，但不从 user 表中删除该用户，该语句格式与 GRANT 语句相似，但具有相反的效果。要注意的是，使用 REVOKE 语句，用户必须拥有 mysql 数据库的全局 CREATE USER 权限或 UPDATE 权限。基本书写格式如下。

```
REVOKE 权限 1[(列名列表 1)][,权限 2[(列名列表 2)]]…
    ON {表名|*|*.*|库名.*}
    FROM 用户 1[,用户 2]…
```

或者：

```
REVOKE ALL PRIVILEGES,GRANT OPTION FROM 用户 1[,用户 2]…
```

 说明 »»»»»

第一种格式用来回收某些特定的权限，第二种格式用来回收该用户所有的权限。其他语法含义与 GRANT 语句相同。

 任务实施

1. 授予表权限

微课 12-4
授予表权限

【任务 12.2.1】 授予用户 user1 在 goods 表上的 SELECT 权限。

如图 12.1.6 所示，新用户 user1 登录到服务器后，只能看到 information_schema 和 performance_schema 系统数据库，没有权限查看其余数据库，所以现在对新用户 user1 赋予权限。

打开 Navicat，展开 root@localhost 连接，选择数据库 db_eshop，单击"查询"->"新建查询"选项，在打开的查询分析器中输入如下 SQL 语句，输入完成后，单击"运行"按钮。

```
GRANT SELECT ON goods TO user1@localhost;
```

分析：

在用户 root 权限下输入了这些语句，这样用户 user1 就可以使用 SELECT 语句来查询 goods 表，而不管是谁创建了这个表。

授权后，重新打开 test 连接，可以看到多了一个 db_eshop 数据库，打开 db_eshop 数据库，即可看到 goods 表，此时用户 user1 拥有了 db_eshop 数据库中 goods 表的查询权限，如图 12.2.1 所示。

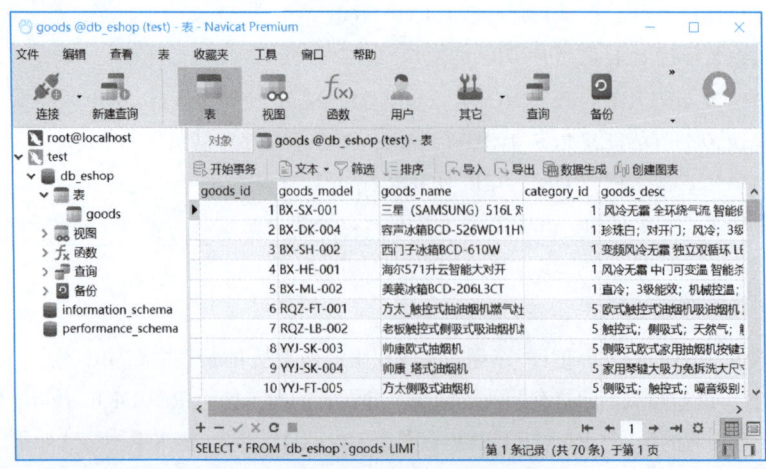

图 12.2.1
用户 user1 授权成功

> **小知识**
>
> 在 MySQL 8.0 以上的版本中，创建用户和授权与之前不太一样，要求更为严格，需要先创建用户和设置密码，然后才能授权。

2. 授予列权限

【任务 12.2.2】授予用户 user1 在 goods 表上的"商品编号"列和"商品名称"列的 UPDATE 权限。

微课 12-5
授予列权限

```
GRANT UPDATE(goods_id,goods_name)
    ON goods
        TO user1@localhost;
```

> **分析：**
> 用户 user1 除了可以查询 db_eshop 数据库中的 goods 表数据（见任务 12.2.1），还可以对表中的 goods_id 列和 goods_name 列进行更新操作，但还是不能对其他列进行增加、修改、删除操作。

3. 授予数据库权限

【任务 12.2.3】授予用户 user1 在 db_eshop 数据库中所有表的 SELECT 权限。

微课 12-6
授予数据库权限

```
GRANT SELECT
    ON db_eshop.*
        TO user1@localhost;
```

> **分析：**
> 用户 user1 可以查询 db_eshop 数据库中的所有表数据。另外该权限适用于所有已有的表，以及此后添加到 db_eshop 数据库中的任何表。

【任务 12.2.4】授予用户 user1 在 db_eshop 数据库中所有的数据库权限。

```
USE db_eshop;
GRANT ALL
    ON *
        TO user1@localhost;
```

> **分析：**
> 此时用户 user1 可以对 db_eshop 数据库中的所有表实现所有操作，如修改、增加等。
> 和表权限类似，授予一个数据库权限也不意味着拥有另一个数据库权限。例如，某用户被授予可以创建表和视图的权限，并不意味着可以访问它们，必须单独被授予 SELECT 权限。

【任务 12.2.5】授予用户 wendy 对所有数据库中所有表的 CREATE、ALTER 和 DROP 权限。

```
CREATE USER wendy@localhost IDENTIFIED BY 'pwd';
GRANT CREATE,ALTER,DROP
   ON *.*
   TO wendy@localhost;
```

【任务 12.2.6】 授予用户 wendy 创建新用户的权限。

```
GRANT CREATE USER
   ON *.*
   TO wendy@localhost;
```

微课 12-7
回收权限

【任务 12.2.7】 回收用户 user1 在 goods 表中的 SELECT 权限。

```
USE db_eshop;
REVOKE SELECT
   ON goods
   FROM user1@localhost;
```

分析：
由于用户 user1 对 goods 表的 SELECT 权限被回收，那么直接或间接依赖于它的所有权限也被回收。

微课 12-8
将获得的权限授予
其他用户

【任务 12.2.8】 授予用户 jack 在 goods 表中的 SELECT 权限，并允许其将该权限授予其他用户。

步骤如下。

① 在 root 用户下创建 jack 与 sam 两个用户，同时授予 jack 用户 SELECT 权限。

```
CREATE USER jack@localhost IDENTIFIED BY '123456';
CREATE USER sam@localhost IDENTIFIED BY '123456';

USE db_eshop;
GRANT SELECT
   ON goods
   TO jack@localhost
WITH GRANT OPTION;
```

② 以 jack 用户身份登录 MySQL。

打开 Windows 命令行窗口，进入 MySQL 安装目录下的 bin 目录。

```
cd C:\Program Files\MySQL\MySQL Server 8.0\bin
```

登录，输入如下命令。

```
mysql -hlocalhost -ujack -p123456
```

其中，-h 后为主机名，-u 后为用户名，-p 后为密码。

登录后，jack 用户只有查询 db_eshop 数据库中 goods 表的权限，他可以把这个权限传递给其他用户，在这里 jack 将权限传递给 sam，如图 12.2.2 所示。

```
USE db_eshop;
GRANT SELECT
    ON db_eshop.goods
    TO sam@localhost;
```

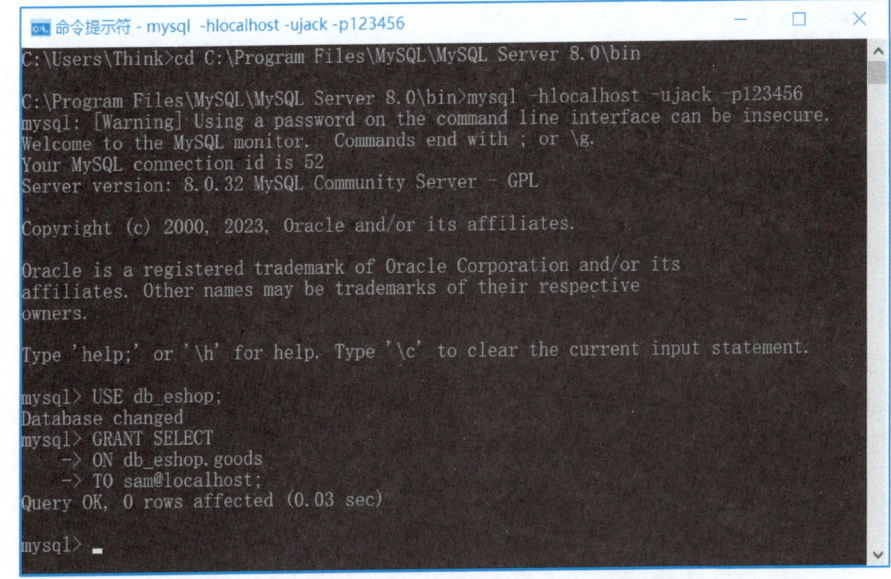

图 12.2.2 以 jack 用户身份登录

> **分析：**
> 使用 WITH GRANT OPTION 子句，jack 可以将 goods 表的 SELECT 权限授予 sam，如果 jack 在该表中还有其他权限，也可以授予 sam。

如果需要在 Navicat 客户端查看相应权限是否已经授予，则需要退出当前用户，在命令行窗口以 sam 身份重新登录，切换当前数据库为 db_eshop，使用 SELECT 语句查看 goods 表的相关信息，如图 12.2.3 所示，表明授权成功。

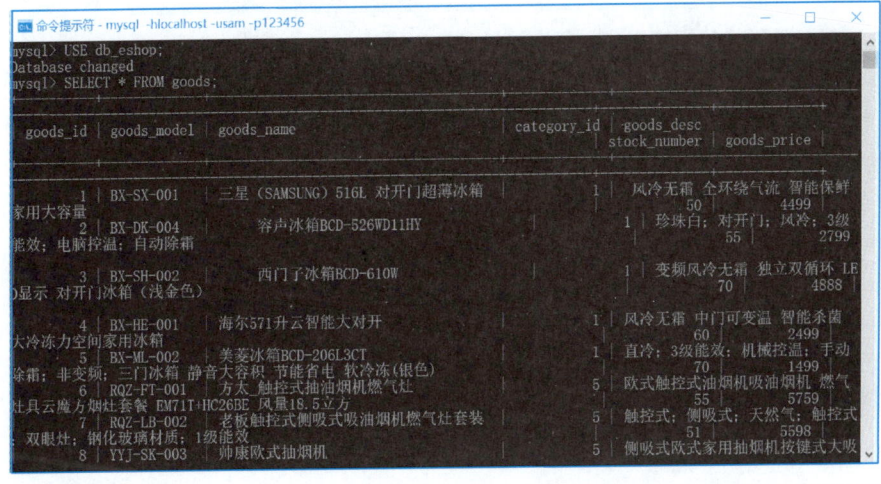

图 12.2.3 以 sam 用户身份登录

小知识

权限控制的经验原则如下。

① 只授予能满足需要的最小权限。例如，用户只需要查询，那就只授予 SELECT 权限，不要授予 UPDATE 或 INSERT 权限。

② 创建用户时限制用户的登录主机，一般是限制成指定 IP 地址或者内网 IP 地址段。

③ 初始化数据库时删除没有密码的用户。

④ 为每个用户设置满足密码复杂度的密码。

⑤ 定期清理不需要的用户，回收权限或者删除用户。

 任务拓展

使用 Navicat 图形管理工具实现权限管理

【拓展 12.2.1】 将 db_eshop 数据库中 goods 表的 SELECT 权限授予 user1。
步骤如下。

① 打开 Navicat，打开连接 root@localhost，单击工具栏中的"用户"按钮，可看到该数据库连接实例下的所有用户，如图 12.2.4 所示。

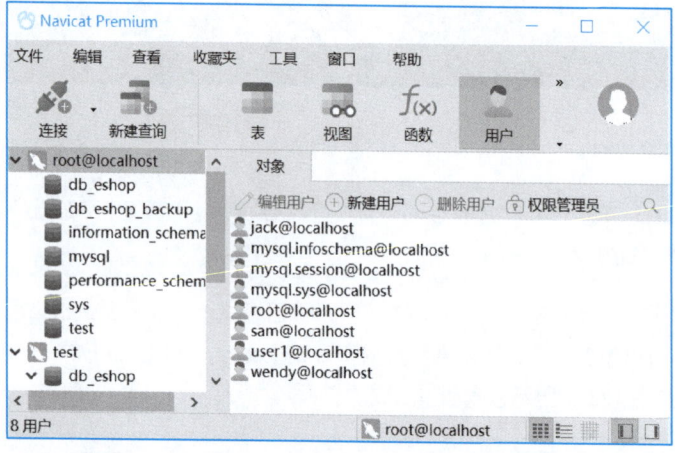

图 12.2.4
用户列表界面

② 选中要授权的用户 user1，单击工具栏中的"编辑用户"按钮，打开用户编辑界面。

③ 切换到"权限"选项卡，如图 12.2.5 所示，单击工具栏中的"添加权限"按钮，将弹出"添加权限"对话框，如图 12.2.6 所示。

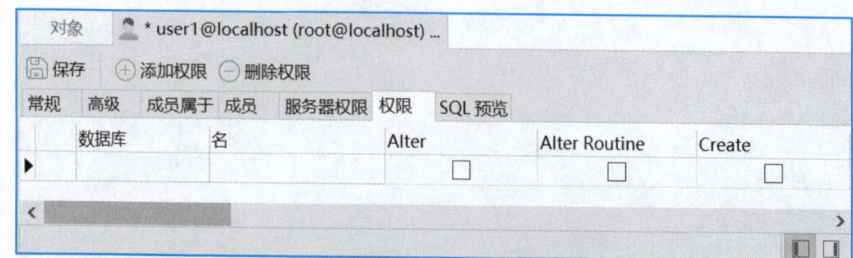

图 12.2.5
"权限"选项卡

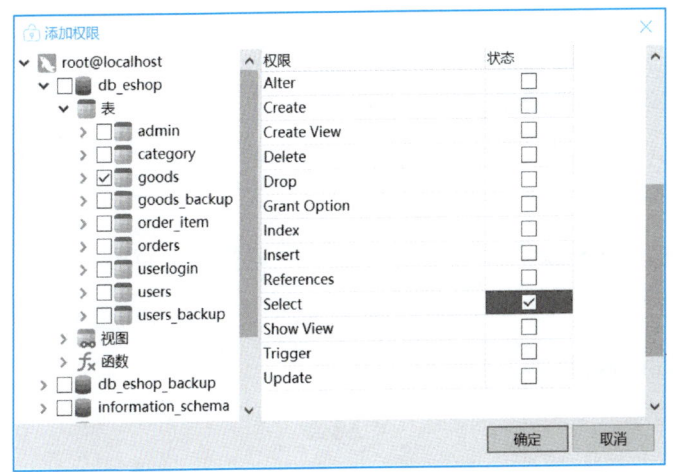

图 12.2.6
"添加权限"对话框

④ 展开 db_eshop 数据库下的"表",选中 goods 表,并选中"Select 权限"的"状态"复选框,单击"确定"按钮,回到权限编辑界面,如图 12.2.7 所示,单击工具栏中的"保存"按钮,即可实现用户权限的授予。若要对连接实例下的所有数据库都赋予 SELECT、INSERT 权限,则可以切换到"服务器权限"选项卡进行权限设置,如图 12.2.8 所示,选中 SELECT、INSERT 权限即可。设置完成后,单击"保存"按钮。

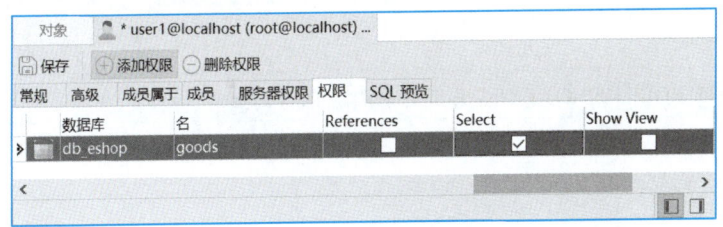

图 12.2.7
权限编辑界面

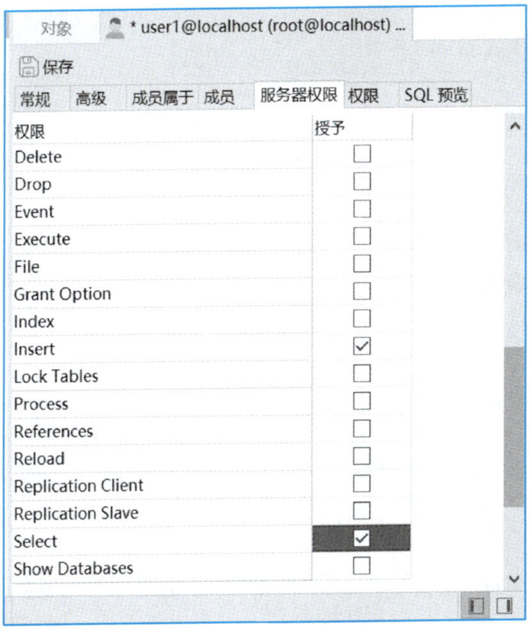

图 12.2.8
"服务器权限"选项卡

任务 12.3 角色管理

任务分析

当数据库的用户量急剧增加时,如果管理员逐个进行权限的授予或撤销,工作量将非常大,为了简化权限管理,MySQL 8.0 提供了角色。

知识储备

微课 12-9
角色管理

1. 角色

角色相当于权限组,即将相关的权限集合在一起并加以命名。当需要对许多拥有相似权限的用户进行分类管理时,可以先创建角色,为其赋予权限,将角色指定给用户,这样该用户就具有了该角色的对应权限,从而简化了权限管理工作。

2. 创建角色

当拥有创建角色的权限时,可以使用 CREATE ROLE 语句添加一个或多个角色。基本书写格式如下。

CREATE ROLE [IF NOT EXISTS] 角色名 1[,角色名 2]…

 说明 》》》》》

- 角色名称与用户账户名称相似,由"用户名@主机名"组成。主机名如果省略,默认为"%"。用户名和主机名可以不加引号,除非包含特殊字符。
- 与用户账户名称不同,角色名称的用户名不能为空。

3. 给角色赋予权限

为新创建的角色授予权限,同样可以使用 GRANT 语句。基本书写格式如下。

GRANT 权限 1[(列名列表 1)][,权限 2[(列名列表 2)]]…
　　ON [目标]{表名| * |*.*|库名.*}
　　TO 角色;

 说明 》》》》》

与为用户赋予权限相同,这里不再赘述。

4. 查看角色的权限

使用 SHOW GRANTS 语句可以查看角色的权限。基本书写格式如下。

SHOW GRANTS FOR 角色名;

5. 给用户赋予角色

使用 GRANT 语句可以给用户赋予角色。基本书写格式如下。

> GRANT 角色 1[,角色 2,…] TO 用户 1[,用户 2,…];

> 与授权给用户权限类似，只是没有 ON。

6. 回收用户角色

> REVOKE 角色 1,[角色 2,…] FROM 用户 1[,用户 2,…]

7. 回收角色的权限

使用 REVOKE 语句可以回收角色的权限。基本书写格式如下。

> REVOKE 权限 1[(列名列表 1)][,权限 2[(列名列表 2)]]…
>   ON {表名|*|*.*|库名.*}
>   FROM 角色 1,[角色 2]…

> 与回收用户权限语法类似，这里不再赘述。

8. 删除角色

使用 DROP ROLE 语句可以删除角色。基本书写格式如下。

> DROP ROLE 角色 1,[角色 2]…

任务实施

【任务 12.3.1】 创建 DeveloperRole、ReadRole、WriterRole 这 3 个角色。

> CREATE ROLE DeveloperRole,ReadRole,WriterRole;

【任务 12.3.2】 将 db_eshop 数据库的所有权限授予角色 DeveloperRole，将 db_eshop 数据库中商品表 goods 的数据查询权限授予角色 ReadRole，将 db_eshop 数据库中商品表 goods 的数据修改权限授予角色 WriterRole。

> GRANT ALL ON db_eshop.* TO DeveloperRole;
> GRANT SELECT ON db_eshop.goods TO ReadRole;
> GRANT UPDATE,DELETE ON db_eshop.goods TO WriterRole;

【任务 12.3.3】 创建用户 developer1、reader1、reader2、rw_user1，为 developer1 赋予 DeveloperRole 角色，为 reader1、reader2 赋予 ReadRole 角色，为 rw_user1 赋予 ReadRole 和 WriterRole 角色。

```
CREATE USER 'developer1'@'localhost' IDENTIFIED BY '123456';
CREATE USER 'reader1'@'localhost' IDENTIFIED BY '123456';
CREATE USER 'reader2'@'localhost' IDENTIFIED BY '123456';
CREATE USER 'rw_user1'@'localhost' IDENTIFIED BY '123456';
GRANT DeveloperRole TO 'developer1'@'localhost';
GRANT ReadRole TO 'reader1'@'localhost', 'reader2'@'localhost';
GRANT ReadRole, WriterRole TO 'rw_user1'@'localhost';
```

【任务 12.3.4】 查看用户 rw_user1 的权限。

```
SHOW GRANTS FOR 'rw_user1'@'localhost';
```

运行结果如图 12.3.1 所示。

图 12.3.1
查看用户权限

【任务 12.3.5】 回收授予给用户 rw_user1 的 ReadRole 角色。

```
REVOKE ReadRole FROM 'rw_user1'@'localhost';
```

【任务 12.3.6】 回收授予角色 ReadRole 的权限。

```
REVOKE SELECT ON db_eshop.goods FROM ReadRole;
```

【任务 12.3.7】 删除角色 ReadRole。

```
DROP ROLE IF EXISTS ReadRole;
```

 任务拓展

启用角色

在任务 12.3.4 完成后，尝试以用户账户 reader1 连接登录服务器，查看数据库 db_eshop 中的 goods 表数据。发现该用户能成功连接登录服务器，但打开数据库 db_eshop 时报错，用户 reader1 并未获得 db_eshop.goods 表的 SELECT 权限。原因在于，为用户赋予了角色，但如果角色未启用，用户登录时依旧没有该角色的权限。可以使用 SET DEFAULT ROLE 语句启用角色,基本书写格式如下。

> SET DEFAULT ROLE 角色名 TO 用户;

【拓展 12.3.1】 对用户 reader1 启用赋予的所有角色。

> SET DEFAULT ROLE ALL TO ' reader1'@'localhost';

重新打开客户端逐行输入命令,检验发现该用户已成功获得 db_eshop.goods 表的 SELECT 权限。运行结果如图 12.3.2 所示。

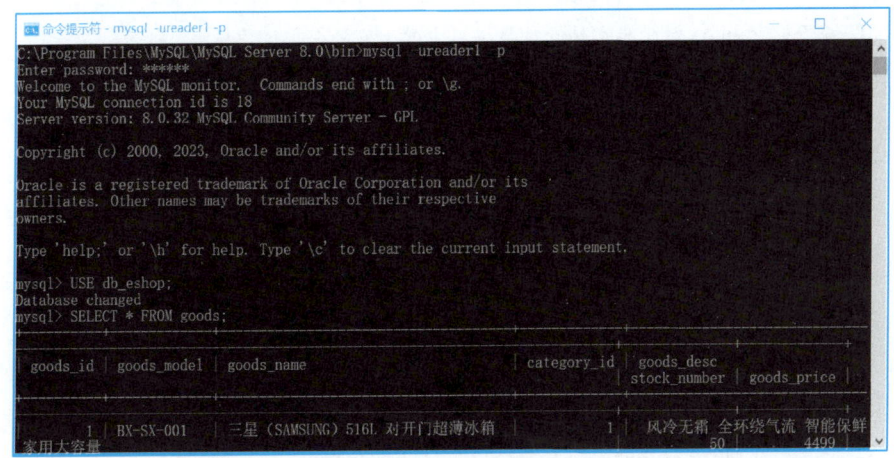

图 12.3.2
对用户 reader1 启用赋予的所有角色

任 务 小 结

① MySQL 访问控制机制。
② 使用 SQL 语句实现用户的创建与管理。
③ 使用 SQL 语句实现权限控制。
④ 使用 SQL 语句实现角色的创建与管理。

课 堂 实 训

【实训目的】

① 掌握使用 SQL 语句实现用户创建与管理的方法。
② 掌握使用 SQL 语句实现权限控制的方法。

【实训内容】

① 在学生成绩管理系统数据库中创建数据库用户 stu01,密码为 666666。

> CREATE USER stu01@localhost IDENTIFIED BY '666666';

② 在学生成绩管理系统数据库中创建数据库用户 stu02,密码为 888888。

> CREATE USER stu02@localhost IDENTIFIED BY '888888'

③ 在学生成绩管理系统数据库中创建数据库用户 test，密码为 888888。

> CREATE USER test@localhost IDENTIFIED BY '888888';

④ 将用户 test 重命名为 stu03。

> RENAME USER test@localhost TO stu03@localhost;

⑤ 删除用户 stu03。

> DROP USER stu03@localhost ;

⑥ 授予用户 stu01 对学生成绩管理数据库中学生表的全部操作权限。

> GRANT ALL
> ON T_student
>   TO stu01@localhost;

⑦ 授予用户 stu01 对学生成绩管理数据库中成绩表的查询权限。

> GRANT SELECT
> ON T_score
>   TO stu01@localhost;

⑧ 授予用户 stu02 对学生成绩管理数据库的所有权限。

> GRANT ALL
>   ON *
>   TO stu02@localhost;

【实训练习】

① 在学生成绩管理系统数据库中创建数据库用户 mine，密码为 111111。
② 将用户 mine 重命名为 goodluck。
③ 授予用户 goodluck 对学生成绩管理数据库中学生表的查询权限。
④ 授予用户 goodluck 对学生成绩管理数据库中课程表的所有权限。
⑤ 授予用户 goodluck 对学生成绩管理数据库中成绩表"成绩"列的修改权限。

思考与探索

一、选择题

1. 在 MySQL 中，添加用户的命令是（　　）（单选）。
   A. CREATE USER　　　　　　　　B. ADD USER
   C. DROP USER　　　　　　　　　D. RENAME USER
2. 在 MySQL 中，修改用户名的命令是（　　）（单选）。
   A. CREATE USER　　　　　　　　B. RENAME USER

  C. DROP USER   D. UPDATE USER

3. 在 MySQL 中，删除用户的命令是（　　）（单选）。

  A. CREATE USER   B. RENAME USER

  C. DROP USER   D. DELETE USER

4. 在 MySQL 中，下面关于用户权限说法不正确的是（　　）（单选）。

  A. 全局层级适用于给定 MySQL 服务器中的所有数据库

  B. 表层级适用于给定表中的所有列

  C. 列层级适用于给定表中的某列

  D. 数据库层级适用于给定数据库中的部分内容

5. 在 MySQL 中，表权限和列权限可能设置的权限有（　　）（多选）。

  A. SELECT   B. INSERT   C. UPDATE   D. DELETE

6. 在 MySQL 中，从一个用户回收权限的命令是（　　）（单选）。

  A. RELOAD   B. EXECUTE   C. GRANT   D. REVOKE

二、填空题

1. 使用_____语句添加一个或者多个用户。

2. 使用_____语句删除用户。

3. 使用_____语句给用户赋予权限。

4. 使用_____语句可以查看角色的权限。

三、应用题

针对 db_staff 数据库，完成以下练习。

① 通过 root 账户登录 MyQL 服务器。

② 创建用户账户 my，密码为 123456。

③ 创建用户账户 halen，密码为 888888。

④ 查看 MySQL 中所有的用户账户列表。

⑤ 删除用户账户 halen。

⑥ 赋予用户 my 在 db_staff 数据库中所有表的 SELECT 权限。

⑦ 赋予用户 my 在 db_staff 数据库中员工表的 UPDATE 权限。

⑧ 收回用户 my 在 db_staff 数据库中员工表的 UPDATE 权限。

任务 13 备份和恢复数据库

工作能力

使用 MySQL 备份与恢复数据库，作为数据库系统开发人员，应具备以下工作能力。
- 能备份数据库中的数据。
- 能恢复数据库中的数据。

工作素养

- 具备数据库管理规范操作意识。
- 具备数据安全意识，养成备份数据的好习惯。

工作情境

某天家电商城系统的管理员在对用户表进行管理时，误删了几个重要的用户数据，为了挽回类似这样的误操作造成的损失，数据库管理人员需要对数据库进行数据备份，在出现操作事故后可以将之前的数据还原。具体分为以下任务来完成。
- 备份数据。
- 恢复数据。

任务 13.1 使用 MySQL 命令备份和恢复数据

 任务分析

数据库系统在使用过程中经常会遇到各种软硬件故障、人为破坏、用户误操作等不可避免的问题，这些问题会影响数据正确性，甚至会破坏数据库，导致服务器瘫痪。为了有效防止数据丢失，将损失降到最低，应定期进行数据备份，在数据库遭到破坏时能够恢复数据。

 知识储备

备份和恢复数据库是数据库维护中最常见的操作，当数据库发生故障时可以通过备份数据文件恢复数据。造成数据库中数据丢失或破坏的原因有很多，主要包含如下几个方面。

- 存储介质故障：保存数据文件的磁盘设备损坏。
- 用户的错误操作：用户有意或无意删除了重要数据，甚至整个数据库。
- 服务器瘫痪：数据库服务器因为软件漏洞彻底瘫痪。

还有许多突发情况都可能让数据库遭到破坏，导致其无法正常工作。所以，事先进行备份操作，当故障发生时能迅速恢复数据，完成系统重建工作，尽可能将损失降到最低。

1. 使用 mysqldump 命令备份

mysqldump 是 MySQL 提供的一个客户端工具，存储在 MySQL 安装路径的 bin 目录下，使用 mysqldump 命令可以实现数据备份。mysqldump 命令执行后将产生一个 SQL 脚本文件，这个文件包含了数据库表的创建语句（即数据表的结构）与对应表数据的添加语句（即表数据的内容）。具体执行为：先检查所需要备份数据的表结构，在对应的脚本文件中生成 CREATE 语句，然后检查数据内容，在脚本文件中生成 INSERT INTO 语句。如果后期需要还原数据，可利用该脚本文件重新创建表和添加表数据。

微课 13-1
使用 mysqldump
命令备份数据

使用 mysqldump 命令可以备份一个数据库或者数据库中的指定表，也可以备份多个数据库，甚至所有数据库。

（1）使用 mysqldump 命令备份一个数据库或者指定表

基本书写格式如下。

> mysqldump -u user -h host -p password db [tb1,[tb2,…]]>filename

 说明 》》》》》》

- -u 后的 user 表示用户名，-h 后的 host 表示主机名，-p 后的 password 表示用户密码，-p 选项和密码之间不能有空格，如果是本地 MySQL 服务器，则-h 选项可以省略。
- db 表示需要备份的数据库名称，tb1、tb2 表示该数据库需要备份的表，可以选择多张表进行备份，数据库名与表名之间用空格隔开，如果要备份整个数据库，则可以省略表名。
- >表示将备份的数据库或者表写入备份文件中。
- filename 表示备份的文件名，一般使用.sql 作为文件后缀名，如果需要保存在指定路径下，这里可以指定具体路径。在该路径下不能有同名文件，否则新备份文件会覆盖原文件。

（2）使用 mysqldump 命令备份多个数据库

基本书写语句如下。

mysqldump -u user -h host -p password --databases db1 [db2 db3…]>filename

- --databases 表示要备份多个数据库，后面至少要指定一个数据库名称，多个数据库之间用空格隔开。
- db1、db2、db3 表示要备份的多个数据库的名称。

（3）使用 mysqldump 命令备份所有数据库

基本书写格式如下。

mysqldump -u user -h host -p password --all-databases>filename

--all-databases 表示要备份数据库服务器中的所有数据库。

小知识

在命令行客户端使用 mysqldump --help 可以查看到 mysqldump 命令的所有选项，常见选项如下。

① --add-drop-database: 表示在每个数据库创建之前添加 DROP 数据库语句，即在创建数据库之前先删除确认。具体如下。

mysqldump -u root -p --all-databases --add-drop-database

② --add-drop-table: 表示在每个数据表创建之前添加 DROP 数据表语句（默认为打开状态，使用 --skip-add-drop-table 取消选项）。具体如下。

mysqldump -u root -p --all-databases （默认添加 DROP 语句）
mysqldump -u root -p --all-database --skip-add-drop-table（取消 DROP 语句）

③ --add-locks: 表示在每张数据表导出之前 LOCK TABLES，导出之后 UNLOCK TABLES（默认为打开状态，使用 --skip-add-locks 取消选项）。具体如下。

mysqldump -u root -p --all-databases （默认添加 LOCK 语句）
mysqldump -u root -p --all-database --skip-add-locks（取消 LOCK 语句）

④ --comments: 表示附加注释消息（默认为打开状态，使用 --skip-comments 取消选项）。具体如下。

mysqldump -u root -p --all-databases （默认附加注释）
mysqldump -u root -p --all-database --skip-comments（取消注释）

2. 使用 SQL 命令备份数据表

在 MySQL 中可以使用 SELECT INTO…OUTFILE 语句将表数据导出到一个文本文件中。

基本书写格式如下。

```
SELECT [file_name] FROM table_name [WHERE condition]
    INTO OUTFILE 'filename'[OPTION]
```

微课 13-2
使用 SQL 命令
备份数据

 说明 》》》》》》

- SELECT [file_name] FROM table_name [WHERE condition]是普通的 SQL 查询语句，查询结果即为要导出的数据。
- filename 表示查询到的数据要导出到的文本文件名。
- OPTION 表示设置相应的选项，决定数据行在文件中存放的格式，可以是下列值中的任意一个。
  a. fields terminated by'string'：用来设置字段的分隔符为字符串对象（string），默认为 "\t"。
  b. lines starting by'string'：用来设置每行开始的字符串符号，默认不使用任何字符。
  c. lines terminated by'string'：用来设置每行结束的字符串符号，默认为 "\n"。
  d. fields enclosed by'char'：用来设置使用字符将导出的字段值括起来，默认不使用任何字符。
  e. fields optionally enclosed by'char'：用来设置使用字符将导出的 CHAR、VARCHAR 和 TEXT 等字段值括起来，默认不使用任何字符。
  f. fields escaped by'char'：用来设置转义字符的符号，默认使用 "\"。

3. 使用 mysql 命令备份数据

在 MySQL 中还可以使用 mysql 命令将表数据导出到一个文本文件中，与 SELECT…INTO OUTFILE 语句导出表数据的效果一样。基本书写格式如下。

```
mysql -u user -h host -p password -e
"SELECT [file_name] FROM table_name [WHERE condition]" db >filename
```

微课 13-3
使用 mysql 命令
备份数据

 说明 》》》》》》

- -e 表示执行后面的查询语句。
- db 表示查询表数据所在的数据库。

4. 使用 mysql 命令恢复数据

mysqldump 命令只能用于备份，如果需要还原备份后的文件，则需要使用 mysql 命令。基本书写格式如下。

```
mysql -u root -pPassword [db]<filename
```

微课 13-4
使用 mysql 命令
恢复数据

 说明 》》》》》》

- db 表示要还原的数据库名称，为可选项，可以指定数据库名，也可以不指定。如果使用--all-databases 参数备份所有数据库，则在还原时不需要指定数据库，如果指定了数据库，则要先创建数据库。
- < 表示要还原数据。
- filename 表示之前备份的数据文件。

微课 13-5
使用 LOAD DATA INFILE 语句恢复数据

5. 使用 LOAD DATA INFILE 语句恢复数据

在 MySQL 数据库中，可以通过 LOAD DATA…INFILE 语句将文本文件中的数据还原到数据库的数据表中。基本书写格式如下。

LOAD DATA[LOCAL] INFILE filename INTO TABLE tb [option];

 说明 »»»»»

- LOCAL 表示指定在本地计算机中查找文本文件。
- filename 表示之前备份的文本文件的路径和名称。
- tb 表示要还原的表。

 任务实施

【任务 13.1.1】 使用 mysqldump 命令实现 db_eshop 数据库的备份，将该数据库备份到 D:\backup 中，备份的文件名为 db_eshop_backup.sql。

在 DOS 界面进入 MySQL 安装路径的 bin 目录，输入如下 SQL 语句，即可实现数据库的备份，如图 13.1.1 所示。

mysqldump -u root -p db_eshop>d:\backup\db_eshop_backup.sql

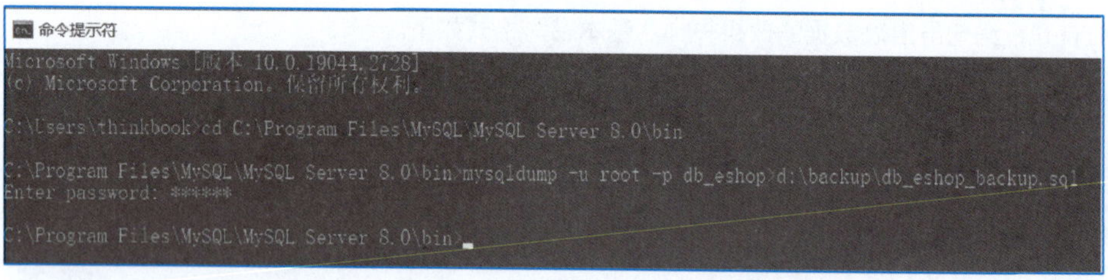

图 13.1.1
备份 db_eshop 数据库

【任务 13.1.2】 使用 mysqldump 命令实现 db_eshop 数据库中商品表与用户表的备份，将该数据备份到 D:\backup 中，备份的文件名为 db_eshop_goods_user_backup.sql，如图 13.1.2 所示。

mysqldump -u root -p db_eshop goods users>d:\backup\db_eshop_goods_user_backup.sql

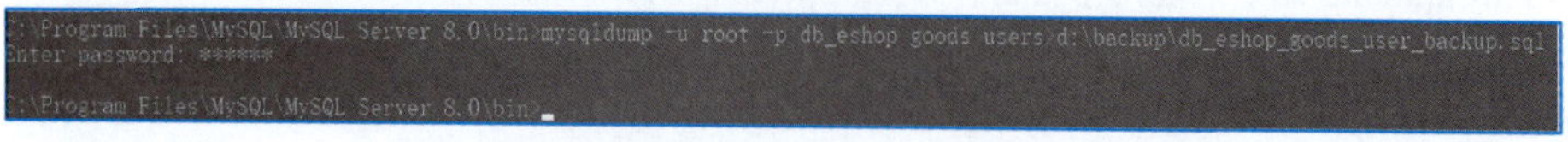

图 13.1.2
备份 db_eshop 数据库中的商品表和用户表

【任务 13.1.3】 使用 mysqldump 命令实现 db_eshop 数据库和 mysql 数据库的备份，将该数据备份到 D:\backup 中，备份的文件名为 db_eshop_mysql_backup.sql，如图 13.1.3 所示。

mysqldump -u root -p --databases db_eshop mysql>d:\backup\db_eshop_mysql_backup.sql

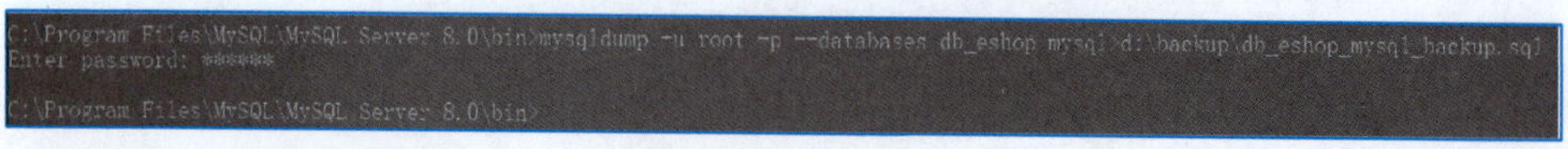

图 13.1.3
备份 db_eshop 数据库和 mysql 数据库

【任务 13.1.4】 使用 mysqldump 命令实现本地服务器所有数据库的备份,将该数据备份到 D:\backup 中,备份的文件名为 all_backup.sql,如图 13.1.4 所示。

```
mysqldump -u root -p --all-databases >d:\backup\all_backup.sql
```

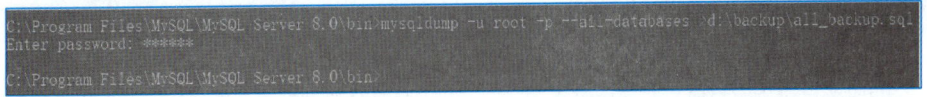

图 13.1.4
备份本地服务器的
所有数据库

【任务 13.1.5】 使用 SELECT…INTO OUTFILE 语句实现 db_eshop 数据库中用户表的数据导出,将该数据备份到 D:\backup 中,备份的文件名为 db_eshop_user_data.txt。

```
SELECT * FROM users INTO OUTFILE 'd:/backup/db_eshop_user_data.txt';
```

> 说明 〉〉〉〉〉〉〉
>
> 这里使用 SELECT 语句,可通过"开始"→MySQL→MySQL8.0 Command Line Client 命令,打开 MySQL 命令行客户端,输入密码,如图 13.1.5 所示。

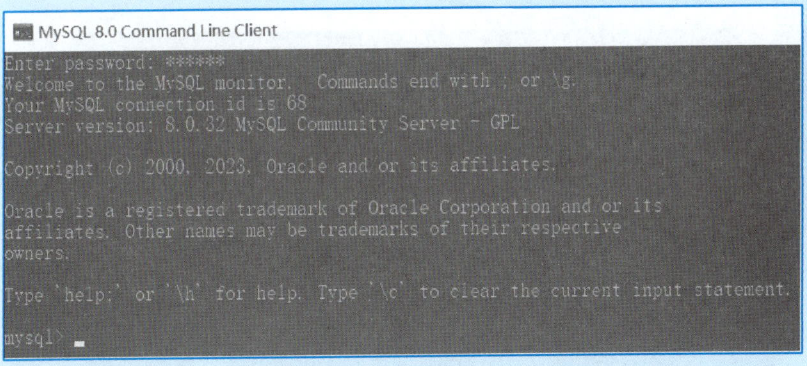

图 13.1.5
MySQL 命令行客户端

然后输入 SQL 语句实现数据备份,会报错,如图 13.1.6 所示。

图 13.1.6
备份数据库报错

出错的原因是 MySQL 默认对导出的目录有权限限制,也就是说,使用命令行进行数据导出时,需要备份到指定目录。先查询 MySQL 的 secure_file_priv 值配置的路径,使用如下命令,运行结果如图 13.1.7 所示。

```
show global variables like '%secure%';
```

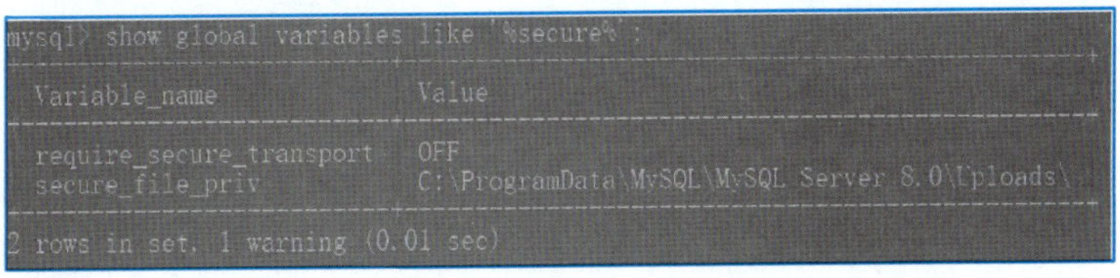

图 13.1.7
查询 MySQL 的 secure_
file_priv 值配置

275

默认将备份文件备份到这个指定目录下，如图 13.1.8 所示。

```
SELECT * FROM users INTO OUTFILE 'C:/ProgramData/MySQL/MySQL Server 8.0/Uploads/db_eshop_user_data.txt';
```

图 13.1.8
备份数据到原始目录

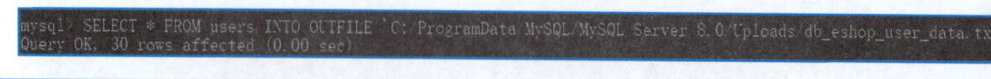

如果要更改指定目录，则需要进入 MySQL 的安装路径找到配置文件 my.ini，MySQL 8.0 配置文件默认在路径 C:\ProgramData\MySQL\MySQL 8.0 处，不同版本的配置文件的位置不同，将 secure-file-priv 的值更改为自定义的位置，如图 13.1.9 与图 13.1.10 所示。

图 13.1.9
导出数据的原始目录

```
145 # Secure File Priv.
146 secure-file-priv="C:/ProgramData/MySQL/MySQL Server 8.0/Uploads"
```

图 13.1.10
更改 secure-file-priv 的值

```
145 # Secure File Priv.
146 secure-file-priv="D:/backup"
```

重新启动 MySQL 数据库服务器，就可以将备份文件备份到这个指定目录，如图 13.1.11 所示。

图 13.1.11
备份数据到指定目录

```
mysql> SELECT * FROM users INTO OUTFILE 'd:/backup/db_eshop_user_data.txt';
Query OK, 30 rows affected (0.01 sec)
```

查看备份文件，部分内容如图 13.1.12 所示。

图 13.1.12
查看备份文件

【任务 13.1.6】 使用 SELECT…INTO OUTFILE 语句实现 db_eshop 数据库中用户表数据的导出，将该数据备份到 D:\backup 中，备份的文件名为 db_eshop_user01_data.txt，要求字段值之间的分隔符为"、"，如果是字符或者字符串，则用双引号括起来，每行开始使用>字符，如图 13.1.13 所示。

```
SELECT * FROM users INTO OUTFILE 'd:/backup/db_eshop_user01_data.txt'
CHARACTER SET gbk
FIELDS
    TERMINATED BY '、'
    OPTIONALLY ENCLOSED BY '"'
LINES
```

```
        STARTING BY '\>'
        TERMINATED BY '\r\n';
```

```
mysql> SELECT * FROM users INTO OUTFILE 'd:/backup/db_eshop_user01_data.txt'
    -> CHARACTER SET gbk
    -> FIELDS
    ->     TERMINATED BY '、'
    ->     OPTIONALLY ENCLOSED BY '"'
    -> LINES
    ->     STARTING BY '\>'
    ->     TERMINATED BY '\r\n';
Query OK, 30 rows affected, 1 warning (0.00 sec)
```

图 13.1.13
按格式备份 users 表数据

分析：

① FIELDS 和 LINES 两个子句都是自选的，但是如果两个子句都被指定，FIELDS 必须位于 LINES 前面。

② 多个 FIELDS 子句排列在一起时，后面的 FIELDS 必须省略；同样，多个 LINES 子句排列在一起时，后面的 LINES 也必须省略。

③ "TERMINATED BY '\r\n'" 可以保证每条记录占一行。因为 Windows 操作系统下 "\r\n" 表示回车换行，如果不加这个选项，默认情况只是 "\n"。

④ 如果在数据表中包含了中文字符，使用上面的语句会输出乱码。此时，加入 CHARACTER SET gbk 语句即可解决该问题。

导出数据如图 13.1.14 所示。

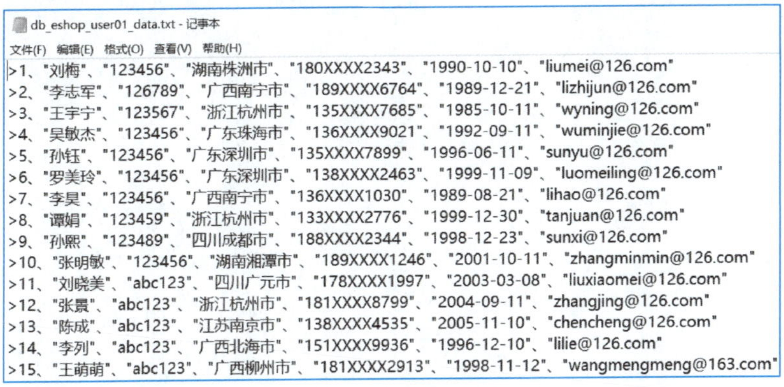

```
db_eshop_user01_data.txt - 记事本
文件(F) 编辑(E) 格式(O) 查看(V) 帮助(H)
>1、"刘梅"、"123456"、"湖南株洲市"、"180XXXX2343"、"1990-10-10"、"liumei@126.com"
>2、"李志军"、"126789"、"广西南宁市"、"189XXXX6764"、"1989-12-21"、"lizhijun@126.com"
>3、"王宇宁"、"123567"、"浙江杭州市"、"135XXXX7685"、"1985-10-11"、"wyning@126.com"
>4、"吴敏杰"、"123456"、"广东珠海市"、"136XXXX9021"、"1992-09-11"、"wuminjie@126.com"
>5、"孙钰"、"123456"、"广东深圳市"、"135XXXX7899"、"1996-06-11"、"sunyu@126.com"
>6、"罗美玲"、"123456"、"广东深圳市"、"138XXXX2463"、"1999-11-09"、"luomeiling@126.com"
>7、"李昊"、"123456"、"广西南宁市"、"136XXXX1030"、"1989-08-21"、"lihao@126.com"
>8、"谭娟"、"123459"、"浙江杭州市"、"133XXXX2776"、"1999-12-30"、"tanjuan@126.com"
>9、"孙熙"、"123489"、"四川成都市"、"188XXXX2344"、"1998-12-23"、"sunxi@126.com"
>10、"张明敏"、"123456"、"湖南湘潭市"、"189XXXX1246"、"2001-10-11"、"zhangminmin@126.com"
>11、"刘晓美"、"abc123"、"四川广元市"、"178XXXX1997"、"2003-03-08"、"liuxiaomei@126.com"
>12、"张晨"、"abc123"、"浙江杭州市"、"181XXXX8799"、"2004-09-11"、"zhangjing@126.com"
>13、"陈成"、"abc123"、"江苏南京市"、"138XXXX4535"、"2005-11-10"、"chencheng@126.com"
>14、"李列"、"abc123"、"广西北海市"、"151XXXX9936"、"1996-12-10"、"lilie@126.com"
>15、"王萌萌"、"abc123"、"广西柳州市"、"181XXXX2913"、"1998-11-12"、"wangmengmeng@163.com"
```

图 13.1.14
users 表数据按格式导出

【任务 13.1.7】使用 mysql 命令实现 db_eshop 数据库中 users 表数据的导出，将该数据备份到 D:\backup 中，备份的文件名为 db_eshop_user02_data.txt，如图 13.1.15 所示。

```
mysql -u root -p -e
"select * from users"db_eshop>d:\backup\db_eshop_user02_data.txt;
```

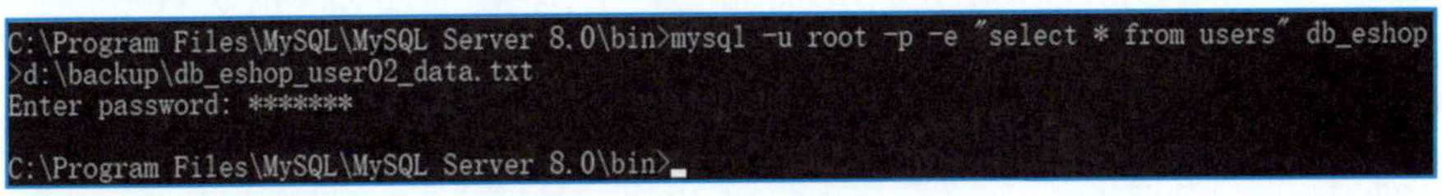

```
C:\Program Files\MySQL\MySQL Server 8.0\bin>mysql -u root -p -e "select * from users" db_eshop
>d:\backup\db_eshop_user02_data.txt
Enter password: *******

C:\Program Files\MySQL\MySQL Server 8.0\bin>
```

图 13.1.15
使用 mysql 命令备份
users 表数据

【任务 13.1.8】使用 mysql 命令实现 D:\backup\db_eshop_backup.sql 文件的恢复，恢复的数据库名称为 db_eshop_new。

```
CREATE DATABASE db_eshop_new;
mysql -u root -p db_eshop_new <d:\backup\db_eshop_backup.sql;
```

① 创建数据库 db_eshop_new，如图 13.1.16 所示。

图 13.1.16
创建数据库 db_eshop_new

② 重新打开 DOS 命令行窗口，进入 MySQL 的安装路径 bin 目录下，输入如下语句，如图 13.1.17 所示。

图 13.1.17
mysql 命令还原数据库

【任务 13.1.9】 使用 LOAD DATA INFILE 语句实现 D:\backup\db_eshop_user_data.txt 文件的恢复，将该文件中的数据恢复到数据库 db_eshop_new 的 user_new 表中，如图 13.1.18 所示。

```
LOAD DATA INFILE 'D:/backup/db_eshop_user_data.txt' INTO TABLE users_new;
```

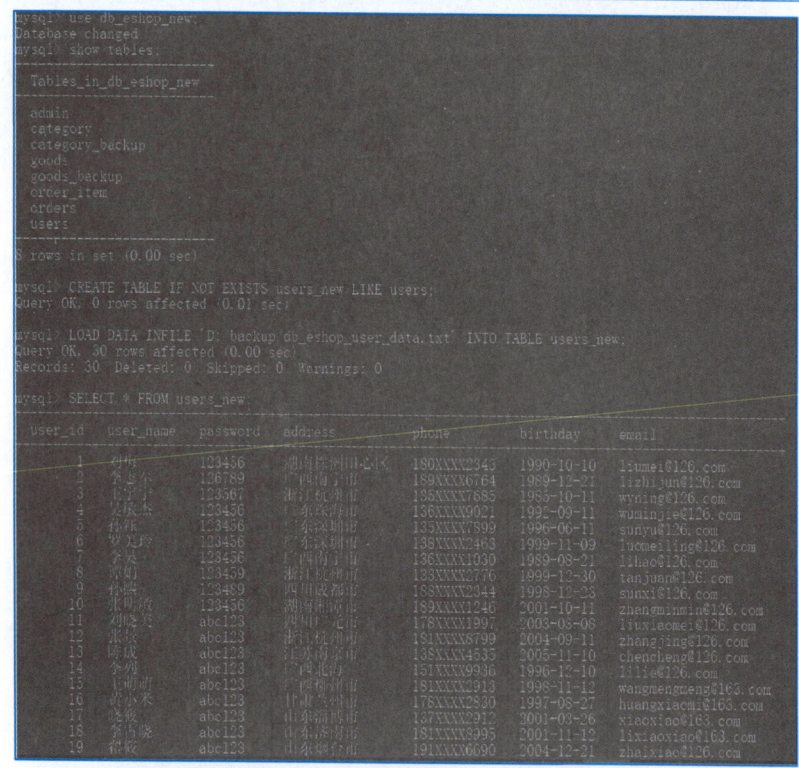

图 13.1.18
LOAD DATA INFILE
语句还原数据

分析：

① 首先进入 MySQL 命令行，然后输入 USE db_eshop_new，进入 db_eshop_new 数据库。

② 使用 "CREATE TABLE IF NOT EXISTS user_new LIKE users" 语句复制一个新表 user_new，结构来源于 users 表，但是没有数据，可以通过 "SELECT * FROM user_new" 查看。

③ 因为路径问题，"LOAD DATA INFILE 'D:\backup\db_eshop_user_data.txt' INTO TABLE user_new;" 会报错。在 UNIX/Linux 中，路径分隔采用正斜杠（/），如 D:/backup；而在 Windows 中，路径分隔采用反斜杠（\），

如 D:\backup；但是在命令提示符界面（即 DOS 界面）中，反斜杠不被识别，要么使用转义字符，如 D:\\backup，要么直接改成正斜杠，如 D:/backup。所以，可以通过 "LOAD DATA INFILE 'D:\\backup\\db_eshop_user_data.txt' INTO TABLE user_new;" 恢复数据，也可以通过 "LOAD DATA INFILE 'D:/backup/db_eshop_user_data.txt' INTO TABLE user_new;" 来恢复。

【任务 13.1.10】使用 LOAD DATA INFILE 语句实现 D:\backup\db_eshop_user01_data.txt 文件的恢复，将该文件中的数据恢复到数据库 db_eshop_new 的 user_new01 表中，如图 13.1.19 所示。

```
LOAD DATA INFILE 'D:/backup/db_eshop_user01_data.txt' INTO TABLE users_new01
CHARACTER SET gbk
FIELDS
    TERMINATED BY '、'
    OPTIONALLY ENCLOSED BY '\"'
LINES
    STARTING BY '\>'
    TERMINATED BY '\r\n';
```

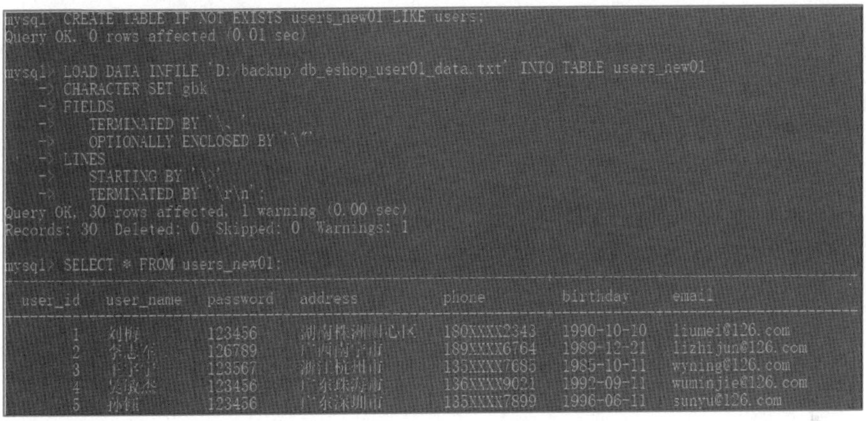

图 13.1.19 LOAD DATA INFILE 语句恢复带有格式的数据

分析：
上述语句实现了将 D:\backup\db_eshop_user01_data.txt 文件中的数据还原，因为在备份时，db_eshop_user01_data.txt 文件是带有格式的，所以在还原时也必须带上格式，否则会报错。

素养小课堂

随着云计算、大数据、物联网、智慧城市、移动互联网等技术和应用的日渐兴起，数据已逐渐成为与物质资产和人力资本同样重要的基础生产要素。拥有数据的规模和运用能力，已成为国家经济发展的新引擎，是综合国力的重要组成部分。在数据的收集、处理、存储、传输和分发中经常会存在一些问题，如硬件损坏、系统失效、数据丢失或遭到破坏，有时造成的损失是无法弥补与估量的。为了避免这种情况的发生，通常会提前进行数据备份，制订相应的数据恢复计划，防患于未然。

其实，在平常的学习和生活中，也应该如此。尽可能把工作做在前面，考虑全面，在发生问题之前进行预防和处理，从而避免发生不好的事情。例如，在从事程序开发工作时，就应该全面考虑用户的需求，提前预判软件运行时可能发生的各种情况，在代码的健壮性和稳定性上下功夫，才能将工作做好。

任务拓展

1. 使用 Navicat 图形工具备份数据

（1）方式一：使用备份菜单备份数据

步骤如下。

① 打开 Navicat，连接到 MySQL 数据库服务器，打开 db_eshop 数据库。

② 选择"备份"选项，单击右侧的"新建备份"按钮，如图 13.1.20 所示，弹出"新建备份"对话框，如图 13.1.21 所示。

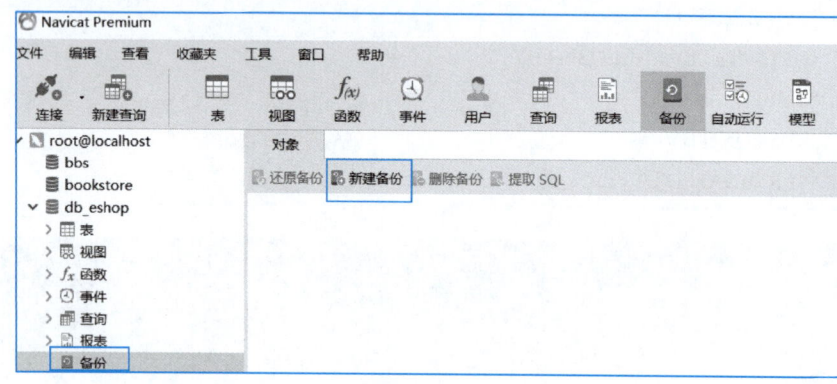

图 13.1.20
Navicat 中备份对象

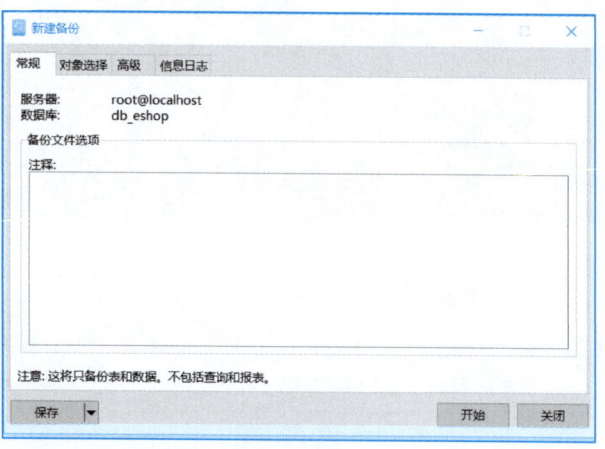

图 13.1.21
"新建备份"对话框

③ 切换到"对象选择"选项卡，选择备份的数据表、视图、函数或事件对象，也可以单击"全选"按钮，全部备份，如图 13.1.22 所示。

④ 切换到"高级"选项卡，指定备份文件的文件名，此处指定为 db_eshop_bak。如果不指定，则会以当前日期和时间作为备份文件的名称，也可以设置文件是否压缩或使用单一事务，如图 13.1.23 所示。

⑤ 单击"开始"按钮，系统开始备份，如图 13.1.24 所示。

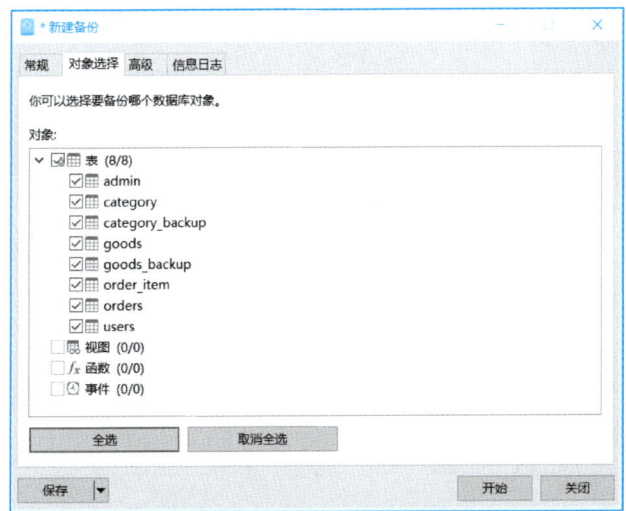

图 13.1.22
"对象选择"选项卡

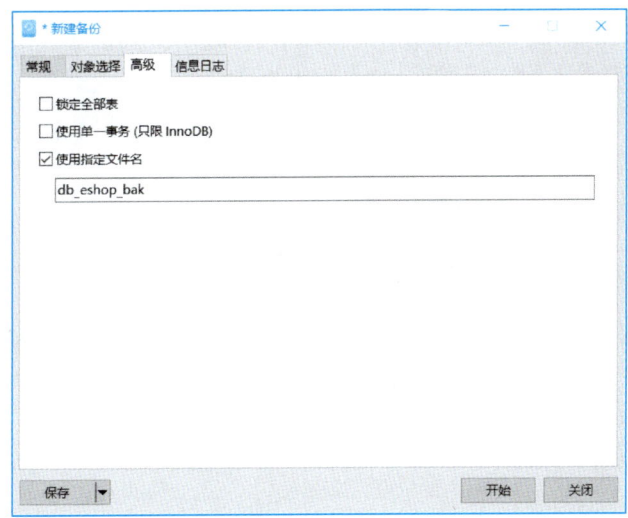

图 13.1.23
"高级"选项卡

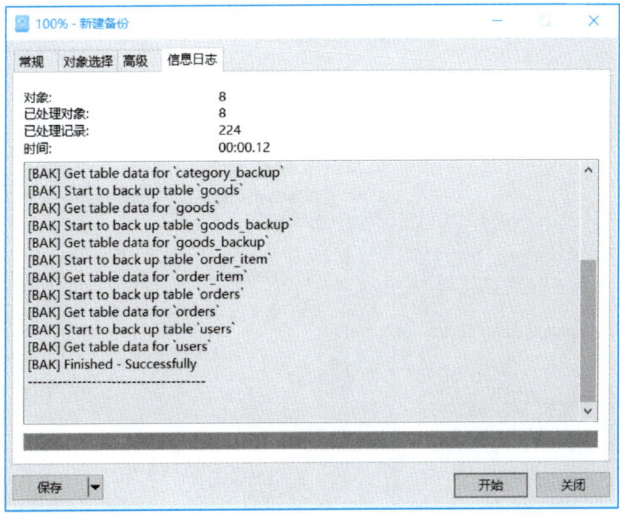

图 13.1.24
备份数据表

⑥ 备份完成后,单击"关闭"按钮。备份文件如图 13.1.25 所示。

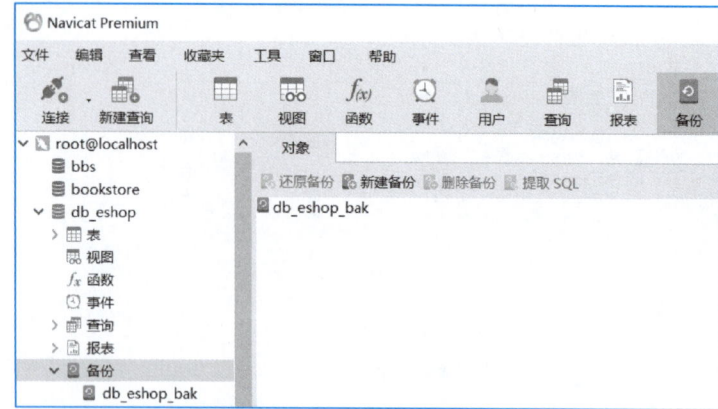

图 13.1.25
备份完成后的备份文件

分析:

利用 Navicat 图形工具进行数据备份,默认存放备份文件的路径为(当前用户)"文档"中的"Navicat\MySQL\servers\连接服务名\数据库名"目录下,如图 13.1.26 所示。

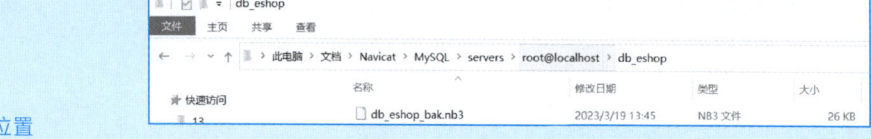

图 13.1.26
默认备份存储位置

为了防止数据丢失,可修改备份文件的存放路径。选择图 13.1.25 所示的 root@localhost,右击,在快捷菜单中选择"连接属性"命令,会弹出关闭服务器连接提示框,如图 13.1.27 所示,单击"确定"按钮,会弹出"连接属性"对话框,如图 13.1.28 所示。切换到"高级"选项卡,在"设置保存路径"中设置新的数据备份路径,单击"确定"按钮即可。

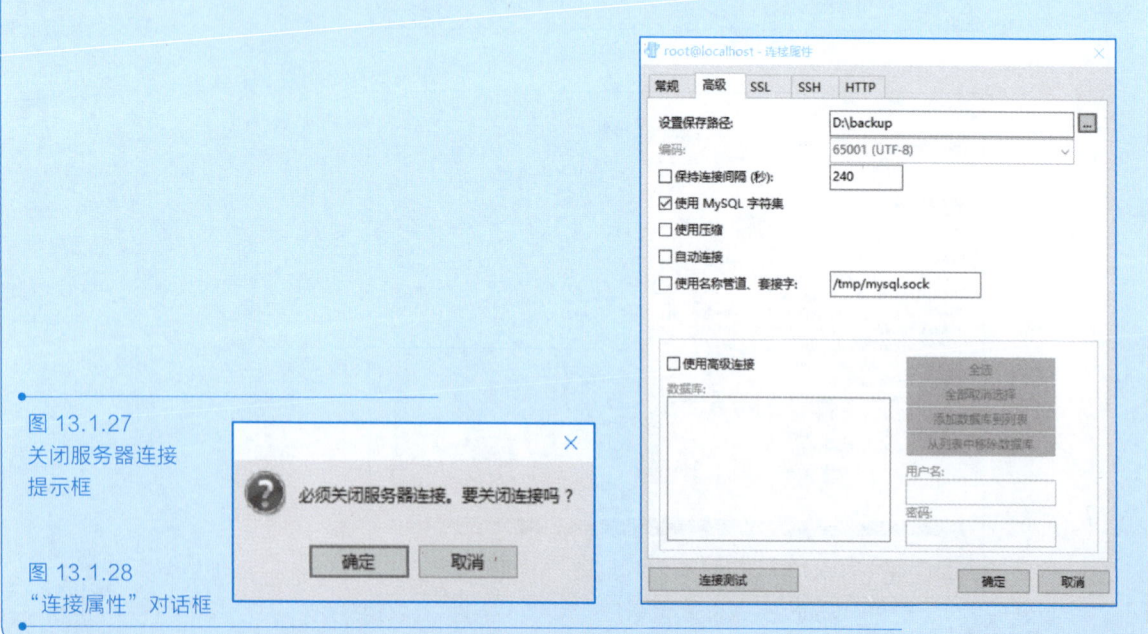

图 13.1.27
关闭服务器连接
提示框

图 13.1.28
"连接属性"对话框

（2）方式二：使用备份菜单备份数据

步骤如下。

① 打开 Navicat，连接到 MySQL 数据库服务器。

② 右击 db_eshop 数据库，在快捷菜单中选择"转储 SQL 文件"→"结构和数据"命令，如图 13.1.29 所示，在打开的对话框中输入要备份的文件名，这里命名为 db_eshop_bak.sql，如图 13.1.30 所示。

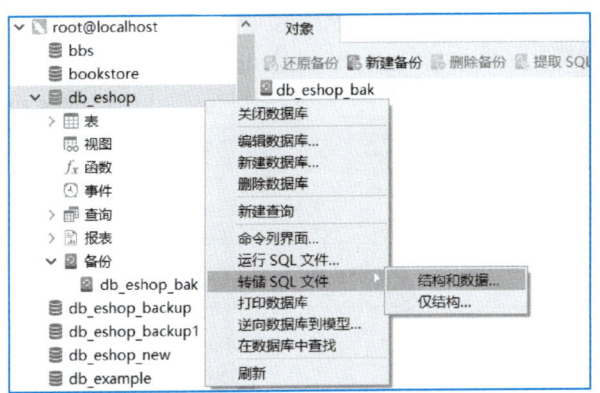

图 13.1.29
"结构和数据"命令

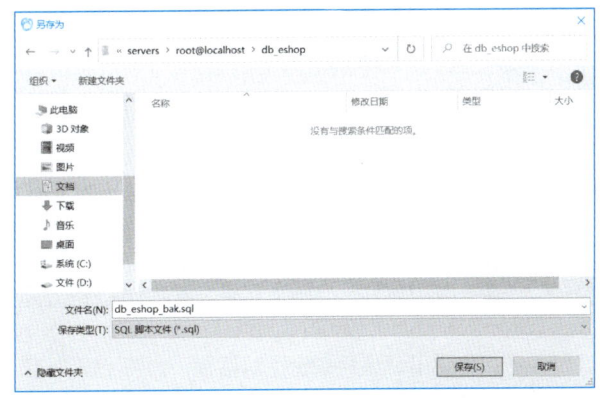

图 13.1.30
输入备份的文件名

③ 单击"保存"按钮，将产生备份的 SQL 文件，在备份默认文件夹下，可以看到两个备份文件，如图 13.1.31 所示。

图 13.1.31
两个备份文件

2. 使用 Navicat 图形工具恢复数据

（1）方式一：通过备份文件恢复数据

步骤如下。

① 打开 Navicat，连接到 MySQL 数据库服务器。

② 新建一个数据库 db_eshop_bak，选择"备份"选项，右击，在快捷菜单中选择"还

原备份从…"命令（或单击工具栏中的"还原备份"按钮），如图 13.1.32 所示，在弹出的"打开"对话框中找到对应的备份文件，如图 13.1.33 所示。

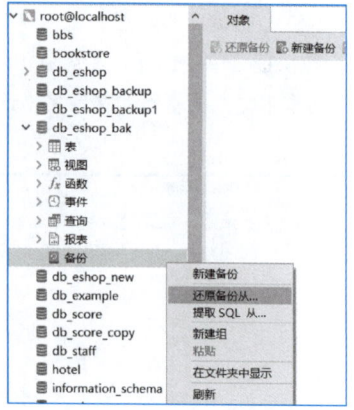

图 13.1.32
还原备份操作

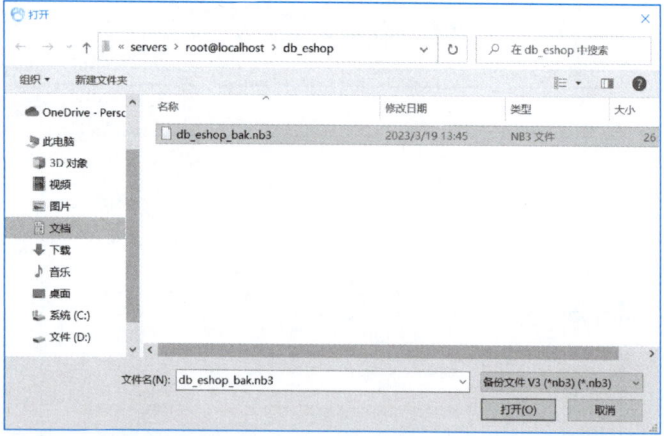

图 13.1.33
"打开"对话框

③ 单击"打开"按钮，将弹出"还原备份"对话框，如图 13.1.34 所示，切换到"对象选择"选项卡，选择要恢复的数据库对象，与备份过程相同。单击"关闭"按钮，完成数据恢复。打开 db_eshop_bak 数据库，即可看到所有备份的表，查看 goods 表，如图 13.1.35 所示。

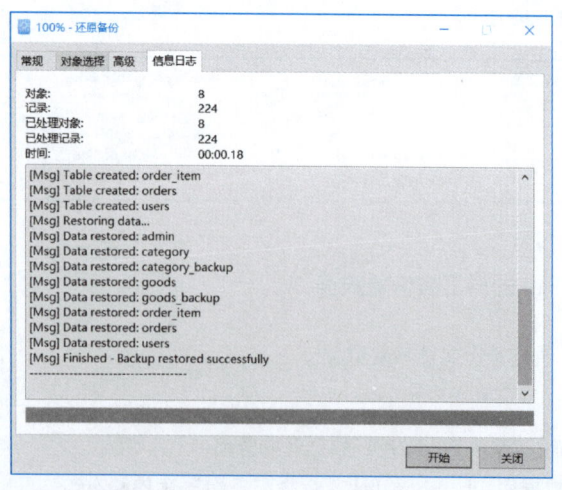

图 13.1.34
"还原备份"对话框

284

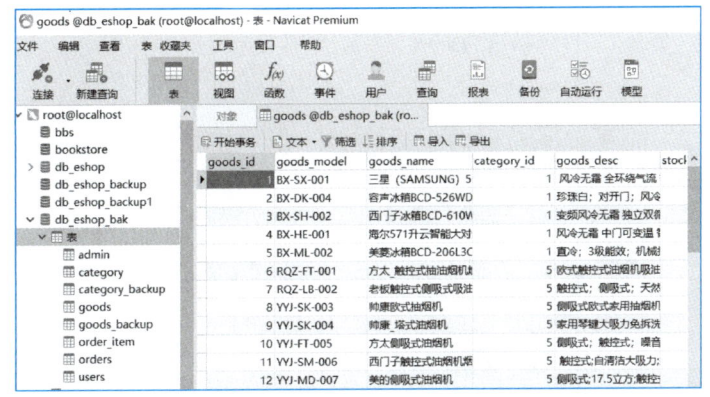

图 13.1.35
查看 goods 表

（2）方式二：通过 SQL 文件恢复数据

步骤如下。

① 打开 Navicat，连接到 MySQL 数据库服务器，新建一个数据库 db_eshop_sql_bak。

② 在 db_eshop_sql_bak 数据库上右击，在快捷菜单中选择"运行 SQL 文件"命令，如图 13.1.36 所示，弹出"运行 SQL 文件"对话框，单击"文件"右侧的选择按钮，在弹出的"打开"对话框中选择之前备份好的后缀为.sql 的文件，单击"打开"按钮，如图 13.1.37 所示。

③ 返回"运行 SQL 文件"对话框，单击"开始"按钮，实现数据库还原，如图 13.1.38 所示，即可在 db_eshop_sql_bak 数据库中看到备份的表。

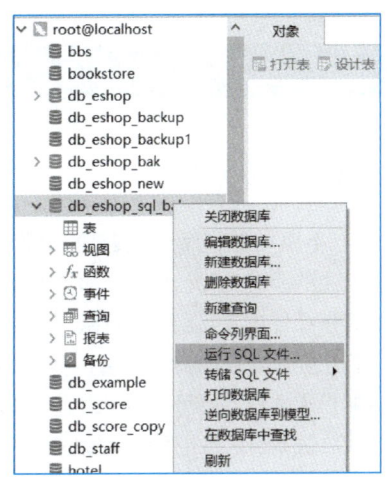

图 13.1.36
"运行 SQL 文件"
命令

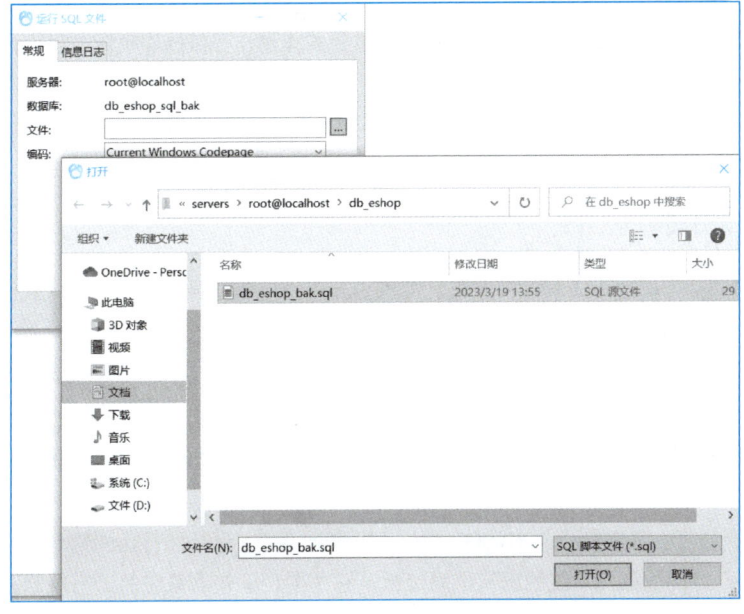

图 13.1.37
选择备份的文件

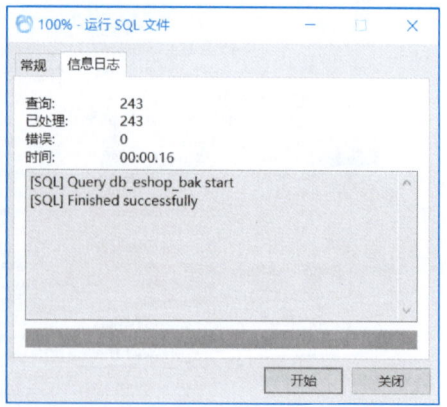

图 13.1.38
运行 SQL 文件

任务 13.2　使用二进制日志备份和恢复数据

 任务分析

　　MySQL 数据库日志是数据库管理中重要的组成部分，它记录了 MySQL 数据库在运行期间发生的所有变化，可以帮助数据库管理员跟踪数据库已经发生的各种事件，一旦数据库遇到意外损坏或者错误时，可以对日志文件进行分析，找到原因，也可以通过日志文件对数据进行恢复。当业务错误删除了数据，又没有使用 MySQL 命令进行数据备份，只要开启了二进制日志文件，就可以利用二进制日志文件来实现数据恢复，将损失降到最低。本任务主要使用二进制日志备份和恢复数据。

 知识储备

　　对于任何应用系统来说，日志都有着至关重要的作用，在数据库领域，日志记载着数据库中的每一个变化或操作时产生的信息，并保存到特定文件中，这类文件称为日志文件。从日志中可以查询数据库的运行情况、用户操作和错误信息等，为数据库管理和优化提供必要的信息。

1. 日志分类

　　MySQL 8.0 中的日志主要分为 8 类，分别为二进制日志、错误日志、通用查询日志、慢查询日志、重做日志、回滚日志、中继日志和 DDL 日志。

　　① 二进制日志：它是一个二进制文件，记录了对 MySQL 数据库执行更改的所有操作，并且记录了语句发生时间、执行时长、操作数据等其他额外信息，但是它不记录 SELECT、SHOW 等那些不修改数据的 SQL 语句。它主要用于数据库恢复和主从数据库复制，以及审计操作。

　　② 错误日志：它主要记录 MySQL 数据库服务器启动、运行和停止的信息及所有服务器的出错信息，方便数据库系统的出错信息诊断。它主要用于查看系统的运行状态，便于及时发现故障、修复故障，用于排查 MySQL 服务出现异常的原因。

③ 通用查询日志：它主要记录用户的所有操作，包括启动和关闭服务、执行查询和更新语句等。它的用途不是恢复数据，而是监控用户的操作情况，如用户何时登录、哪个用户修改了哪些数据等，还原操作时的具体场景，帮助准确定位一些疑难问题。

④ 慢查询日志：它主要记录在 MySQL 中响应时间超过指定阈值的语句，假设阈值设置为 3 秒，则任意 SQL 语句执行超过 3 秒都会被记录下来。它主要用于统一记录执行慢的 SQL 语句，有针对性地进行性能优化，提高数据库系统的效率。

⑤ 重做日志：它是 InnoDB 存储引擎生成的日志，记录物理级别上的页修改操作，如页号、偏移量、写入了什么数据等。它主要用于事务提交时保证事务的持久性，以及数据的可靠性。

⑥ 回滚日志：它是 InnoDB 存储引擎生成的日志，记录逻辑操作日志。例如，对某一行数据进行了插入语句操作，那么回滚日志就记录一条与之相反的删除操作。它主要用于事务的回滚，保证事务的原子性、一致性。回滚行记录到某个特定的版本，对事务的隔离性起到辅助作用。

⑦ 中继日志：它是在 MySQL 8.0 中被引入的，只在主从服务器架构的从服务器上存在。从服务器为了与主服务器保持一致，要从主服务器读取二进制日志的内容，并且将读取到的信息写入本地日志文件，这个从服务器本地的日志文件就称为中继日志。它主要用于主从数据同步，从服务器从中继日志中读取内容，恢复数据。

⑧ DDL 日志：也称元数据日志，记录数据定义语句执行的元数据操作。MySQL 使用 DDL 日志来恢复中断的元数据操作。

使用日志可以帮助用户提高系统的安全性，加强对系统的监控，便于对系统进行优化。但日志的启动同时会降低 MySQL 数据库的性能，在查询频繁的数据库系统中，若启用通用查询日志和慢查询日志，数据库服务会花费较多的时间用于记录日志信息，且日志文件会占用较大的存储空间。

2. 使用二进制日志备份数据

日志文件通常存储在 MySQL 数据库的目录下，只要日志处于启用状态，日志信息就会不断被写入相应的日志文件。二进制日志文件记录了所有数据定义语句和数据操作语句对数据库的更改操作。语句以事件形式保存，它描述了数据的更改过程。二进制日志基于时间点进行恢复，对发生数据灾难时的数据恢复有着极其重要的作用。

微课 13-6
使用二进制日志
备份数据

（1）查找配置文件 my.ini

在 MySQL 5.7 以及之前的版本中，默认没有启用二进制日志，从 MySQL 8.0 开始默认开启二进制日志，可以通过修改 MySQL 的配置文件 my.ini 来设置和启动二进制日志。配置文件 my.ini 默认的存放位置为 C:\ProgramData\MySQL\MySQL Server 8.0 目录，或者先获取数据库存储目录，再找到配置文件。

（2）启动和设置二进制日志

二进制日志相关的参数在配置文件 my.ini 中[mysqld]组中设置，主要参数设置如下。

```
[mysqld]
log-bin[=path/[文件名]]
expire_logs_days=7
max_binlog_size=10M
```

 说明

- log-bin 用来设置开启二进制日志，path 表示日志文件所在的物理路径，目录的文件夹名中不能有空格，否则在访问日志时会报错。日志文件名称为"文件名.0000n"，其中 n 为日志序号，从 1 开始编号；此外，还有一个名称为"文件名.index"的文件，其内容为所有日志的清单，该文件为文本文件。
- expire_logs_days 用来定义 MySQL 自动清除过期日志的时间，单位为天，默认值为 0，表示不进行自动删除。
- max_binlog_size 用来定义单个日志文件的大小，如果二进制日志写入的内容大小超出给定值，日志就会发生滚动，关闭当前文件，重新打开一个新的日志文件。

注意

二进制日志设置完成后，需要重新启动 MySQL 服务，配置的二进制日志信息才能生效。若要关闭二进制日志，只需要注释 my.ini 文件[mysqld]组中与二进制日志相关的参数设置。建议数据库文件和日志文件不要放在同一个磁盘驱动器中，当数据库磁盘发生故障时，可以使用日志文件恢复数据。

（3）查看二进制日志文件名

查看二进制日志文件名，基本书写格式如下。

```
SHOW BINARY LOGS;
```

（4）查看二进制日志文件的内容

二进制日志文件以二进制编码对数据的更改操作进行记录，需要特殊工具才能读取二进制日志文件，MySQL 提供了 mysqlbinlog 命令可以查看二进制日志文件的内容。mysqlbinlog 命令的语法格式如下。

```
mysqlbinlog [选项] 二进制文件名
```

其中，选项为可选参数，打开的二进制日志文件包含了一系列事件，每个事件都有固定长度的头，如当前时间戳和默认的数据库。

微课 13-7
使用二进制日志恢复数据

3．使用二进制日志恢复数据

mysqlbinlog 命令不仅可以查看二进制日志文件内容，也可以对二进制日志文件中两个指定时间点之间所有数据修改的操作进行恢复。使用 mysqlbinlog 命令恢复数据的语法格式如下。

> mysqlbinlog [选项] "二进制日志文件名" | mysql -u 用户名 -p

选项说明

- --start-date：恢复数据操作的起始时间点。
- --stop-date：恢复数据操作的结束时间点。
- --start-position：恢复数据操作的起始偏移位置。
- --stop-position：恢复数据操作的结束偏移位置。

任务实施

【任务 13.2.1】 查找数据库配置文件 my.ini 的位置。

配置文件 my.ini 默认存放的位置为 C:\ProgramData\MySQL\MySQL Server 8.0 目录，如果安装时修改了默认方式，可以通过执行 select @@datadir 获取数据库存储目录，再找到配置文件，如图 13.2.1 所示。

图 13.2.1 查询数据库的存储目录

也可以通过"开始"菜单找到 MySQL 8.0 Command Line Client，打开其文件路径，然后右击，在快捷菜单中选择"属性"命令，在弹出界面的"目标"文本框中可以找到配置文件 my.ini 的路径位置，如图 13.2.2 所示。

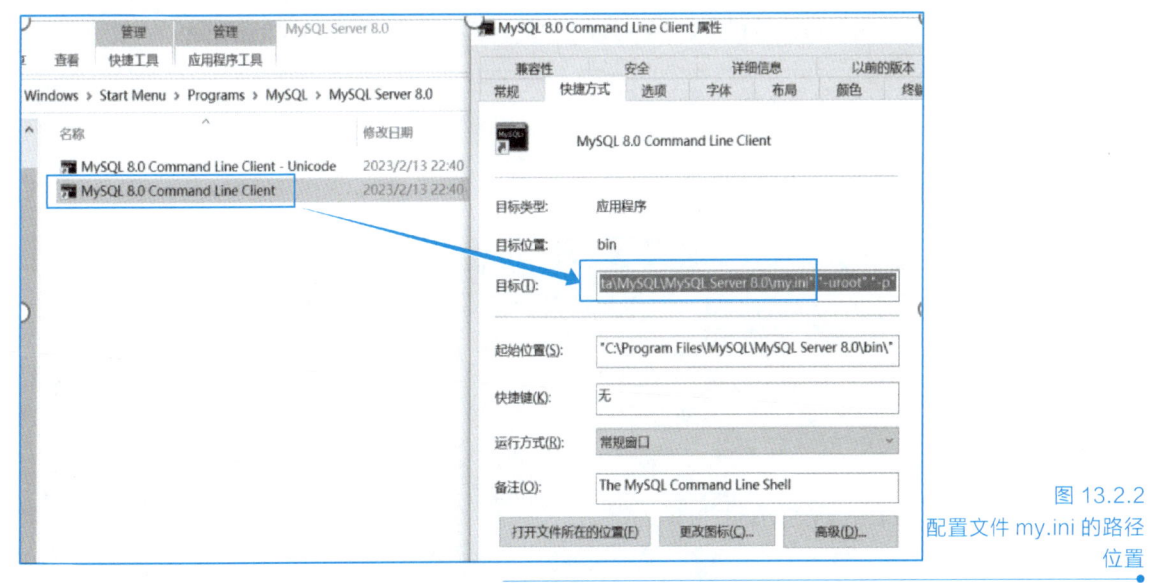

图 13.2.2 配置文件 my.ini 的路径位置

【任务 13.2.2】 修改数据库配置文件 my.ini，设置 MySQL 二进制日志的相关参数。

使用"记事本"或 Notepad 软件打开配置文件 my.ini，找到[mysqld]组，主要参数设置如图 13.2.3 所示。

说明

- log-bin 用来设置开启二进制日志，设置的日志存放目录文件名中不能有空格，否则在访问日志时会报错。本任务中设置为 C:/mysqllogs/，用户可以自由创建日志存放目录。建议数据库文件和日志文件不要放在同一个磁盘驱动器上，当数据库磁盘发生故障时，可以使用日志文件恢复数据。
- 将日志文件的名称设置为 mysql-bin，用户可以自定义名称。日志文件的名称为 mysql-bin.0000n，其中 n 为日志序号，从 1 开始编号；此外，还有一个名称为 mysql-bin.index 的文件，其内容为所有日志的清单，该文件为文本文件。
- expire_logs_days 设置为 7 天，用来定义 MySQL 自动清除过期日志的时间。
- max_binlog_size 设置为 10 M，用来定义单个日志文件的大小。

设置好二进制日志相关参数后，重新启动 MySQL 服务，此时，可以在日志文件目录中看到二进制日志文件，如图 13.2.4 所示。

```
log-bin="C:/mysqllogs/mysql-bin"
expire_logs_days=7
max_binlog_size=10M
```

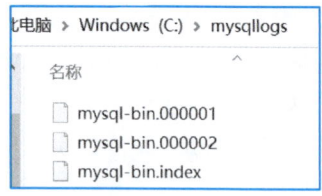

图 13.2.3
二进制日志主要参数设置

图 13.2.4
二进制日志文件

【任务 13.2.3】 准备业务测试数据。

在 db_eshop 数据库中，从 users 表中复制表结构及数据到新表 users_test 中作为测试数据。

```
USE db_eshop;
create table users_test select * from users;
```

执行后，查询 users_test 表记录结果，如图 13.2.5 所示。

mysql> select * from users_test;

user_id	user_name	password	address	phone	birthday	email
1	刘梅	123456	湖南株洲田心区	180XXXX2343	1990-10-10	liumei@126.com
2	李志军	126789	广西南宁市	189XXXX6764	1989-12-21	lizhijun@126.com
3	王宇宁	123567	浙江杭州市	135XXXX7685	1985-10-11	wyning@126.com
4	吴敏杰	123456	广东珠海市	136XXXX9021	1992-09-11	wuminjie@126.com
5	孙钰	123456	广东深圳市	135XXXX7899	1996-06-11	sunyu@126.com
6	罗美玲	123456	广东深圳市	138XXXX2463	1999-11-09	luomeiling@126.com
7	李昊	123456	广西南宁市	136XXXX1030	1989-08-21	lihao@126.com
8	谭娟	123459	浙江杭州市	133XXXX2776	1999-12-30	tanjuan@126.com
9	孙熙	123489	四川成都市	188XXXX2344	1998-12-23	sunxi@126.com
10	张明敏	123456	湖南湘潭市	189XXXX1246	2001-10-11	zhangminmin@126.com
11	刘晓美	abc123	四川广元市	178XXXX1997	2003-03-08	liuxiaomei@126.com
12	张景	abc123	浙江杭州市	181XXXX8799	2004-09-11	zhangjing@126.com
13	陈成	abc123	江苏南京市	138XXXX4535	2005-11-10	chencheng@126.com
14	李列	abc123	广西北海	151XXXX9936	1996-12-10	lilie@126.com
15	王萌萌	abc123	广西柳州市	181XXXX2913	1998-11-12	wangmengmeng@163.com
16	黄小米	abc123	甘肃兰州市	178XXXX2830	1997-08-27	huangxiaomi@163.com
17	晓筱	abc123	山东淄博市	137XXXX2912	2001-03-26	xiaoxiao@163.com
18	李霄晓	abc123	山东济南市	181XXXX8995	2001-11-12	lixiaoxiao@163.com
19	翟筱	abc123	山东烟台市	191XXXX6690	2004-12-21	zhaixiao@126.com
20	程小雨	abc123	北京市海淀区	159XXXX3203	2005-11-19	chengxiaoyu@163.com
21	张小数	abc123	北京市朝阳区	138XXXX2912	2002-05-15	zhangxiaoshu@126.com
22	罗盈盈	abc123	湖北武汉市	191XXXX0295	2002-07-23	luoyingying@126.com
23	张章	abc123	湖南岳阳市	198XXXX8922	2003-04-21	zhangzhang@126.com
24	谭鑫新	abc123	湖南湘潭市	182XXXX8917	2008-10-12	tanxinxin@126.com
25	王莱	abc123	湖北武汉市	182XXXX2050	2003-12-09	wanglai@126.com
26	黄小花	abc123	四川泸州市	151XXXX3452	2002-11-18	huangxiaohua@126.com
27	李晓梅	abc123	四川眉山市	178XXXX8391	2001-10-21	lixiaomei@126.com
28	赵磊磊	abc123	浙江绍兴市	181XXXX5432	2003-06-12	zhaoleilei@126.com
29	孙小小	abc123	浙江温州市	173XXXX4566	1998-12-10	sunxiaoxiao@126.com
30	程小城	abc123	浙江宁波市	198XXXX2182	1999-03-23	chengxiaoc@126.com

30 rows in set (0.01 sec)

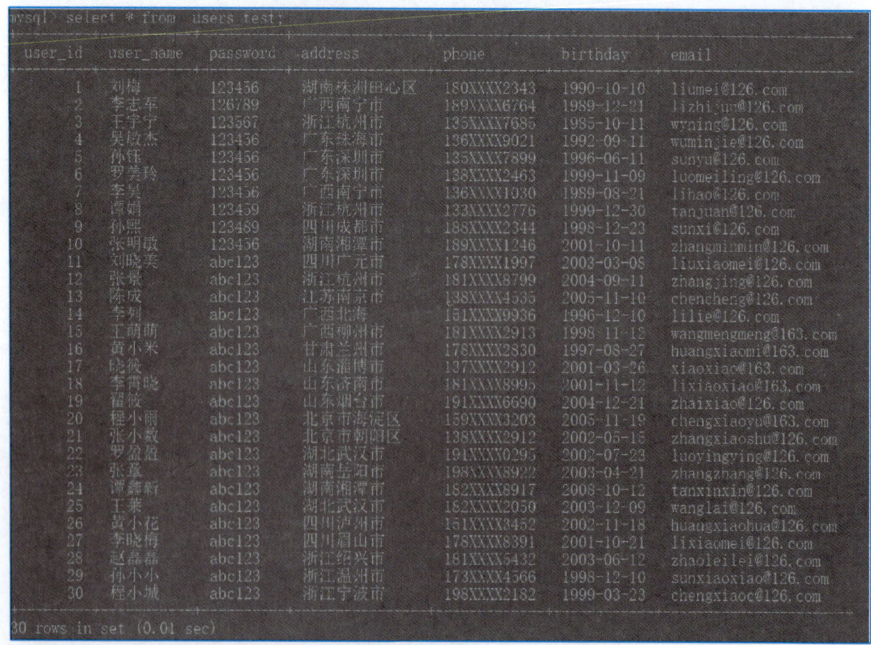

图 13.2.5
任务 13.2.3 查询结果

【任务 13.2.4】 模拟误删数据场景。

在 db_eshop 数据库中，对 users_test 表进行了误操作，执行了清空表记录操作。

> USE db_eshop;
> DELETE FROM users_test;

执行后，查询 users_test 表记录结果，如图 13.2.6 所示。

【任务 13.2.5】 分析二进制日志文件。

当对数据库进行了错误删除操作，又没有使用 MySQL 命令进行备份时，此时可以利用二进制日志文件恢复数据，查看二进制日志文件名及个数，如图 13.2.7 所示。

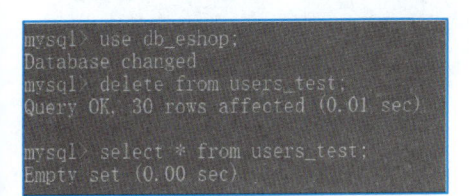

图 13.2.6 任务 13.2.4 查询结果

图 13.2.7 查看二进制日志文件名及其个数

进入 MySQL 安装目录。

> cd   C:\Program Files\MySQL\MySQL Server 8.0\bin

使用 mysqlbinlog 命令查看二进制日志文件：

> mysqlbinlog -v C:\mysqllogs\mysql-bin.000002

二进制日志部分内容如图 13.2.8 所示。

图 13.2.8 二进制日志部分内容

说明 »»»»»»

- 第 10 行：at 记录了该日志文件中的偏移值，这里为 152810。
- 第 11 行：记录了事件的日期和时间，230215 22:39:49 表示的日期和时间为 2023-02-15 22:39:49，MySQL 会使用它产生时间戳。server id 记录服务器的 id 值为 1。end_log_pos 152841 表示下一个事件的偏移值为 152841。
- 第 12 行：COMMIT 提交事务。

【任务 13.2.6】 恢复数据。

通过对任务 13.2.5 的二进制日志文件进行分析，误删除数据的时间为 2023-02-15 22:39:49，因此本任务选择此时间节点为恢复数据操作的结束时间点，使用 mysqlbinlog 命令进行数据恢复。

> mysqlbinlog --stop-datetime="2023-02-15 22:39:49"　"C:\mysqllogs\mysql-bin.000002"
> |mysql -uroot -p

输入密码，恢复数据，如图 13.2.9 所示。

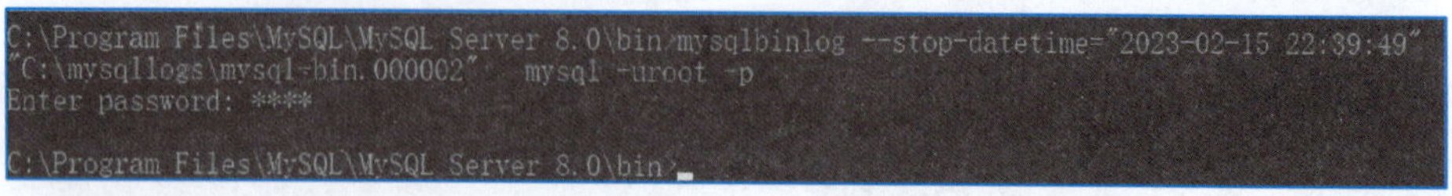

图 13.2.9 mysqlbinlog 命令恢复数据

如果需要恢复一个时间段的数据，需要设置--start-datetime 和--stop-datetime 参数，参考命令如下。

> mysqlbinlog --start-datetime='2022-10-24 10:51:12' --stop-datetime='2023-02-15 10:51:42'
> "C:\mysqllogs\mysql-bin.000002"　|mysql -uroot -p

说明

- --start-datetime=datetime： 从二进制日志中第 1 个日期时间等于或晚于 datetime 的事件开始读。
- --stop-datetime=datetime： 在二进制日志中第 1 个日期时间等于或晚于 datetime 的事件停止读。
- --start-position=N： 从二进制日志中第 1 个位置等于 N 时的事件开始读。
- --stop-position=N： 在二进制日志中第 1 个位置等于或大于 N 时的事件停止读。

【任务 13.2.7】 核对数据。

利用二进制日志文件恢复数据后，可以查询 users_test 表记录结果进行数据核对，效果与图 13.2.5 所示一致。

通过对数据进行对比分析，可以看到误删除数据已经通过二进制日志文件完整恢复了。

任务拓展

其他日志管理

【拓展 13.2.1】 配置错误日志、通用查询日志和慢查询日志信息。

在默认情况下，所有日志创建于 MySQL 数据目录中，可以打开配置文件 my.ini，编辑 [mysqld]组的相关参数，修改日志位置存放信息，如图 13.2.10 所示。

```
120  # General and Slow logging.
121  log-output=FILE
122
123  general-log=ON
124  general_log_file="C:/mysqllogs/mysql_general.log"
125
126  slow-query-log=ON
127  slow_query_log_file="C:/mysqllogs/mysql_slow_query.log"
128  long_query_time=10
129
130  # Error Logging.
131  log-error="C:/mysqllogs/mysql_erro.log"
```

图 13.2.10 配置文件参数设置

> **说明**
> - 第 123 行：general_log=ON 开启通用查询日志。
> - 第 124 行：general_log_file="C:/mysqllogs/mysql_general.log"设置通用查询日志文件的存放路径和文件名。
> - 第 126 行：slow_query_log=ON 开启慢查询日志。
> - 第 127 行：slow_query_log_file="C:/mysqllogs/mysql_slow_query.log"设置慢查询日志的存放路径和文件名。
> - 第 128 行：long_query_time=10，默认为 10 秒，设置慢查询阈值时间，记录超过此阈值的执行语句。
> - 第 131 行：log-error="C:/mysqllogs/mysql_erro.log"设置存放路径和文件名，错误日志，默认已开启。

设置好日志相关参数后，重新启动 MySQL 服务，此时，可以在日志文件目录看到相关日志文件，如图 13.2.11 所示。

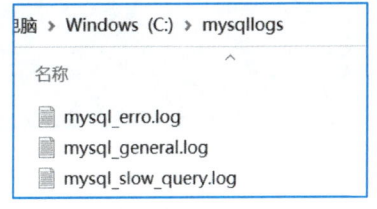

图 13.2.11 日志文件

错误日志、通用查询日志和慢查询日志文件为文本文件，可以使用"记事本"直接查看。错误日志部分内容如图 13.2.12 所示。

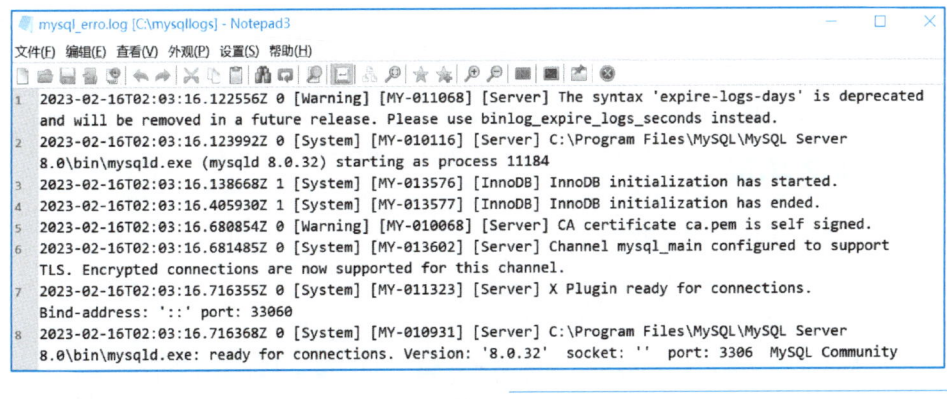

图 13.2.12 错误日志部分内容

【拓展 13.2.2】配置 MySQL 日志文件定时清理。

日志文件长期不清理，会占用数据库服务器的磁盘空间，因此，需要清理 MySQL 的日志目录，确保数据库服务器磁盘空间可用。日志文件可以采用安全的手动删除方法，也可以配置为自动删除。自动删除可以通过修改 MySQL 服务配置文件 my.ini 中的 expire_logs_days 参数，重启 MySQL 服务器实现，如图 13.2.13 所示。

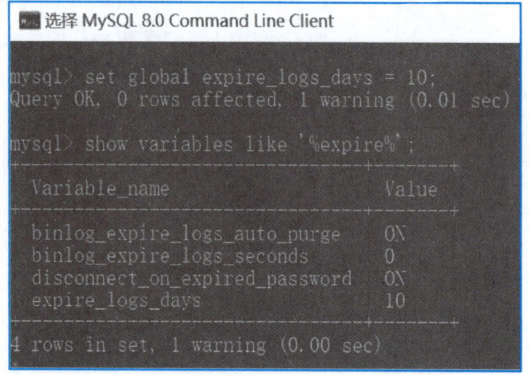

图 13.2.13
设置 expire_logs_days 参数

也可以通过命令方式，无须重启服务，直接登录 MySQL 数据库服务器，执行以下命令。

set global expire_logs_days = 10;

查看设置情况，如图 13.2.14 所示。

图 13.2.14
设置日志定时删除参数

 说明 》》》》》》

- expire_logs_days = n，表示距离当前时间正好 n 天前的二进制文件会被系统自动删除。

---------------------- 任 务 小 结 ----------------------

① 使用 mysqldump 命令备份数据库以及数据。
② 使用 SELECT…INTO OUTFILE 语句备份数据表数据，还可以设置格式。
③ 使用 mysql 命令备份数据库数据。
④ 使用 mysql 命令还原数据。
⑤ 使用 LOAD DATA INFILE 语句还原数据。
⑥ 使用 Navicat 备份和还原数据。
⑦ 查找数据库配置文件 my.ini，设置二进制日志相关参数，进行数据备份。
⑧ 使用 mysqlbinlog 命令查看和分析二进制日志文件。
⑨ 使用二进制日志文件还原数据。

---课 堂 实 训---

【实训目的】

① 掌握 MySQL 数据库备份操作。
② 掌握 MySQL 数据库恢复操作。

【实训内容】

① 使用 mysqldump 命令将 db_score 数据库备份到 D:\backup\db_score_backup.sql 文件中。

```
mysqldump -u root -p db_score>d:\backup\db_score_backup.sql
```

② 使用 mysqldump 命令将 db_score 数据库中的学生表和课程表备份到 D:\backup\db_score_stu_cour_data.sql 文件中。

```
mysqldump -u root -p db_score T_student T_course>d:\backup\db_score_stu_cour_data.sql
```

③ 使用 mysqldump 命令将本地服务器下的所有数据库备份到 d:\backup\all_backup.sql 中。

```
mysqldump -u root -p --all-databases >d:\backup\all_backup.sql
```

④ 删除成绩表中的全部数据，然后使用 mysql 命令还原 db_score_backup.sql 的数据，并查看数据。

```
TRUNCATE TABLE T_score;
SELECT * FROM T_score;
mysql -u root -p db_score<D:\backup\db_score_backup.sql
SELECT * FROM T_score;
```

⑤ 修改数据库配置文件 my.ini，设置 MySQL 二进制日志的相关参数，并重启数据库服务器。

```
log-bin="C:/mysqllogs/mysql-bin"
expire_logs_days=7
```

⑥ 在 db_score 数据库中，从 T_score 表中复制表结构及数据到新表 score_test 中作为测试数据。

```
USE db_score;
create table score_test select * from T_score;
```

⑦ 删除 score_test 表的全部数据，然后使用 mysqlbinlog 命令分析二进制日志文件，找到时间节点，利用二进制日志文件恢复数据，再核对数据。

```
TRUNCATE TABLE score_test;
```

```
SELECT * FROM score_test;
mysqlbinlog -v [文件名]
mysqlbinlog --stop-datetime=[时间戳]   [文件名]  |mysql -uroot -p
SELECT * FROM score_test;
```

【实训练习】

① 使用 SELECT…INTO OUTFILE 语句备份数据库 db_score 中的成绩表到 D:\backup\db_score_score_data.txt 文件中，字段之间使用"、"隔开，每一行使用">"字符开始。

② 使用 LOAD DATA INFILE 语句还原 db_score_score_data.txt 到 db_score 数据库的新表 T_score_new 中。

③ 选取一个时间段，使用二进制日志文件对数据库 db_score 的成绩表进行备份和恢复。

------------------------------思考与探索------------------------------

一、选择题

1. 在 MySQL 中，造成数据库中数据丢失或破坏的原因有很多种，其中不包含（　　）（单选）。
  A. 存储介质故障　　　　　　B. 用户的错误删除
  C. 服务器的瘫痪　　　　　　D. 业务系统读数据

2. 使用 mysqldump 命令可以备份一个数据库或者数据库中指定表，还可以备份多个数据库，甚至所有数据库。请问在 mysqldump 命令使用中，下面（　　）是错误的（单选）。
  A. 参数-u 后为用户名　　　　B. 参数-h 后为主机名
  C. 参数-p 后为用户密码　　　D. 参数-h 不可以省略

3. 使用 SELECT INTO OUTFILE 语句将 users 表备份到 D 盘 backup 目录下，并命名为 data.txt，下面正确的是（　　）（单选）。
  A. SELECT * FROM users INTO OUTFILE 'd:/backup/data.txt'
  B. SELECT INTO users OUTFILE 'd:/backup/data.txt'
  C. SELECT * FROM users INTO 'd:/backup/data.txt'
  D. SELECT FROM users INTO OUTFILE 'd:/backup/data.txt'

4. 二进制日志文件记录了对数据库执行更改的所有操作，下面（　　）语句不会被记录（单选）。
  A. insert　　　B. delete　　　C. update　　　D. select

5. 设置二进制日志相关参数时，是修改配置文件（　　）组的参数（单选）。
  A. [client]　　B. [mysql]　　C. [mysqld]　　D. [server]

6. 请问（　　）日志文件不是文本文件，不可以使用记事本直接打开查看（单选）。
  A. 错误日志　　B. 通用查询日志　　C. 慢查询　　D. 二进制日志

二、填空题

1. _____和_____是数据库维护中最常见的操作。

2. mysqldump 命令使用_____参数可以备份数据库服务器中所有数据库。

3. MySQL 数据库配置文件名为_____。

4. _____命令不仅可以查看二进制日志文件内容，也可以对二进制日志文件中两个指定时间点之间所有数据修改的操作进行恢复。

三、应用题

1. 请将数据库 db_staff 中的员工表数据备份到 D 盘的 bak 目录下。
2. 请将备份的员工表数据导入数据库新表 employee_new 中。
3. 请利用二进制日志文件对数据库 db_staff 中的员工表数据进行备份和恢复。

任务 14
SQL 查询性能优化

工作能力

面对处理数据库性能优化问题,作为数据库开发人员,应具备以下工作能力。
- 能够定位 SQL 查询问题。
- 能够优化 SQL 查询问题。

工作素养

- 具备 SQL 查询性能分析和优化的能力。
- 具备精益求精的数据工匠精神。

工作情境

某天家电商城系统的用户在使用应用系统时,反馈查询操作等待时间较长,体验感较差。为了减少用户查询操作的响应时间,项目经理组织数据库开发人员对数据库性能进行优化,具体分以下任务来完成。
- 定位 SQL 查询问题。
- 优化 SQL 查询问题。

任务 14.1 定位 SQL 查询问题

任务分析

家电商城系统的业务服务随着功能规模扩大、用户量增加、流量不断增长，经常会遇到一个问题，就是数据存储服务响应变慢。导致数据库服务变慢的原因很多，而数据库开发人员最重要的工作之一就是找到 SQL 查询问题。

知识储备

数据库性能取决于许多因素，从数据库层面而言，有表、查询、设置等，从硬件层面而言，有磁盘吞吐量、寻道时间等。如果刚入门进行数据库优化，可以从一些准则和优化指南入手，通过查询的执行时间来衡量效果。如果想成为专家，就要弄清楚数据库的内部运作机制，用 CPU 时间片和 I/O 操作数来衡量优化效果。最大限度地利用系统资源，提高数据库系统性能和工作效率，是数据库优化的目标。

微课 14-1
利用慢查询日志定位 SQL 查询语句

1. 利用慢查询日志定位 SQL 查询语句

数据库查询快慢是影响性能的一大因素，首要任务就是定位到慢 SQL 语句。MySQL 数据库提供了"慢查询日志"功能，用来记录查询时间超过某个设定值的 SQL 语句。

通过命令查看是否开启慢查询功能，基本书写语句如下。

```
show variables like '%slow_query%';
```

运行结果如图 14.1.1 所示。

图 14.1.1
查看是否开启慢查询功能

说明 »»»»»

- slow_query_log：是否开启慢查询日志，ON 或 1 为开启，OFF 或 0 为关闭。
- slow-query-log-file：慢查询日志文件的存储路径。

可以参考拓展 13.2.1 开启和设置慢查询日志功能，通过命令查看慢查询阈值的设置，基本书写格式如下。

```
show variables like 'long_query_time';
```

运行结果如图 14.1.2 所示。

图 14.1.2
查看慢查询阈值结果

> 💡 **说明**
>
> long_query_time：设定慢查询阈值，单位为秒，阈值默认为 10。当 SQL 语句的执行时间大于设定的阈值时，慢查询日志就会记录此 SQL 语句。

2. 利用 MySQL 执行计划定位 SQL 问题

微课 14-2
利用 MySQL 执行计划定位 SQL 问题

MySQL 接收到 SQL 查询语句后，会立即分配一个线程对其进行处理。首先查询处理器会对 SQL 查询进行优化，优化后会生成执行计划，然后交由计划执行器来执行。计划执行器访问更低层的事务管理器，存储管理器来操作数据。因此，执行一条 SQL 语句都会生成执行计划，可以通过查看执行计划分析性能问题。

MySQL 提供了 explain 命令，可以对 SELECT 语句的执行计划进行分析，并输出 SELECT 执行的信息，方便数据库开发人员分析问题。

explain 命令的基本书写格式如下。

  explain　select 语句

对 select * from users 语句分析其执行计划，如图 14.1.3 所示。

图 14.1.3
explain 命令查看执行计划

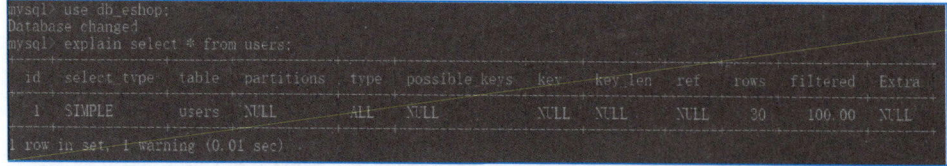

说明

- id：SELECT 查询的标识符，每个 SELECT 都会自动分配一个唯一的标识符，顺序递增，值越大，执行优先级越高。
- select_type：SELECT 查询的类型，select_type 可选的参数较多，具体如下。
  a. SIMPLE：简单的 SELECT（不使用 UNION 或子查询）。
  b. PRIMARY：查询中包含任何复杂的子部分，PRIMARY 为最外层查询，最后执行。
  c. UNION：第二个 SELECT 在 UNION 之后，则被标记为 UNION。
  d. DEPENDENT UNION：含有 UNION 查询的第二张或最后一张表，依赖外部的查询。
  e. UNION RESULT：包含 UNION 的结果集。
  f. SUBQUERY：在 SELECT 或 WHERE 中包含的子查询。
  g. DEPENDENT SUBQUERY：子查询中的第一个 SELECT，依赖外部的查询。
  h. DERIVED：派生表。

  i. MATERIALIZED：物化查询。
  j. UNCACHEABLE SUBQUERY：子查询的结果不能被缓存，需重新评估每个外部查询。
  k. UNCACHEABLE UNION：在 UNION 中的第二张或最后一张表属于不可缓存的子查询。
- Table：表的名称，指查询记录行所在的表，可以为下面的值。
  a. <unionM,N>：该行是 id 为 M 和 N 的行的并集。
  b. <derivedN>：该行是 id 为 N 的行的派生表。
  c. <subqueryN>：该行是物化子查询的结果。
- partitions：该参数用于记录使用的分区信息，NULL 表示该表不是分区表。
- Type：表示表的访问类型，具体如下（访问性能从最佳到最差）。
  a. System：表中只有一行数据或者是空表，等于系统表，这是 Const 类型的特例。
  b. Const：使用唯一索引或者主键，返回记录是一行记录的等值 Where 条件时，通常 Type 是 Const。
  c. eq_ref：与驱动表的连接查询，后表（被驱动表）仅读取一行数据。
  d. Ref：非唯一性索引扫描，返回匹配某个单独值的所有行。
  e. Fulltext：全文索引检索。
  f. ref_or_null：与 Ref 方法类似，增加了 NULL 值的比较。
  g. unique_subquery：用于 Where 中的 in 形式子查询，子查询返回不重复的唯一值。
  h. index_subquery：用于 in 形式子查询使用了辅助索引或者 in 常数列表，子查询可能返回重复值，可以使用索引将子查询去重。
  i. Range：索引范围扫描，常见于使用>、<、is null、between、in、like 等运算符的查询中。
  j. index_merge：索引合并优化。
  k. Index：Select 结果列中使用到了索引，Type 会显示为 Index。
  l. All：全表扫描数据文件，然后在 Server 层进行过滤返回符合要求的记录。
- possible_keys：此次查询中可能选用的索引，一个或多个。
- Key：查询真正使用到的索引。
- key_len：MySQL 决定使用的索引长度。
- Ref：列指标相比，列显示哪些列或者常量与 Key 中的索引进行比较，以从表中选择行。
- Rows：要检查行估计，MySQL 查询需要遍历的行数。
- Filtered：由表条件筛选行的百分比，被条件过滤的行数百分比。
- Extra：执行计划的额外信息，这个列可以显示的信息非常多，具体如下。
  a. Using filesort：对数据使用一个外部的索引排序，而不是按照表内的索引顺序进行读取。MySQL 中无法利用索引完成的排序操作称为文件排序，需要优化 SQL。
  b. Using temporary：使用了临时表保存中间结果，MySQL 在对查询结果排序时使用临时表，常见于排序和分组查询，需要优化 SQL。
  c. Using index：表示 MySQL 使用覆盖索引避免全表扫描，不需要再到表中二次查找数据，这是比较好的结果之一。
  d. Using where：通常是进行了全表/全索引扫描后再用 Where 子句完成结果过滤，过滤条件字段无索引,可以添加合适的索引。
  e. Using join buffer：表明使用了连接缓存，如果多表连接的次数非常多，那么将配置文件中的缓冲区调大。
  f. Impossible Where：对 Where 子句判断的结果总是 false，而不能选择任何数据。

3. 影响 SQL 语句执行效率的几个因素

① 表访问方式。全表扫描需要通过读取全部数据块进行查找，因逻辑读取增加了系统消耗。Const 常数级别是通过主键或者唯一二级索引列来定位一条记录的访问方法，其代价可以忽略不计。索引访问能获取该行记录的 Rowid 值，再查找进行判断。在表访问方式中需要避免全表扫描，导致过多的 I/O 操作。

② 表连接方式。当有两张或两张以上的表进行连接时，需要选择一种合适的顺序进行连接，连接的两张表分为驱动表和被驱动表，主表是驱动表，作为连接操作的外层循环表，被驱动表是与驱动表进行连接的表，处于内层循环的位置。对驱动表的每一行数据库优化器都会对被驱动表进行一次全扫描，不当的多表连接导致中间结果集包含了过多的无用记录，会影响执行效率。

③ 查询条件的数据类型。优化器可以根据查询条件中传入的值隐式转换为表中字段所能匹配的类型。如果传入的值和此字段的类型不一致，数据库会尝试进行类型转换，如果转换不成功将报错，在进行转换时需要耗费 CPU 和内存资源。

④ 排序操作。排序操作消耗了大量的 CPU 和内存资源，触发磁盘分页和交换操作，因此在 SQL 语句应中尽量避免排序操作。

⑤ 未充分利用数据库提供的功能，如索引、缓存、分区分表等。

任务实施

微课 14-3
准备测试数据

【任务 14.1.1】 设置慢查询日志信息。

参考任务 13.2.1，找到数据库配置文件 my.ini，修改[mysqld]组中的参数，设置查询阈值为 1 秒，阈值的选取一般根据业务需求确定，相关参数编辑如图 14.1.4 所示。

```
126    slow-query-log=ON
127    slow_query_log_file="C:/mysqllogs/mysql_slow_query.log"
128    long_query_time=1
```

图 14.1.4
设置慢查询日志信息

 **注意** ▶▶▶▶▶

修改配置文件参数后，需要重新启动 MySQL 服务，配置的日志信息才能生效。

【任务 14.1.2】 准备测试数据。

在 db_eshop 数据库中，创建向 users 表插入 200 万条数据的函数，语句如下。

```
CREATE FUNCTION func_mock_data()
RETURNS INT
BEGIN
    DECLARE num int default 2000000;
    DECLARE i int default 1;
    WHILE i<=num DO
INSERT INTO users(user_name,password,address,phone,birthday,email)
VALUES(CONCAT('user',i),'123456','湖南省长沙市','***********'
,SYSDATE(),CONCAT(i,'@163.com'));
```

```
        SET i = i+1;
        END WHILE;
        RETURN i;
    end;
```

调用插入创建好的 func_mock_data 函数，语句如下。

```
select  func_mock_data();
```

查询 users 表记录总数结果，如图 14.1.5 所示。

```
mysql> use db_eshop;
Database changed
mysql> select count(*) from users;
+----------+
| count(*) |
+----------+
|  2000030 |
+----------+
1 row in set (0.46 sec)
```

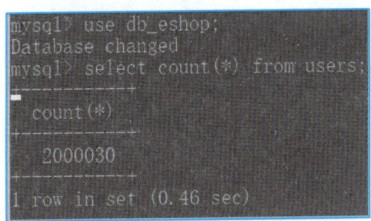

图 14.1.5
任务 14.1.2 查询 users 表记录数

【任务 14.1.3】 全表扫描数据文件导致慢查询问题。

【语句一】无过滤条件的查询 SQL。

```
select  * from users;
```

微课 14-4
演示慢查询问题

执行上述语句后，由于执行时间大于慢查询日志设置的阈值 1 秒，因此被记录在慢查询日志文件中，可以在慢查询日志文件中找到此慢 SQL 语句，如图 14.1.6 所示。

```
32  # Time: 2023-03-12T13:03:32.069552Z
33  # User@Host: root[root] @ localhost [::1]  Id:     8
34  # Query_time: 2.786845  Lock_time: 0.000002 Rows_sent: 2000030  Rows_examined: 2000030
35  SET timestamp=1678626209;
36  select  * from users;
```

图 14.1.6
语句一慢查询日志记录

分析：

- Query_time: SQL 的查询执行时间，2.786845 秒。
- Lock_time: 锁定时间，0.00002。
- Rows_sent: 所发送的行数，2000030。

针对此慢 SQL 语句，可以使用 explain 命令查看其执行计划，如图 14.1.7 所示。

```
mysql> explain select * from users;
+----+-------------+-------+------------+------+---------------+------+---------+------+--------+----------+-------+
| id | select_type | table | partitions | type | possible_keys | key  | key_len | ref  | rows   | filtered | Extra |
+----+-------------+-------+------------+------+---------------+------+---------+------+--------+----------+-------+
|  1 | SIMPLE      | users | NULL       | ALL  | NULL          | NULL | NULL    | NULL | 603275 |   100.00 | NULL  |
+----+-------------+-------+------------+------+---------------+------+---------+------+--------+----------+-------+
1 row in set, 1 warning (0.00 sec)
```

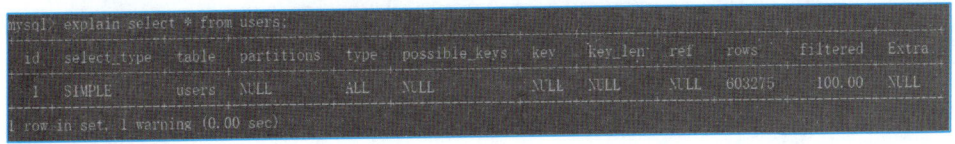

图 14.1.7
语句一执行计划

通过对执行计划进行分析，type 为 ALL，即全表扫描数据文件。大数据表的全表扫描会严重影响数据库服务器的性能，此类问题需要优化。

【语句二】在大数据表中查询条件上进行列运算的 SQL。

```
SELECT user_id,user_name,address,email
FROM users WHERE user_id/100 =30000;
```

执行上述语句后，由于执行时间大于慢查询日志设置的阈值 1 秒，因此被记录在慢查询日志文件中，可以在慢查询日志文件中找到此慢 SQL 语句，如图 14.1.8 所示。

```
73  # Time: 2023-03-12T13:14:33.514703Z
74  # User@Host: root[root] @ localhost [::1]  Id:        8
75  # Query_time: 1.342798  Lock_time: 0.000001 Rows_sent: 1  Rows_examined: 2000030
76  SET timestamp=1678626872;
77  SELECT user_id,user_name,address,email
78  FROM users WHERE user_id/100 =30000;
```

图 14.1.8
语句二慢查询日志记录

分析：
- Query_time：SQL 的查询执行时间，1.342798 秒。
- Lock_time：锁定时间，0.000001。
- Rows_sent：所发送的行数，1。

针对此慢 SQL 语句，使用 explain 命令查看其执行计划，如图 14.1.9 所示。

图 14.1.9
语句二执行计划

通过对执行计划进行分析，type 为 ALL，即全表扫描数据文件。此类问题需要优化。

【任务 14.1.4】 大表驱动小表方式导致慢问题。

在 db_eshop 数据库中，users 表拥有百万条记录，order 表数据记录很少，如果 users 表与 order 表进行左关联查询，SQL 语句如下。

```
SELECT u.user_name,o.total_price
FROM users u straight_join  orders o on u.user_id = o.user_id;
```

说明 》》》》》》

straight_join，效果等同于 inner join，只是固定了驱动表顺序。

执行上述语句后，由于执行时间大于慢查询日志设置的阈值 1 秒，因此被记录在慢查询日志文件中，可以在慢查询日志文件中找到此慢 SQL 语句，如图 14.1.10 所示。

```
43  # Time: 2023-03-12T13:07:19.110169Z
44  # User@Host: root[root] @ localhost [::1]  Id:        9
45  # Query_time: 1.320360  Lock_time: 0.000003 Rows_sent: 50  Rows_examined: 2000080
46  SET timestamp=1678626437;
47  SELECT u.user_name,o.total_price
48  FROM users u straight_join  orders o on u.user_id = o.user_id;
```

图 14.1.10
任务 14.1.4 慢日志记录

分析：
- Query_time：SQL 的查询执行时间，1.320360 秒。
- Lock_time：锁定时间，0.000003。
- Rows_sent：所发送的行数，50。

针对此慢 SQL 语句，使用 explain 命令查看其执行计划，如图 14.1.11 所示。

```
mysql> explain SELECT u.user_name,o.total_price FROM users u straight_join  orders o on u.user_id = o.user_id;
 id  select_type  table  partitions  type  possible_keys  key   key_len  ref   rows     filtered  Extra
 1   SIMPLE       u      NULL        ALL   PRIMARY        NULL  NULL     NULL  1987391  100.00    NULL
 1   SIMPLE       o      NULL        ALL   NULL           NULL  NULL     NULL  50       10.00     Using where; Using join buffer (hash join)
2 rows in set, 1 warning (0.00 sec)
```

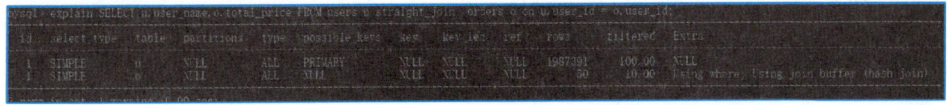

图 14.1.11
任务 14.1.4 执行计划

通过对执行计划进行分析，大表的 type 为 ALL，即全表扫描数据文件，此类问题需要优化。

素养小课堂

在项目开发初期，由于业务数据量相对较少，SQL 语句的执行效率对程序运行效率的影响并不明显。而随着业务数据量增多，SQL 执行效率已经逐步发展成为影响数据库性能的首要问题，因此掌握 SQL 性能优化成为数据库从业人员的必备技能。在进行优化时，首先找到问题所在，然后进行分析，采用多种方法尝试优化，精益求精，力求达到数据库性能最优。

我们在学习和工作中，也应该树立高标准、严要求，全力以赴，力求把一项工作、一件产品做到精益求精，力争做一名优秀的数据工匠。

任务拓展

1. 利用执行计划中 Extra 字段定位 SQL 查询问题

【拓展 14.1.1】 使用排序操作带来的慢问题。

SQL 语句如下。

```
select * from users order by user_name;
```

使用 explain 命令查看其执行计划，如图 14.1.12 所示。

```
mysql> EXPLAIN  select * from users  order by user_name;
 id  select_type  table  partitions  type  possible_keys  key   key_len  ref   rows    filtered  Extra
 1   SIMPLE       users  NULL        ALL   NULL           NULL  NULL     NULL  603276  100.00    Using filesort
1 row in set, 1 warning (0.00 sec)
```

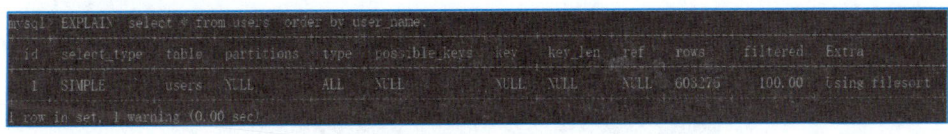

图 14.1.12
拓展 14.1.1 执行计划

通过对执行计划进行分析，Extra 字段为 Using filesort，需要将数据集进行排序，再将所需的数据返回，当数据集比较大时，排序很容易成为性能瓶颈，此类 SQL 语句性能较差。

【拓展 14.1.2】 使用临时表带来的慢问题。

SQL 语句如下。

```
select address,count(*) from users group by address;
```

使用 explain 命令查看其执行计划，如图 14.1.13 所示。

```
mysql>  explain select address,count(*) from users group by address;
 id  select_type  table  partitions  type  possible_keys  key   key_len  ref   rows    filtered  Extra
 1   SIMPLE       users  NULL        ALL   NULL           NULL  NULL     NULL  603275  100.00    Using temporary
1 row in set, 1 warning (0.00 sec)
```

图 14.1.13
拓展 14.1.2 执行计划

通过对执行计划进行分析，Extra 属性为 Using temporary，说明语句在执行过程中建立了临时表来暂存中间结果，SQL 语句性能较差。

2．利用诊断分析工具 Profile 定位 SQL 查询问题

Profiler 是 MySQL 自带的一种可以定位出 SQL 语句执行的各种资源消耗情况的工具，如 CPU、I/O 等。在默认情况下，该功能没有开启，需要手动启动。

【拓展 14.1.3】 使用 Profile 功能。

开启 Profile 功能的命令如下。

set profiling=1;

1 是开启、0 是关闭。

查看是否开启 Profile 功能的命令如下。

select @@profiling;

运行结果如图 14.1.14 所示。

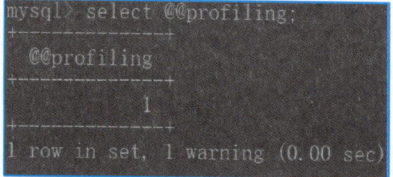

图 14.1.14
查看是否开启 Profile 功能

执行拓展 14.1.2 的 SQL 语句后，执行 show profile 命令，展示 SQL 语句执行的详细资源占用信息，如图 14.1.15 所示。

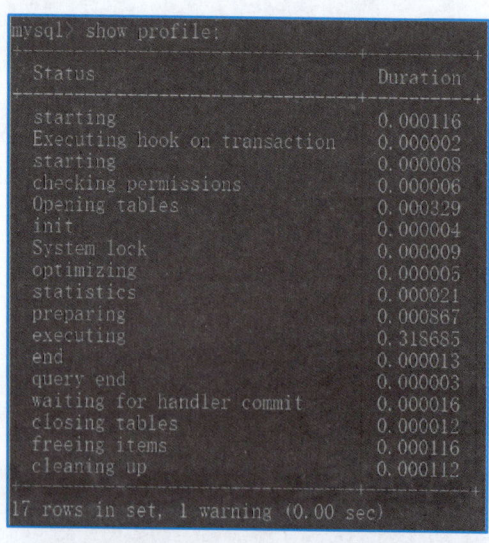

图 14.1.15
show profile 命令结果

> **说明**
> - starting：开始。
> - checking permissions：检查权限。
> - Opening tables：线程正试图打开一张表。
> - init：初始化。
> - System lock：系统锁。
> - optimizing：服务器执行查询的初步优化。
> - statistics：统计。
> - preparing：准备。
> - executing：执行。
> - end：结束。
> - query end：查询结束。
> - closing tables：关闭表。
> - freeing items：释放资源。
> - cleaning up：清理。

任务 14.2 优化 SQL 查询问题

 任务分析

针对存在问题的 SQL 查询语句，数据库开发人员最重要的工作之一就是优化 SQL 查询问题。

 知识储备

数据库 SQL 查询优化是一个比较复杂的工作任务，影响其性能的因素有多方面，如服务器硬件资源、应用程序的系统架构、数据库的参数配置、不同数据库的解析器、SQL 语句执行顺序、索引和采集统计信息等。

在不断的性能优化探索中，SQL 语句的执行效率越来越得到重视，实践证明，提升 SQL 语句的执行效率在性能优化中占有重要地位，如何优化 SQL 语句成为工作重点。

SQL 优化常用原则

在编写 SQL 中，建立恰当的索引，尽可能避免全表扫描，减少无效数据的查询，需要遵守以下原则。

① 建立合适的索引，索引可以提高相应的 Select 效率，但同时也降低了 Insert 和 Update 的效率。

② 在关联查询中，采用小结果集驱动大结果集。

③ 避免在 Where 子句中对字段进行表达式或函数操作，避免全表扫描。

④ 避免在 Where 子句中对字段进行 Null 值判断，避免全表扫描。

⑤ 避免在 Where 子句中使用!=或<>操作符，避免全表扫描。
⑥ 避免在 Where 子句中使用 Or 来连接条件，避免全表扫描。
⑦ 仅列出需要查询的字段，只返回需要的结果，考虑节省 I/O 和内存。
⑧ 不做无谓的排序操作，尽可能在索引中完成排序，在排序涉及的列上建立索引。
⑨ 避免隐式转换，导致对列的值进行隐式转换。
⑩ 使用连接替换子查询。
⑪ 使用联合替换手动创建的临时表。
⑫ In 和 Not in 要慎用，避免导致全表扫描。
⑬ Where 条件中尽量不使用 Not in，建议使用 Not exists。
⑭ 避免返回大数据量，须考虑相应需求是否合理。
⑮ 建议用 Exists 代替 In。

微课 14-5
优化全表扫描数据文件导致慢查询问题

 任务实施

【任务 14.2.1】 优化全表扫描数据文件导致的慢查询问题。
原任务 14.1.3 语句一如下。

```
select   * from users;
```

在查询百万级数据表时，用户并没有查询、展示全部数据的需求，可以采用分页功能优化查询条件，优化语句如下。

```
select   * from users limit 20,10;
```

查询结果如图 14.2.1 所示。

图 14.2.1
优化任务 14.1.3
语句一查询结果

优化后的查询执行时间减少，在慢查询日志文件中没有监控到此 SQL 语句。
原任务 14.1.3 语句二如下。

```
SELECT user_id,user_name,address,email FROM users WHERE user_id/100 =30000;
```

优化语句如下。

```
SELECT user_id,user_name,address,email FROM users WHERE user_id =3000000;
```

查询结果如图 14.2.2 所示。

图 14.2.2
优化任务 14.1.3
语句二查询结果

优化后的查询执行时间减少，在慢查询日志文件中没有监控到此 SQL 语句。

使用 explain 命令查看优化语句的执行计划，如图 14.2.3 所示。

图 14.2.3
优化任务 14.1.3
语句二执行计划

通过对执行计划进行分析，type 由 ALL 全表扫描改为 const，性能得到优化。

【任务 14.2.2】 采用小表驱动大表来优化慢 SQL 问题。

原任务 14.1.4 语句如下。

微课 14-6
小表驱动大表优化
慢 SQL 问题

```
SELECT u.user_name,o.total_price
FROM users u straight_join  orders o on u.user_id = o.user_id;
```

优化语句如下。

```
SELECT u.user_name,o.total_price
FROM orders o inner join users u   on o.user_id = u.user_id;
```

查询结果显示优化后时间减少，在慢查询日志文件中没有监控到优化后的 SQL 语句。

使用 explain 命令查看此语句的执行计划，如图 14.2.4 所示。

图 14.2.4
任务 14.2.2 执行
计划

通过对执行计划进行分析，优化前会对大表进行全表扫描，优化后改为对小表进行全表扫描，对大表不再进行全表扫描，SQL 语句性能提升。

 任务拓展

【拓展 14.2.1】 优化文件排序问题。

原拓展 14.1.1 的语句如下。

```
select * from users order by user_name;
```

采用主键排序，优化语句如下。

```
select * from users order by user_id;
```

执行优化后的语句，查询时间减少，在慢查询日志文件中没有监控到此 SQL 语句。

使用 explain 命令查看优化后语句的执行计划，如图 14.2.5 所示。

图 14.2.5 拓展 14.2.1 执行计划

通过对比分析执行计划，type 属性由 ALL 全表扫描改为 index，性能提升。

【拓展 14.2.2】 优化临时表带来的慢问题。

原拓展 14.1.2SQL 如下。

```
select address,count(*) from users group by address;
```

采用建立合适的索引优化此问题，在 users 表的 address 字段上创建索引 testIndex，创建索引语句如下。

```
CREATE INDEX testIndex on users(address);
```

创建完索引后，再次执行 SQL 语句，查询执行时间减少，在慢查询日志文件中没有监控到此 SQL 语句。

同时使用 explain 命令查看语句的执行计划，如图 14.2.6 所示。

图 14.2.6 拓展 14.2.2 执行计划

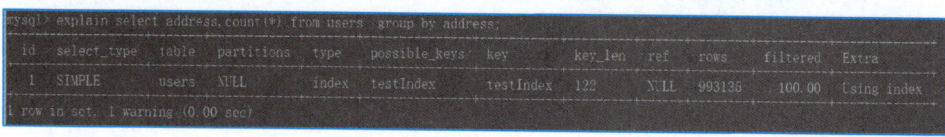

通过对比分析执行计划，type 属性由 ALL 全表扫描改为 index，SQL 语句性能提升。

---- 任 务 小 结 ----

① 使用慢查询日志定位查询 SQL 语句。
② 使用 MySQL 执行计划定位慢查询问题。
③ 使用 SQL 优化原则优化慢 SQL 语句。

---- 课 堂 实 训 ----

【实训目的】

① 掌握 SQL 查询问题的定位操作。
② 掌握 SQL 查询问题的优化操作。

【实训内容】

① 在 db_score 数据库中，向学生表中插入 100 万条数据，执行下面 SQL 语句。

```
DROP FUNCTION IF EXISTS func_mock_data;
CREATE FUNCTION func_mock_data()
RETURNS INT
BEGIN
```

```
    DECLARE num int default 1000000;
    DECLARE i int default 1;
    WHILE i<=num DO
    INSERT INTO t_student(stuId,stuName,birthday,sex,major,phone,address)
    VALUES(CONCAT('X',i),CONCAT('学生',i),SYSDATE(),'男',
    '软件技术',CONCAT('1',i),'湖南长沙');
    SET i = i+1;
    END WHILE;
    RETURN i;
  end;
```

调用插入创建好的 func_mock_data 函数,语句如下。

```
select  func_mock_data();
```

② 开启慢日志记录,设置阈值为 1 秒。查找数据库配置文件 my.ini,修改[mysqld]组中相关参数,设置 long_query_time=1。

③ 执行下面语句,并在慢查询日志文件中找到。

```
select * from t_student where SUBSTRING(stuId,1,4)='2022';
```

④ 执行 explain 命令查看 SQL 语句的执行计划,通过执行计划找出问题。

```
explain select * from t_student where SUBSTRING(stuId,1,4)='2022';
```

⑤ 根据优化原则优化语句。

```
select * from t_student where stuId like '2022%';
```

⑥ 执行 explain 命令查看优化后 SQL 语句的执行计划,对比分析 SQL 语句。

```
explain select * from t_student where stuId like '2022%';
```

【实训练习】

① 请对下面语句进行分析,找到问题。

```
SELECT t.stuName,s.score FROM t_student t straight_join  t_score s on t.stuId = s.stuId;
```

② 根据 SQL 优化原则优化上面的 SQL 语句,对比分析优化前后的 SQL 执行计划。

---------------------------- 思考与探索 ----------------------------

一、选择题

1. 在 MySQL 中,可以利用(   )定位 SQL 查询问题?(单选)。
   A. 二进制日志   B. 错误日志   C. 重做日志   D. 慢查询日志

2. 在慢查询日志中,可以设置查询阈值,当查询执行时间大于这个阈值时,此语句将被记录在慢查询日志中,下面(   )参数为慢查询阈值(单选)。

A. slow_query_log

B. long_query_time

C. slow-query-log

D. log-bin

3. 下面（　　）命令可以对 Select 语句查看执行计划（单选）。

　　A. mysqldump　　　B. load　　　　C. explain　　　D. mysqlbinlog

4. 在对 SQL 语句进行执行分析时，下面（　　）访问方式性能最差（单选）。

　　A. Const　　　　　B. Range　　　C. Index　　　　D. ALL

5. 影响 SQL 语句执行效率的常见因素有（　　）（多选）。

　　A. 表访问方式

　　B. 表连接方式

　　C. 查询条件的数据类型

　　D. 未充分利用数据库提供的功能，如索引、缓存、分区分表等

6. 下面的优化原则中，（　　）是错误的（单选）。

　　A. 建立合适的索引

　　B. 在关联查询中，采用大结果集驱动小结果集

　　C. 避免在 Where 子句中对字段进行表达式或函数操作

　　D. 仅列出需要查询的字段，可以节约 I/O 和内存

二、填空题

1. 建立合适的索引，索引可以提高相应的_____效率，但同时也降低了_____和_____的效率。

2. MySQL 数据库使用_____命令可以查看 Select 语句的执行计划，会返回_____列数据。

3. 在关联查询中，应采用_____结果集驱动_____结果集。

4. 表的访问类型中访问性能最差的类型是_____。

三、应用题

1. 现在需要监控执行时间大于 3 秒的 SQL 语句，请提出监控方案。

2. 请在 db_staff 数据库中，编写函数往 employee 表中插入 100 万条记录，分析 select * from employee where empId/10 =10000 语句的执行计划，并提出优化方案。

模块 6
开发数据库应用系统

任务 15

基于 SpringBoot 的网上商城管理系统

工作能力

基于 SpringBoot 技术开发网上商城管理系统,作为软件开发人员,应具备以下工作能力。

- 能使用 vue 技术开发动态 Web 页面。
- 能使用 MySQL 作为网上商城管理系统的数据库开发平台。
- 能使用 SpringBoot+MyBatis 技术实现数据的增、删、改、查操作。

工作素养

- 具备全栈开发项目能力。
- 具备团队协作能力。

工作情境

随着信息技术的飞速发展,人们生活水平不断提高,互联网已逐步深入人心,越来越多的人采用"网上购物"的方式来满足生活需求,足不出户即可买到心仪的商品,而网上商品销售也成为商家运作的新模式。本家电商城管理系统以 MySQL 作为数据库管理工具,采用 SpringBoot+MyBatis+vue 技术实现系统开发,完成商品、用户、订单等后台信息的管理。

管理员登录系统后,先进行身份验证,验证通过后即可进入管理系统,可对注册的用户信息、商品信息、订单信息等进行添加、修改、删除、查询操作。这些操作实质上是对家电商城数据库中数据表相关记录的插入、修改、删除、查询操作。由于章节篇幅的原因,这里只讲解管理员模块与商品管理模块,具体分以下任务来完成。

- 管理员登录实现。
- 商品管理实现。

任务 15.1 管理员登录实现

任务分析

所有的数据管理都需要管理员先进行登录验证，验证通过才能进行后续操作。

知识储备

管理员登录

微课 15-1
管理员登录需求
分析

管理员要进入商城后台进行用户管理，需要先进行登录验证，通过用户名和密码的联合验证，才能进入商城后台。登录成功后，可修改自己的密码，管理操作完成后可注销退出登录。

（1）用例图设计

根据功能需求，设计管理员登录用例图如图 15.1.1 所示。

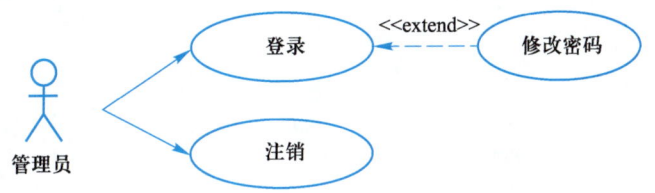

图 15.1.1
管理员登录用例图

（2）数据库设计

1）数据库设计

网上商城管理系统采用 MySQL 作为数据库管理系统，设计的数据库名为 db_eshop。

2）数据表设计

管理员登录验证需要管理员数据表，表名为 admin，见表 15.1.1，该表存储了管理员的基本信息，这里只设置一种管理员权限，即管理员登录后拥有对后台数据所有的操作权限。

表 15.1.1　admin 表（管理员信息表）

编　号	字　段　名	类　　型	字 段 意 义	备　　注
1	admin_id	int	管理员表主键	自动增长
2	admin_name	varchar(15)	管理员名称	—
3	admin_pwd	varchar(15)	管理员密码	—

3）页面设计

图 15.1.2 是管理员登录页面，在此页面输入管理员的用户名和密码，登录成功后进入管理员操作页面。

管理员操作页面如图 15.1.3 所示，可以在此页面实现各类数据管理操作，如用户管理、分类管理、商品管理等。

图 15.1.2
管理员登录页面

图 15.1.3
管理员操作页面

本小节实现的是管理员登录、注销、修改密码功能，图 15.1.4 所示为管理员修改密码页面，直接单击左上角的"退出"链接即可实现注销功能。

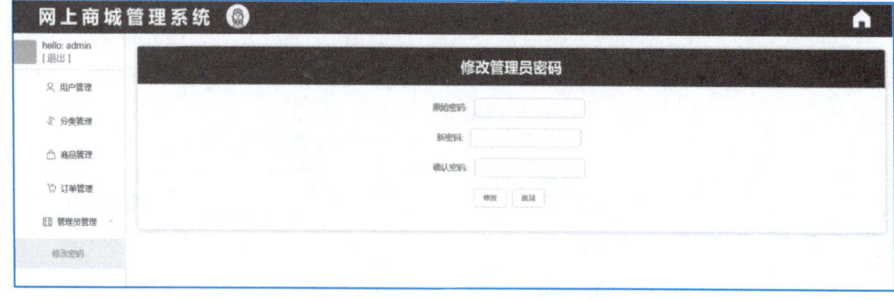

图 15.1.4
管理员修改密码页面

任务实施

微课 15-2
连接数据库

1. 连接数据库

项目使用 SpringBoot+MyBatis 技术开发，所以只需要在 application.yaml 中配置数据库连接，代码如下。

```yaml
spring:
  datasource:
    # 驱动类
    driver-class-name: com.mysql.cj.jdbc.Driver # ①
    # URL
    url: jdbc:mysql://localhost:3001/eshop-demo # ②
    # 用户名
    username: root
    # 密码
    password: 20030519 # ③
```

配置 mybatis 的基本信息如下。

```yaml
mybatis:
  configuration:
# 下画线转驼峰
    map-underscore-to-camel-case: true # ④
# mapper.xml 文件位置
  mapper-locations: classpath*:mapper/**/*.xml
```

分析：
① 配置 MySQL 连接驱动地址。
② 连接 MySQL 的 URL 字符串。
③ 连接 MySQL 数据库服务器的用户名和密码。
④ MyBatis 的下画线命名转驼峰。

2．创建实体类

微课 15-3
创建管理员实体类

实体类是对必须存储的信息和相关行为建模的类。实体对象（实体类的实例）用于保存和更新对象的有关信息，数据库中的一张表在项目中对应一个实体类，一般实体类的属性与数据表的列结构保持一致。这里创建了管理员的实体类，代码如下。

```java
package com.eshop.entity;

import lombok.Data;
import lombok.experimental.Accessors;

@Data
@Accessors(chain = true)
public class Admin {
    private Integer adminId;
    private String adminName;
    private String adminPwd;
}
```

> **分析：**
> 实体类 Admin 有 3 个属性，属性来源于对应数据库中的 admin 表，表的字段类型对应了实体类属性的数据类型，使用 lombok 自动生成构造函数 getter() 与 setter()。

3. 实现数据访问

微课 15-4
创建管理员数据
访问接口

在 SpringBoot 框架中，创建 AdminMapper 接口与数据库进行交互，创建 AdminService 实现类用于处理业务。代码如下。

```java
package com.eshop.mapper;

import com.eshop.entity.Admin;
…//省略导入的包

@Mapper
public interface AdminMapper {

    @Select("select * from admin where admin_name = #{adminName} and admin_pwd = #{adminPwd}")
    Admin findOne(@Param("adminName") String adminName, @Param("adminPwd") String adminPwd);// ①

    @Update("update admin set admin_pwd = #{newPassword} where admin_id = #{adminId}") // ②
    int updatePass(@Param("adminId") Integer adminId, @Param("newPassword") String newPassword);
}

// AdminService.java
public interface AdminService{
    Map<String,LoginAdmin> LOGIN_ADMIN_MAP = new HashMap<>();
    LoginAdmin login(Admin admin);
    int updatePass(AdminUpdatePassVo vo);
    void loginOut();
}

package com.eshop.service.impl;

import cn.hutool.core.bean.BeanUtil;
…//省略导入的包

@Service
```

```java
public class AdminServiceImpl implements AdminService {
    @Resource
    private AdminMapper adminMapper;

    @Override
    public LoginAdmin login(Admin admin) { // ③

        Admin one=adminMapper.findOne(admin.getAdminName(), admin.getAdminPwd());// ④
            if (one == null) {
                throw new EshopException(USERNAME_PASSWORD_ERROR);
            }
            LoginAdmin loginAdmin = new LoginAdmin();
            BeanUtil.copyProperties(one, loginAdmin);
            loginAdmin.setToken(UUID.fastUUID().toString(true));
            loginAdmin.setExpireTime(DateUtil.offsetMinute(new Date(), 30));
            LOGIN_ADMIN_MAP.put(loginAdmin.getToken(), loginAdmin);
            return loginAdmin;
    }

    @Override
    public void updatePass(AdminUpdatePassVo vo) {
        LoginAdmin loginAdmin = LoginUtil.get();
        int row =
adminMapper.updatePass(loginAdmin.getAdminId(), vo.getNewPassword()); //⑤
return row;
    }

    @Override
    public void logout() {
        LoginAdmin loginAdmin = LoginUtil.get();
        if (loginAdmin != null) {
            LOGIN_ADMIN_MAP.remove(loginAdmin.getToken());
        }
    }

    @Scheduled(cron = "0 0/30 * * * ?")
    public void clearLoginAdmin() {
        List<String> removeKeys = new ArrayList<>();
        LOGIN_ADMIN_MAP.values().forEach(loginAdmin -> {
            if(loginAdmin.getExpireTime().getTime() < System.currentTimeMillis()) {
                removeKeys.add(loginAdmin.getToken());
```

```
                }
            });
            for (String key : removeKeys) {
                LOGIN_ADMIN_MAP.remove(key);
            }
        }
    }
```

分析：
① 根据用户名和密码查询得到符合条件的数据行的 SQL 语句。
② 当用户名和密码匹配时，编写更新密码的 SQL 语句。
③ 管理员登录方法，参数为 Admin 对象，返回为 LoginAdmin 对象。
④ 得到数据库的执行对象，设置 SQL 语句所需的参数，执行 SQL 语句，返回查询的结果集对象。
⑤ 更新管理员密码方法，参数为要更新的行 ID 及新密码。

微课 15-5
创建管理员的操作控制类

4. 创建控制类

创建控制类，这里使用 SpringBoot 技术。SpringBoot 是基于 Servlet 且内嵌了 Tomcat 的一个轻量级框架，在服务器端可以运行，按照 SpringBoot 规范编写的一个 Java 类。当客户端请求动态资源时，Web 服务器会将请求转交给 DispatchServlet 处理器来处理，逻辑层对象调用数据访问类的方法来处理数据，然后将处理结果返回给控制层，再由控制层将处理好的数据返回给前端。

这里首先在前台页面 login.vue 输入用户名和密码，提交到服务器，DispatchServlet 处理器将请求映射到 AdminService 的 login 方法，返回处理结果给浏览器。当登录成功后，管理员可以修改密码，同样是获取了客户端传来的参数并进行相应处理，再将结果返回给客户端，管理员还可以退出登录。代码如下。

```
package com.eshop.controller;

import com.eshop.common.Result;
…//省略导入的包

@RestController
@RequestMapping("/admin") // ①
public class AdminController {
    @Resource
    private AdminService adminService;
    private Map<String, LoginAdmin> map = new HashMap<>();

    @PostMapping("/login")    //②
    public Result<LoginAdmin> login(@RequestBody Admin admin) {
        LoginAdmin login = adminService.login(admin);
```

```java
        map.put(login.getToken(), login);
        return Result.success(login);
    }

    @PutMapping("/updatePwd") // ③
    public Result<Boolean> updatePassword(@RequestBody AdminUpdatePassVo vo) {
        adminService.updatePass(vo);
        return Result.success(true);
    }

    @GetMapping("/logout") // ④
    public Result<Boolean> logout() {
        adminService.logout();
        return Result.success(true);
    }
}
```

分析：
① 使用 restful 路径加 MVC 模式分隔各类请求方式和操作。
② 调用/login 接口，即管理员登录，指定登录操作。
③ 调用/updatePwd，表明修改管理员密码。
④ 调用/logout，表明管理员退出登录。

5. 创建页面

要完成管理员登录和修改密码功能，需要有登录页面、修改密码页面，由于篇幅原因，这里只给出登录页面 login.vue 的核心代码，修改密码页面可查看本书配套电子资源中的源码。login.vue 代码如下：

微课 15-6
显示管理员登录与修改密码页面

```html
<template>
  <div class='main'>
    <div class='login-box'>
      <div class='form-item'>
        <span>用户名:</span>
        <input type='text' v-model='form.adminName'>
      </div>

      <div class='form-item'>
        <span>密   码:</span>
        <input type='password' v-model='form.adminPwd'>
      </div>
```

```html
          <div class='footer'>
            <input type='submit' value='确认' @click='submit'>
            <input type='reset' value='重置' @click='reset'>
          </div>
        </div>
      </div>
</template>

<script>
import { defineComponent } from 'vue'
import { login } from '@/api/admin'

export default defineComponent({
  name: 'login',
  data: () => ({
    form: {
      adminName: '',
      adminPwd: ''
    }
  }),
  methods: {
    submit() {
      login(this.form).then(res => {
        localStorage.setItem('eshop-demo-token', res.data.token)
        localStorage.setItem('eshop-demo-user', JSON.stringify(res.data))
        this.$router.push('/')
      })
    },
    reset() {
      this.form.adminName = ''
      this.form.adminPwd = ''
    }
  }
})
</script>

<style lang='scss' scoped>
.login-box {
  position: absolute;
  top: 150px;
  right: 450px;
```

```css
    width: 400px;
    display: flex;
    flex-direction: column;
    align-items: center;

    .form-item {
      display: flex;
      align-items: center;
      margin-bottom: 15px;

      span {
        display: inline-block;
        width: 80px;
        text-align: left;
      }
    }
  }

  .main {
    width: 100%;
    height: 100%;
    background: url("@/assets/img/denglubeijing.jpg") center no-repeat;
  }
</style>
```

素养小课堂

开发一个软件项目需要团队分工明确、多人协作才能完成。一般而言，团队成员有项目经理、需求分析师、界面设计师、架构分析师、数据库管理员、程序开发员、测试员。需求分析师负责客户需求调研及需求反馈，编写调研报告和项目解决方案。界面设计师根据产品需求完成 UI 的原型图和效果图设计。架构分析师负责确定整体项目的架构、项目子系统的划分和功能模块的规划，制订设计规范和设计标准。数据库管理员负责项目数据库的设计、建模初始化和维护。程序开发员根据设计要求完成项目代码编写，实现软件功能。测试员根据测试计划和测试方案进行软件测试。根据软件项目的生命周期流程，各类人员各司其职，而又相互合作，只有互相支持、配合，明确工作任务和共同目标，进行好沟通、协作、经验传递，才可能将软件项目开发成功。

在今后的生活和学习中，我们也要认识到团结协作在工作中的重要性，未来无论从事何种工作，都能在目标一致的前提下团结协作、取长补短，处理好个人与他人的关系，处理好个人与集体的关系，把个人的目标和团队的总体目标结合起来，获得共赢。

任务拓展

【拓展 15.1.1】 实现管理员退出功能

管理员管理数据完毕后，可注销退出登录状态，在 AdminController.java 中完成 logout 方法。

```java
@RestController
@RequestMapping("/admin")
public class AdminController{
    @GetMapping("/logout")
    public Result<Boolean> logout() {
        adminService.logout();
        return Result.success(true);
    }
}


@Service
public class AdminServiceImpl implements AdminService{
    @Override
    public void logout() {
        LoginAdmin loginAdmin = LoginUtil.get();//①
        if (loginAdmin != null) {
            LOGIN_ADMIN_MAP.remove(loginAdmin.getToken());// ②
        }
    }
}
```

分析：

实现管理员注销，要先判断管理员是否已经登录，要从 Map 中取出 USER 对应的对象，如上面代码段①；然后判断 admin 用户是否为空，若不为空，说明当前管理员是登录的，则从 Map 中移除登录属性 USER，如代码段②；接着跳转至登录页面。

在页面 aside.vue 中单击退出登录按钮，发送请求给后端，退出登录接口，实现管理员注销，核心代码如下。

```
<script>
import { logout } from '@/api/admin'

export default {
  name: 'aside-menu',
  data: () => ({}),
  methods: {
    logout() {
      logout().then(() => {
        this.$router.push('/login')
      })
```

```
            }
          }
        }
      </script>

        export function logout() {
          return request({
            url: '/admin/logout',
            method: 'get'
          })
        }
```

任务 15.2　商品管理实现

任务分析

管理员登录系统后,可以对后台数据进行管理,这里通过对商品信息进行管理来说明,即通过管理页面对商品数据实现增、删、改、查操作。

知识储备

微课 15-7
商品管理需求分析

商品管理

管理员进入商城后台进行商品管理,可以实现如下功能。

(1) 用例图设计

根据功能需求,设计商品管理用例图如图 15.2.1 所示。

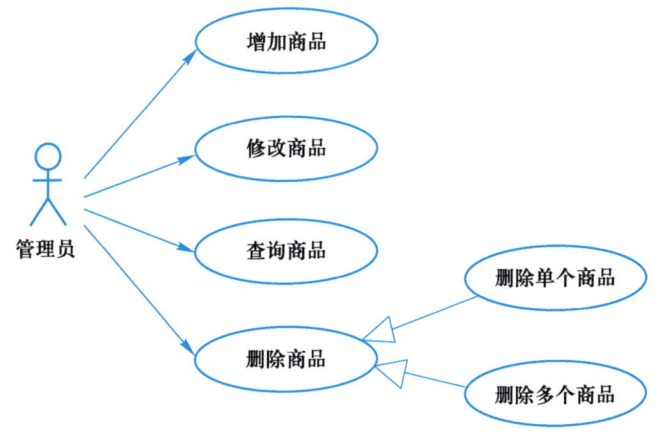

图 15.2.1
商品管理用例图

(2) 数据表设计

商品表管理所有商品数据,表名为 goods,见表 15.2.1,该表存储了商品的基本信息。商品表有字段商品类型 ID，来源于商品类型表 category 的主键，商品类型表见表 15.2.2。

表 15.2.1 goods 表（商品信息表）

列 名	数 据 类 型	长 度	是否允许为空	备 注
goods_id	INT		NOT NULL	商品编号，主键，自动增长
good_name	VARCHAR	60	NOT NULL	商品名称
goods_model	VARCHAR	30	NOT NULL	商品型号
category_id	INT		NOT NULL	商品类型编号，外键
goods_desc	VARCHAR	200	NULL	商品描述
stock_number	INT		NOT NULL	库存数量
goods_price	DECIMAL	(10,2)	NOT NULL	商品价格

表 15.2.2 category 表（商品类型表）

列 名	数 据 类 型	长 度	是否允许为空	备 注
category_id	INT		NOT NULL	商品类型编号，主键，自动增长
category_name	VARCHAR	20	NOT NULL	商品类型名称，唯一约束
category_desc	VARCHAR	40	NULL	商品类型描述

（3）页面设计

从管理主页面的左侧栏单击"商品管理"选项，进入商品管理页面，如图 15.2.2 所示，可以看到电器商城商品列表，每页显示 10 条数据。

图 15.2.2 商品管理页面

单击商品管理页面中的"添加"按钮，会弹出添加商品页面，如图 15.2.3 所示，可以添加电器商品信息到 MySQL 数据库中。

单击商品管理页面右侧操作栏中的"详情"链接，会弹出商品详情页面，如图 15.2.4 所示，可以查看到商品的详细信息。

图 15.2.3
添加商品页面

图 15.2.4
商品详情页面

单击商品管理页面右侧操作栏中的"编辑"链接，会弹出修改商品页面，如图 15.2.5 所示，可以修改商品的基本信息。

图 15.2.5
修改商品页面

单击商品管理页面右侧操作栏中的"删除"链接，可删除当前这一行商品，采用了防误删除操作，首先会弹出提示框确认是否删除，若确定删除便从数据库中删除数据，否则退出删除，如图 15.2.6 所示。

单击商品管理页面的"全选/反选"链接，即可全选这一页所有商品或者全不选，也可以选择每行商品数据前的复选框，或选择多项需要删除的商品，然后单击"删除所选"按钮，即可删除多个商品数据，同样采用了防误删除操作，首先会弹出提示框确认是否真要删除，若确定删除便从数据库中删除数据，否则退出删除，如图 15.2.7 所示。

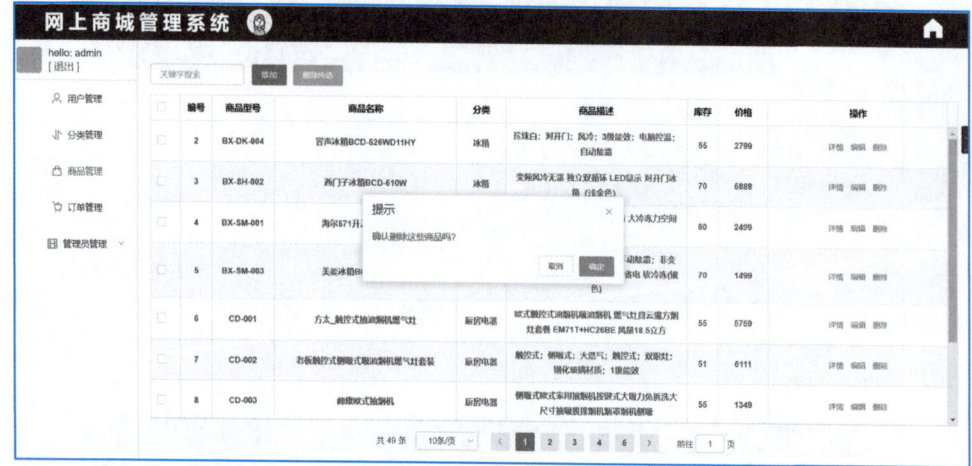

图 15.2.6 删除单个商品页面

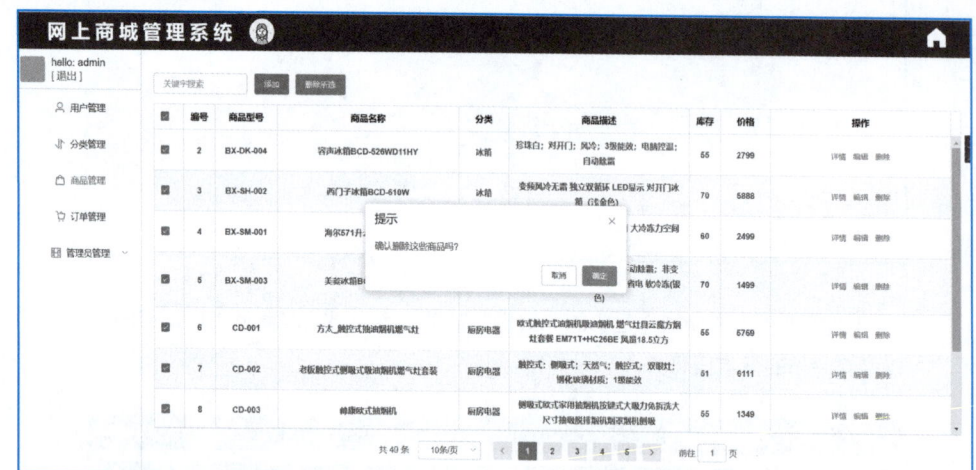

图 15.2.7 删除多个商品页面

任务实施

微课 15-8 创建商品分页实体类

1. 查看所有商品信息

查看所有商品数据，在页面上展示一个列表，如图 15.2.2 所示，因为商品数据很多，所以实现分页，每页显示 10 条记录，现将代码描述如下。由于篇幅限制，有些类只给出关键代码，如需要所有代码，请查阅本书配套的电子资源。

（1）创建实体类

要实现数据记录的分页，需要一个专门的分页查询对象和一个分页信息返回对象，来记录当前的页数、总页面数、每页显示的记录条数等，代码如下。

① 分页查询类 PageParam.java。

```
package com.eshop.common;
```

```
import lombok.Data;

@Data
public class PageParam { //分页查询对象
    private Integer current = 1; // ①
    private Integer size = 10; // ②
    private String keyword = "";
}
```

② 分页信息返回类 PageResult.java。

```
package com.eshop.common;

import lombok.AllArgsConstructor;
…//省略导入的包
@Data
@AllArgsConstructor
@NoArgsConstructor
public class PageResult<T> { //分页信息返回对象
    private long total;   // ③
    private List<T> rows;
}
```

分析：
① 当前页数，表示当前到了第几页。
② 每页显示的记录数，表示在输出页面中每一页要显示多少行。
③ 当前记录的总行数，表示数据表的所有记录行数。

商品表的实体类 Goods.java 及商品类型表的实体类 Category.java 的代码略。

（2）实现数据访问

商品表的所有记录显示在列表页上，在数据库中提取数据时就进行了分页操作，SQL 语句使用 limit 关键字实现数据行的读取，然后根据分页对象 PageParam 的对应属性值获取当前页的所有商品数据，在 GoodsMapper.java 中创建分页查询的关键方法 list()，参数为分页对象，代码如下。

微课 15-9
创建商品信息列表
数据访问类

```
//GoodsMapper.java
@Select("select * from goods where goods_name like #{keyword} limit #{start}, #{size}")
List<Goods> list(@Param("start") int start, @Param("size") int size, @Param("keyword") String keyword);

@Select("select count(*) from goods")
Long count();
```

```
@Select("select * from goods where goods_id = #{id}")
Goods findById(@Param("id") Integer id);
```

微课 15-10
创建商品信息列表控制类

（3）创建控制类

创建 GoodsController.java 类，实现了业务逻辑控制，vue 页面提交请求，由 GoodsController.java 获取请求参数，实现商品数据的增、删、改、查操作。代码如下。

```
package com.eshop.controller;

import com.eshop.common.PageParam;
…//省略导入的包

@RestController
@RequestMapping("/goods")
public class GoodsController {
    @Resource
    private GoodsService goodsService;

    @PostMapping
    public Result<Boolean> create(@RequestBody Goods goods) {
        goodsService.create(goods);
        return Result.success(true);
    }

    @PutMapping
    public Result<Boolean> update(@RequestBody Goods goods) {
        goodsService.update(goods);
        return Result.success(true);
    }

    @DeleteMapping("/{ids}")
    public Result<Boolean> delete(@PathVariable String ids) {
        goodsService.delete(ids);
        return Result.success(true);
    }

    @GetMapping
    public Result<PageResult<Goods>> list(PageParam pageParam) {
        return Result.success(goodsService.list(pageParam));
    }
}
```

这里实现商品列表并进行分页，每页显示 10 条记录，GoodsService.java 中的核心代码如下。

```java
@Override
public PageResult<Goods> list(PageParam pageParam) {
    int start = (pageParam.getCurrent() - 1) * pageParam.getSize(); // ①
    String keyword = "%" + pageParam.getKeyword() + "%";
    long count = goodsMapper.count();   // ②
    List<Goods> list = //③
goodsMapper.list(start, pageParam.getSize(), keyword);
    for (Goods goods : list) {
        Category category = categoryMapper.findById(goods.getCategoryId());
        if (category != null) {
            goods.setCategoryName(category.getCategoryName());
        }
    }
    return new PageResult<>(count, list); // ④
}
```

分析:
① 从参数中获取当前列表所在的页数，并计算偏移量。
② 得到总的记录行数。
③ 进行分页查询。
④ 通过分页对象返回当前页面的商品集合。

（4）创建页面

goods.vue 展示所有的商品信息，并且实现分页，核心代码如下。

微课 15-11
创建商品信息列表页面

```
<template>
  <div class='main'>
    <div class='top'>
      <el-input
        v-model='query.keyword'
        placeholder='关键字搜索'
        clearable
        style='width: 150px; margin-right: 12px'
        @input='findGoodsList'
      />
      <el-button type='primary' @click='add'>添加</el-button>
      <el-button type='danger' :disabled='removeIds.length === 0' @click='remove(removeIds.join(","))'>
        删除所选
      </el-button>
```

```html
    </div>

    <el-table :data='goodsList' border stripe height='500px' @select='onSelect' @select-all='onSelect'>
      <el-table-column type='selection' />
      <el-table-column prop='goodsId' label='编号' align='center' width='50' />
      <el-table-column prop='goodsModel' label='商品型号' align='center' width='100' />
      <el-table-column prop='goodsName' label='商品名称' align='center' />
      <el-table-column prop='categoryName' label='分类' align='center' width='80' />
      <el-table-column prop='goodsDesc' label='商品描述' align='center' />
      <el-table-column prop='stockNumber' label='库存' align='center' width='50' />
      <el-table-column prop='goodsPrice' label='价格' align='center' width='80' />
      <el-table-column label='操作' align='center' fixed='right'>
        <template #default='scope'>
          <el-button type='text' @click='detail(scope.row)'>详情</el-button>
          <el-button type='text' @click='edit(scope.row)'>编辑</el-button>
          <el-button type='text' @click='remove(scope.row.goodsId)'>删除</el-button>
        </template>
      </el-table-column>
    </el-table>

    <el-pagination
      style='margin-top: 15px'
      background
      @size-change='handleSizeChange'
      @current-change='handleCurrentChange'
      :current-page='query.current'
      :page-sizes='[2, 5, 10, 20]'
      :page-size='query.size'
      layout='total, sizes, prev, pager, next, jumper'
      :total='query.total'>
    </el-pagination>

    <el-dialog :title='title' :visible.sync='dialogVisible' width='400px'>
      <el-form :model='form' inline>
        <el-form-item label='型号'>
          <el-input v-model='form.goodsModel' autocomplete='off' clearable />
        </el-form-item>
        <el-form-item label='名称'>
          <el-input v-model='form.goodsName' autocomplete='off' clearable />
        </el-form-item>
```

```html
            <el-form-item label='类别'>
              <el-select v-model='form.categoryId' clearable>
                <el-option v-for='item in categoryList' :label='item.categoryName' :value='item.categoryId' />
              </el-select>
            </el-form-item>
            <el-form-item label='库存'>
              <el-input type='number' v-model.number='form.stockNumber' autocomplete='off' clearable />
            </el-form-item>
            <el-form-item label='价格'>
              <el-input type='number' v-model.number='form.goodsPrice' autocomplete='off' clearable />
            </el-form-item>
          </el-form>
          <div slot='footer' class='dialog-footer'>
            <el-button @click='dialogVisible = false'>取 消</el-button>
            <el-button type='primary' @click='submit'>确 定</el-button>
          </div>
        </el-dialog>

        <el-dialog title='商品详情' :visible.sync='showDialog' width='400px'>
          <el-form :model='form' inline>
            <el-form-item label='型号'>
              <el-input :value='form.goodsModel' disabled />
            </el-form-item>
            <el-form-item label='名称'>
              <el-input :value='form.goodsName' disabled />
            </el-form-item>
            <el-form-item label='类别'>
              <el-input :value='form.categoryName' disabled />
            </el-form-item>
            <el-form-item label='库存'>
              <el-input :value='form.stockNumber' type='number' disabled />
            </el-form-item>
            <el-form-item label='价格'>
              <el-input :value='form.goodsPrice' type='number' disabled />
            </el-form-item>
          </el-form>
          <div slot='footer' class='dialog-footer'>
            <el-button @click='showDialog = false'>确 定</el-button>
```

```
                    </div>
                </el-dialog>
            </div>
        </template>
```

微课 15-12
添加商品信息功能

2．添加商品信息

往 db_eshop 数据库的 goods 表中添加商品数据，页面如图 15.2.3 所示。

（1）创建实体类

商品表的实体类 Goods.java 及商品分类表的实体类 Category.java 的代码略。

（2）实现数据访问

在 GoodsService.java 中创建了添加商品数据的关键方法 create()，参数为需要添加的商品对象，代码如下。

```
//GoodsService.java
public void create(Goods goods) {
    goodsMapper.insert(goods); // ①
}

//GoodsMapper.java
@Insert("insert into goods values(null, #{goodsModel}, #{goodsName}, #{categoryId}, #{goodsDesc}, #{stockNumber}, #{goodsPrice})")
void insert(Goods goods);
```

分析：
① 调用 mapper 层的 MySQL 语句执行添加即可。

（3）创建控制类

这里实现商品数据的添加，传递参数为 goods，GoodsController.java 中的核心代码如下。

```
@PostMapping
public Result<Boolean> create(@RequestBody Goods goods) { // ①
    goodsService.create(goods); // ②
    return Result.success(true);
}
```

分析：
① 通过 SpringBoot 的解析器，将 JSON 数据解析为对象。
② 调用数据访问层的添加商品方法。

（4）创建页面

goods.vue 实现添加商品信息，代码略。

3．查看商品详细信息

查询单个商品的详细信息，页面如图 15.2.4 所示。

（1）创建实体类

商品表的实体类 Goods.java 及商品类型表的实体类 Category.java 的代码略。

（2）页面代码

由于是前后端分离，数据前端已经存在，这里直接从表中提取指定列的数据即可，代码如下。

```
<el-button type='text' @click='detail(scope.row)'>详情</el-button>//①

detail(item) { // ②
    this.form = { …item }
    this.showDialog = true
}
```

分析：
① 从页面上获取单击行的数据并调用 detail()方法。
② 给显示表单赋值，然后显示在对话框中。

（3）创建页面

goods.vue 实现查看商品详情信息，代码略。

4．修改商品信息

微课 15-14
修改商品功能

修改商品的信息，页面如图 15.2.5 所示。

（1）创建实体类

商品表的实体类 Goods.java 及商品类型表的实体类 Category.java 的代码略。

（2）实现数据访问

在 GoodsService.java 中创建了修改商品信息的关键方法 update()，参数为要修改数据的商品对象，代码如下。

```
//GoodsService.java
public boolean update(Goods goods) { // ①
    goodsMapper.update(goods);
}
//GoodsMapper.java
```

335

```
            @Update("update goods set goods_model = #{goodsModel}, goods_name = #{goodsName},
       category_id = #{categoryId}, goods_desc = #{goodsDesc}, stock_number = #{stockNumber}, goods_
       price = #{goodsPrice} where goods_id = #{goodsId}")   // ②
            int update(Goods goods);
```

分析：
① 传入要修改的商品对象。
② 实现更新的预编译 SQL 语句，设置更新的 SQL 语句需要的参数。

（3）创建控制类

这里实现修改商品数据，传递参数为 goods，在 GoodsController.java 中的核心代码如下。

```
@RestController
@RequestMapping("/goods")
public class GoodsController{
    // 无关代码已省略
    @PutMapping
        public Result<Boolean> update(@RequestBody Goods goods) { // ①
            goodsService.update(goods); // ②
            return Result.success(true);
        }
}
```

分析：
① 解析 JSON 数据为 Goods 对象。
② 修改商品的属性，若成功，返回 true。

微课 15-15
删除单个商品功能

（4）创建页面

goods.vue 实现修改商品信息，代码略。

5．删除单个商品信息

删除单个商品的信息，页面如图 15.2.6 所示。

（1）创建实体类

商品表的实体类 Goods.java 及商品类型表的实体类 Category.java 的代码略。

（2）实现数据访问

在 GoodsService.java 中创建了删除单个商品信息的关键方法 delete()，参数为要删除商品对应的商品 id 列表，代码如下。

```java
@Mapper
public interface GoodsMapper{
    …//相关代码已省略

    @Delete("delete from goods where goods_id = #{id}") // ①
        void deleteById(@Param("id") Integer id); // ②

}

@Service
public class GoodsServiceImple implements GoodsService{
    …//相关代码已省略

    @Override
    @Transactional
    public void delete(String ids) {
        List<String> idList = Arrays.stream(ids.split(","))
            .filter(StrUtil::isNotBlank)
            .collect(Collectors.toList());
        for (String id : idList) {
            goodsMapper.deleteById(Integer.parseInt(id)); // ③
        }
    }
}
```

分析:
① 根据商品 ID 实现删除当前数据行的 SQL 语句。
② 删除预编译 SQL 语句, 设置删除的 SQL 语句需要的参数。
③ 执行 SQL 语句, 根据传入的 ID 删除商品。

(3) 创建控制类

这里实现删除单个商品数据, GoodsController.java 中的核心代码如下。

```java
@RestController
@RequestMapping("/goods")
public class GoodsController{
    …//相关代码已省略

    @DeleteMapping("/{ids}")
    public Result<Boolean> delete(@PathVariable String ids) { // ①
        goodsService.delete(ids); // ②
```

```
                        return Result.success(true);
                }
        }
```

分析：
① 获取商品列表页面 goods.vue 上传来的商品 ID 值。
② 调用了删除商品方法，若操作成功，返回 true。

微课 15-16
删除多个商品功能

（4）创建页面

删除商品不需要单独的页面。

6．删除多个商品信息

管理员在商品列表页面 goods.vue 中可以删除单个商品，也可以通过复选框删除选中的多个商品，页面如图 15.2.7 所示，代码实现与删除单个商品信息相同，此处不再赘述。

 任务拓展

【拓展 15.2.1】 实现通过商品名称来查找商品。

在 goods.vue 页面上，可以实现通过商品名称来查找对应的商品，同时还可以实现精确查找及模糊查找。对应的核心代码如下。

```
//GoodsMapper.java
@Select("select * from goods where goods_name like #{keyword} limit #{start}, #{size}")
    List<Goods> list(@Param("start") int start, @Param("size") int size, @Param("keyword") String keyword);

//GoodsService.java
@Override
    public PageResult<Goods> list(PageParam pageParam) {
        int start = (pageParam.getCurrent() - 1) * pageParam.getSize();
        String keyword = "%" + pageParam.getKeyword() + "%";
        long count = goodsMapper.count();
        List<Goods> list = goodsMapper.list(start, pageParam.getSize(), keyword);
        for (Goods goods : list) {
            Category category = categoryMapper.findById(goods.getCategoryId());
            if (category != null) {
                goods.setCategoryName(category.getCategoryName());
            }
        }
        return new PageResult<>(count, list);
    }
```

```
//GoodsController.java
@GetMapping
    public Result<PageResult<Goods>> list(PageParam pageParam) {
        return Result.success(goodsService.list(pageParam));
    }
```

任 务 小 结

① 管理员登录修改密码。
② 管理员管理商品数据。

课 堂 实 训

【实训目的】

① 掌握使用 SpringBoot 框架实现后端开发。
② 掌握使用 MyBatis 框架操作数据库。
③ 掌握 vue 技术开发动态 Web 页面。

【实训内容】

根据用例图和表设计完成管理员对商品分类的管理。
① 用例图设计。
商品分类管理用例图如图 15.3.1 所示。

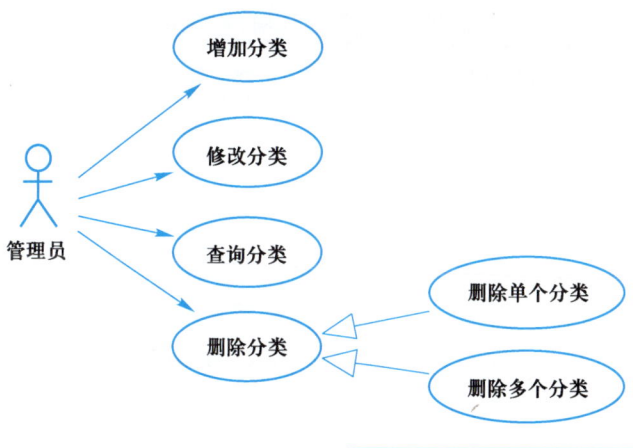

图 15.3.1
商品分类管理用例图

② 数据表设计。
商品类型表（见表 15.2.2）存储了商品类型编号、商品类型名称及商品类型描述。
③ 页面设计。
分类管理页面如图 15.3.2 所示，可以查看到电器商城商品分类列表，每页显示 10 条数据。

图 15.3.2
分类管理页面

单击"添加"按钮，会弹出添加分类页面，如图 15.3.3 所示，可以添加电器商品分类信息到 MySQL 数据库中。

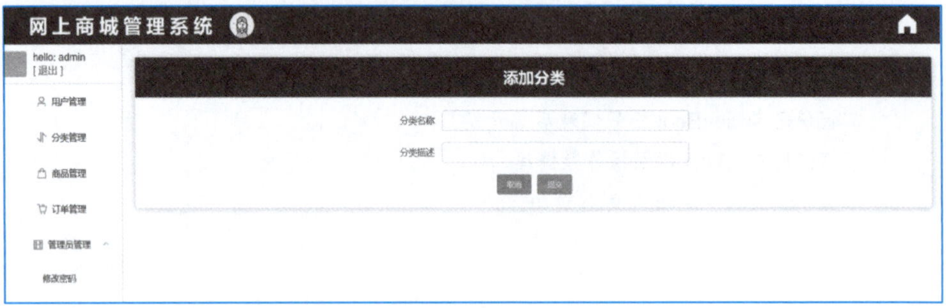

图 15.3.3
添加分类页面

单击分类管理页面右侧操作栏中的"详情"链接，会进入分类详情页面，如图 15.3.4 所示，可以查看商品分类的基本信息。

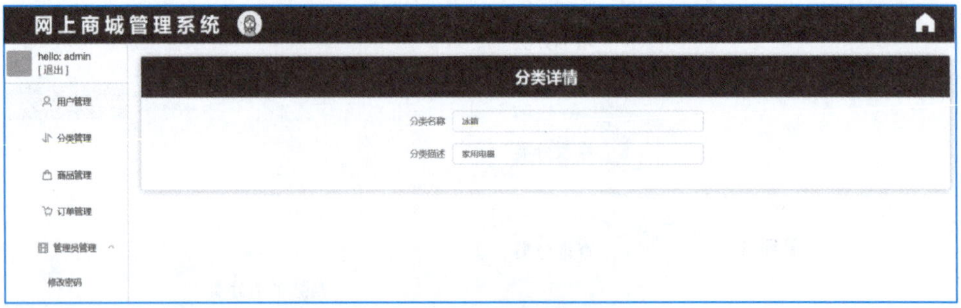

图 15.3.4
查看商品分类页面

单击分类管理页面右侧操作栏中的"编辑"链接，会进入修改分类页面，如图 15.3.5 所示，可以修改商品分类的基本信息。

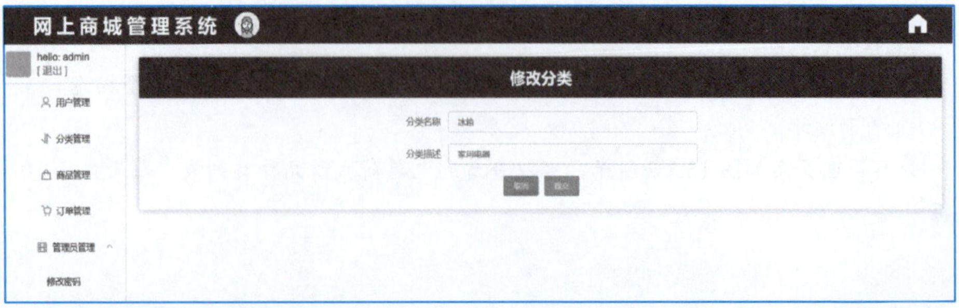

图 15.3.5
修改分类页面

单击分类管理页面右侧操作栏中的"删除"链接，实现商品分类的单个删除，如图 15.3.6 所示，在删除之前要有防止误删除的提示。

图 15.3.6 删除单个商品分类提示框

单击分类管理页面中的"全选"链接，可以选择本页面所有分类，还可以通过复选框选择需要删除的分类，实现商品分类的批量删除，如图 15.3.7 所示，同样在删除之前要有防止误删除的提示。

图 15.3.7 批量删除商品分类提示框

【实训练习】

① 实现网上商城管理系统的用户管理模块。
② 实现网上商城管理系统的订单管理模块。

---思考与探索---

一、选择题

1. 关于 Java 类与数据库表的关系，下面说法正确的是（　　）（单选）。
   A. 类与表只能是一对一的关系
   B. 类与表只能是一对多的关系
   C. 类与表可以是一对多的关系
   D. 类与表不能是一对多的关系
2. 在 Java 与数据库开发中，下面说法正确的是（　　）（单选）。
   A. 通常将封装到 Java 对象的数据保存到数据库中

B. 一般不将数据封装到 Java 对象

C. 一个 Java 实例可以对应到数据库的多条记录

D. 一个 Java 实例对应于一个表

3. SpringBoot 的全局配置文件有（　　）种（单选）。

  A. 1　　　　　　　B. 2　　　　　　　C. 3　　　　　　　D. 4

4. SpringBoot 所具备的特征有（　　）（多选）。

  A. 可以创建独立的Spring应用程序，并且基于其 Maven 或 Gradle 插件，可以创建可执行的 JARs 和 WARs

  B. 内嵌 Tomcat 或 Jetty 等 Servlet 容器

  C. 提供自动配置的 starter 项目对象模型以简化Maven配置

  D. 尽可能自动配置 Spring 容器

5. 注解@SpringBootApplication 是一个组合注解，包括（　　）（多选）。

  A. @SpringBootConfiguration

  B. @EnableAutoConfiguration

  C. @ComponentScan

  D. @Target

6. 对于 MyBatis，下面说法正确的有（　　）（多选）。

  A. MyBatis 是一款优秀的持久层框架，它支持定制化 SQL、存储过程及高级映射

  B. MyBatis 支持普通 SQL 查询

  C. MyBatis 可以将接口和普通的 Java 对象映射成数据库中的记录

  D. MyBatis 增加了 SQL 与程序代码的耦合

二、填空题

1. 实现预编译 SQL 语句，设置 SQL 语句需要的参数，对应 SQL 语句的占位符，从_____开始计数。

2. 执行 SQL 语句，返回修改商品受影响的函数，大于_____表示修改成功，否则修改失败。

3. vue 是基于_____思想，实现数据的_____绑定，将编程的关注点放在数据上。

4. 每个 vue 应用都是通过_____函数创建一个新的应用实例。

三、应用题

1. 请简述利用 SpringBoot 框架开发后端的基本步骤。

2. 请简述 MyBatis 框架带来了哪些便利。

3. 请根据 db_staff 数据库中 employee 表设计一个 Java 实体类。

参考文献

[1] 郑阿奇，周怡君. MySQL8 开发及实例[M]. 北京：电子工业出版社，2021.
[2] 陈志泊. 数据库原理及应用教程[M]. 北京：人民邮电出版社，2022.
[3] 武洪萍，孟秀锦. MySQL 数据库原理及应用（第 3 版）[M]. 北京：人民邮电出版社，2021.
[4] 周德伟，覃国荣. MySQL 数据库基础实例教程（第 2 版）[M]. 北京：人民邮电出版社，2021.
[5] 石坤全，汤双霞. MySQL 数据库任务驱动式教程（第 3 版）[M]. 北京：人民邮电出版社，2022.
[6] 李锡辉，王敏. MySQL 数据库技术与项目应用教程（第 2 版）[M]. 北京：人民邮电出版社，2022.

郑重声明

高等教育出版社依法对本书享有专有出版权。任何未经许可的复制、销售行为均违反《中华人民共和国著作权法》，其行为人将承担相应的民事责任和行政责任；构成犯罪的，将被依法追究刑事责任。为了维护市场秩序，保护读者的合法权益，避免读者误用盗版书造成不良后果，我社将配合行政执法部门和司法机关对违法犯罪的单位和个人进行严厉打击。社会各界人士如发现上述侵权行为，希望及时举报，我社将奖励举报有功人员。

反盗版举报电话　（010）58581999　58582371
反盗版举报邮箱　dd@hep.com.cn
通信地址　北京市西城区德外大街4号　高等教育出版社法律事务部
邮政编码　100120

读者意见反馈

为收集对教材的意见建议，进一步完善教材编写并做好服务工作，读者可将对本教材的意见建议通过如下渠道反馈至我社。

咨询电话　400-810-0598
反馈邮箱　gjdzfwb@pub.hep.cn
通信地址　北京市朝阳区惠新东街4号富盛大厦1座　高等教育出版社总编辑办公室
邮政编码　100029